C·H·Beck
PAPERBACK

AF566153

Veronika Settele

Deutsche Fleischarbeit

Geschichte der Massentierhaltung von den Anfängen bis heute

C.H.Beck

**Für Hans und Maria,
die noch Tiere hielten.**

Mit 23 Abbildungen

www.chbeck.de
Umschlaggestaltung: Rothfos & Gabler, Hamburg
Umschlagabbildung: Schweinezucht in einer Landwirtschaftlichen Produktionsgenossenschaft, aufgenommen um 1965. © akg-images/ Sammlung Berliner Verlag / Archiv
Satz: C.H.Beck.Media.Solutions, Nördlingen
Druck und Bindung: Druckerei C.H.Beck, Nördlingen
Gedruckt auf säurefreiem und alterungsbeständigem Papier (hergestellt aus chlorfrei gebleichtem Zellstoff)
Printed in Germany
ISBN 978 3 406 79092 8

myclimate
klimaneutral produziert
www.chbeck.de/nachhaltig

Inhalt

Vorwort
Das Problem mit der Massentierhaltung

Den Gegenstand des vorliegenden Bandes zu benennen ist kompliziert. Massentierhaltung ist ein schwieriges Wort. Es hat das gleiche Problem wie «factory farming» im Englischen. Die Branche der Tierhalterinnen und Tierhalter und damit der Hauptakteur dieser Geschichte verwendet den Begriff nicht mehr. Er sei unpräzise und analytisch wenig hilfreich. Damit hat sie recht: Was genau Massentierhaltung sein soll, ist schwer zu definieren und zwar, seit es das Wort gibt. Ab wie vielen Tieren spricht man überhaupt von Massenhaltung? Die «Massentierhaltungsverordnung» aus dem Jahr 1975 etwa regelte, dass Schweinehalterinnen und -halter mit mehr als 1250 Tieren besondere Hygienevorkehrungen zur Seuchenprävention zu treffen hatten. Als die Verordnung im Entwurfsstadium 1972 und 1973 unter den zehn Landwirtschaftsministern der westdeutschen Länder, dem Senator für Gesundheit und Umweltschutz in Berlin, der Arbeitsgemeinschaft der im Schweinegesundheitsdienst tätigen Tierärzte, dem Raiffeisen- und Bauernverband, den Landwirtschaftskammern und einigen weiteren Verbänden kursierte, stritten die Landwirtschaftsexperten heftig über die Festlegung.[1] Diese eine Zahl als scharfe Grenze überzeugte weder diejenigen, die um wirtschaftliche Nachteile der Schweinehalter fürchteten, noch diejenigen, die sich stärker wegen der Ausbreitung von Tierseuchen sorgten. Dennoch sprachen Tierhalterinnen, Veterinäre und Agrarpolitiker in den 1970er Jahren von Massentierhaltung. Sie benutzten das Wort, um ein neues Phänomen begrifflich zu fassen: die ganzjährige Konzentration ungewöhnlich großer Herden in Ställen auf Basis zugekauften Futters und die mit dieser neuen Tierhaltung einhergehenden Herausforderungen. Sie hörten damit auf, als der Ausdruck Massentierhaltung durch Gegnerinnen und Gegner der neuen Haltungsform zum Synonym für ihre negativen Nebenwirkungen geworden war.

In der Tat ist die normative Aufladung des Begriffs problematisch. Massentierhaltung als pauschales Symbol all dessen, wovor «Zivilisationskritiker bereits seit der Industrialisierung flüchten wollten»,[2] ist ebenso unzutreffend wie die gegensätzliche Vorstellung, die der Begriff hervorbringt: kleine bäuerliche Betriebe als heile Welt. Wie es tatsächlich um den Zustand der Tiere und die Umweltbilanz der Betriebe bestellt ist, hängt von mehr Faktoren als der Bestandsgröße ab. Dennoch plädiere ich dafür, das Kind beim Namen zu nennen, um die tiefgreifenden Veränderungen landwirtschaftlicher Tierhaltung mit ihren gesellschaftlichen Ursachen und Folgen zu begreifen. Kein anderes Wort bringt so griffig auf den Punkt, worin die Radikalität des Wandels bestand, der sich quantitativ und qualitativ von der Entwicklung der vorangegangenen Jahrhunderte unterschied. Intensivtierhaltung, technisierte Viehhaltung, industrielle Tierhaltung oder intensive Nutztierhaltung sind für landwirtschaftlich informierte Kreise aussagekräftig. Für die Bevölkerung ohne Landwirtschaftsbezug sind sie es nicht. Die aber stellt inzwischen die übergroße Mehrheit. In Deutschland wurden 2020 in allen landwirtschaftlichen Bereichen nicht einmal mehr eine Million Arbeitskräfte gezählt, inklusive aller mitarbeitenden Familienangehörigen und angeheuerten Saisonarbeiterinnen und -arbeiter.[3] Das ist nur mehr ein gutes Prozent aller Erwerbstätigen und noch einmal 15 Prozent weniger als 2010.

Zur Geschichte der Massentierhaltung gehört die Geschichte ihrer Kritik. Auch das impliziert der Begriff Massentierhaltung stärker als seine weniger auf die Quantität abzielenden Konkurrenten. Nutztierhaltung ist übrigens nicht minder normativ aufgeladen. Kritikerinnen und Kritiker des Begriffs «Nutztier» monieren ihrerseits mangelnde Präzision, schließlich nutzen wir auch Wildtiere, ohne dass diese dadurch zu Nutztieren würden. Die semantische Einordnung mancher Tiere als Nutztiere sei zudem ein gewaltvoller Akt. Haustiere würden gestreichelt, Nutztiere geschlachtet. «Nutztier» essentialisiere den Nutzcharakter mancher Tiere, obwohl dieser nicht natürlich sei, sondern das Ergebnis eines wandelbaren kulturellen Prozesses.[4]

Es ist aufschlussreich, dass es keinen allgemein akzeptierten Begriff für die gegenwärtige Wirtschaftsweise im Stall gibt. Der Befund zeigt: Der kommunikative Faden zwischen der Branche landwirtschaftlicher Tierhaltung und der restlichen Gesellschaft ist gerissen. Konkrete Informationen über die Produktionsbedingungen von Milch, Eiern und Fleisch erreichten die Bevölkerungsmehrheit ohne Landwirtschaftsbezug just dann immer seltener, als sich die Berührungspunkte von Stall und Gesellschaft auflösten. Diesen Faden gilt es wiederaufzunehmen. Als historische Erklärung der Genese der Massentierhaltung und zugleich der Genese ihrer Kritik dazu beizutragen, ist die kühnste Hoffnung dieses Buches, das sich an die allgemeine, interessierte Öffentlichkeit richtet. Sein zweiter Teil, «Revolution im Stall, 1945–1990», ging aus meiner 2020 unter diesem Titel veröffentlichten Dissertation hervor. Die umfangreichere Studie erzählt die Geschichte landwirtschaftlicher Tierhaltung in der zweiten Hälfte des 20. Jahrhunderts ausführlicher und mit einem dichteren Anmerkungsapparat, spannt jedoch keinen langen Bogen von der Mitte des 19. Jahrhunderts bis zur Gegenwart, wie es der vorliegende Band tut.

Einleitung
Tierhaltung als Agrarfrage der Gegenwart

Die Geschichte der Massentierhaltung begann mit allgegenwärtigen Tieren und mangelndem Fleisch – heute haben wir unsichtbar gewordene Tiere und ein überreichliches Fleischangebot. Sie erzählt davon, dass sich die Menschen und die Tiere, von denen sie sich ernährten, immer stärker voneinander entfremdeten, während dieselben Menschen die Tiere immer passgenauer ihren Bedürfnissen unterwarfen. Obwohl die allermeisten keinen persönlichen Kontakt zu Rindern, Schweinen oder Hühnern mehr haben, ist die Produktion der Tiere umstrittener denn je.

Der gesellschaftliche Gegenwind, der heute beengten Ställen, derbem Umgang mit Tieren und ungehemmtem Fleischverzehr entgegenbläst, wird von Jahr zu Jahr heftiger. Am 19. November 2019 reichte die Tierschutzorganisation PETA im Namen von Ferkeln, die betäubungslos kastriert werden, Verfassungsbeschwerde beim Bundesverfassungsgericht ein. Diese Praxis widerspreche dem seit 2002 im Grundgesetz festgelegten Staatsziel des Tierschutzes. Unter dem Motto «Wir haben es satt!» marschieren seit 2011 einmal jährlich zehntausende Bürgerinnen und Bürger in Berlin auf, um für einen anderen Umgang mit Tieren und deren Produkten zu demonstrieren. Vegetarische und vegane Ernährungsangebote sind mittlerweile Standard auf Partys und Speisekarten. Zeitungsberichte, Fernsehdokumentationen und ganze Kinofilme über Tierhaltung und Fleischproduktion sind zu einem etablierten Genre des investigativen Journalismus geworden. Knapp drei Viertel der Bevölkerung, so eine Umfrage von 2017, befürworten strengere Gesetze, die eine «artgerechte» Haltung der Tiere sicherstellten.[1] Der Wissenschaftliche Beirat für Agrarpolitik beim Bundesministerium für Ernährung und Landwirtschaft hielt 2015 fest, dass die Haltungsbedingungen des Großteils der Lebensmittel liefernden Tiere gesellschaftlich nicht akzeptiert und damit nicht zukunftsfähig seien.[2] 2020 buchstabierte das unter der Leitung des ehemaligen Landwirtschaftsministers Jochen Borchert versammelte «Kompetenznetzwerk Nutztierhaltung» auf 425 Seiten aus, worin die Kritik besteht.[3] Auf Ablehnung stoßen insbesondere: die räumlich beengten Haltungsbedingungen und die schmerzhafte «Anpassung» der Tiere an ihre Haltungsumstände durch Amputation von Schwänzen, Schnäbeln, Hörnern oder Hoden; der gesundheitliche Preis der hohen Leistungen der Tiere; ihre einseitige Nutzungsausrichtung, die Nachkommen des «falschen» Geschlechts überflüssig werden lässt; sowie die Transport- und Schlachtbedingungen. Das Gremium mahnte, dass manche Praktiken gegenwärtiger Tierhaltung, wie die intensive Rindermast, tickende Zeitbomben seien, weil die dortigen Haltungsumgebungen ähnlich problematisch seien wie diejenigen in der bereits skandalisierten Schweine- und Geflügelhaltung, nur dass erste noch nicht am medialen Pranger stünden.

Unbeeindruckt von den klaren Diagnosen streiten Landwirte und kritische Konsumentinnen, Fleischliebhaberinnen und Veganer, Agrarlobbyisten und Umweltpolitikerinnen indessen weiter darüber, wem der missliche Zustand anzukreiden ist. Ist er auf eine einseitig auf Produktivitätssteigerung setzende Agrarpolitik, die zugleich der Ernährungssicherheit der Bevölkerung Rechnung trägt, zurückzuführen? Auf die Tierhalterinnen und Tierhalter, die stärker ihre Bilanz als ein angenehmes Leben ihrer Tiere im Blick haben? Auf Kunden und Kundinnen im Supermarkt, die doch immer wieder zu Billigmilch und günstigem Hackfleisch greifen? Auf den Lebensmitteleinzelhandel, der im Preiskampf mit den Produzenten dicke Margen abschöpft? Um die Lage zusätzlich zu verkomplizieren, schwebt über all diesen Auseinandersetzungen die Frage, was dem Tier zumutbare Haltungsumstände überhaupt sind und wer diese bestimmen kann.

Die Geschichte landwirtschaftlicher Tierhaltung hilft in dieser Gemengelage. Die Untersuchung des Inkubationsraumes unserer Gegenwart zeigt, was bei unappetitlichen Aufnahmen von dicht besetzten Ställen in Vergessenheit zu geraten droht: Die Massentierhaltung war keine Verschwörung dunkler Mächte. Sie war eine zu ihrer Zeit plausible Entwicklung. Die Antworten auf folgende Fragen erklären die Entstehung der gegenwärtig so umstrittenen Tierhaltung: die Frage nach der Rolle der ungebrochenen Nachfrage nach den Zutaten des «guten Lebens», nach saftigen Fleischstücken, reichlich Eiern und günstiger Butter; danach, warum immer weniger Menschen im Stall arbeiten wollten; warum sich die Industrialisierung der Tierhaltung in den Nachkriegsjahrzehnten mit so großer Geschwindigkeit durchsetzte, wo doch Agrarexperten schon seit den 1880er Jahren daran arbeiteten, die Tiere produktiver zu machen; warum die Ställe der DDR ähnliche Transformationen erlebten, obwohl dort kein freier Wettbewerb zu Effektivierung drängte; warum die Tiere aus den Dörfern verschwanden und sich ausgerechnet dann außerlandwirtschaftliche Kreise für das Geschehen im Stall zu interessieren begannen; und schließlich warum in der jüngsten Vergangenheit Ernährungsweisen, die auf Tiere verzichten, in weiten Kreisen beliebter wurden, obwohl vegetarische Vereine schon seit gut 150 Jahren fleischlose Ernährung propagieren.

Der historische Bogen, der zur effizienten Tierproduktion und ihrer gesellschaftlichen Ablehnung führte, ist lang. Zunächst und bis weit ins 20. Jahrhundert waren die Tiere überall und das Fleisch rar. Insbesondere Schweine und Hühner wurden nicht nur in der Landwirtschaft gehalten, sondern waren als Selbstversorgungsreserven auch Teil städtischer Haushalte. Die Haltung der Tiere und die Produktion ihres Fleisches waren selbstverständlicher Alltag. In den vielen kleinen über das Land verteilten Ställen änderte sich bis 1945 erstaunlich wenig. Schweine zu füttern blieb anstrengend und zeitraubend, Kühe zu melken ebenso. Die dafür verwendeten Geräte – Eimer, Schaufel, Hocker, Karren – blieben wie die Handgriffe an den Tieren identisch. Auf den Feldern waren schwere Maschinen aufgefahren. Im Stall war davon nichts zu sehen. Dass die Vorgeschichte der Massentierhaltung dennoch im 19. Jahrhundert anzusetzen ist, liegt in einem neuen Denken über die Tiere und ihr Fleisch begründet, das in diesem Zeitraum Form annahm. Agrar- und Ernährungsexperten arbeiteten an produktiveren Tieren und machten die Tierhaltung zum staatlichen Projekt. Erst die Chemisierung, Elektrifizierung und Motorisierung der zweiten Hälfte des 20. Jahrhunderts verhalfen den industriellen Strukturen in der Tierwirtschaft zum tatsächlichen Durchbruch. Doch die Bilder dieser Revolution im Stall waren knapp einhundert Jahre zuvor entstanden. Zur gleichen Zeit blieben Fleisch und Butter für die Masse der Bevölkerung eher fragiles Glück als tägliche Selbstverständlichkeit. Der überwunden geglaubte Mangel kehrte 1916/17, im Gefolge der Weltwirtschaftskrise um 1930 und in der unmittelbaren Nachkriegszeit 1946/47 zurück. Er brannte sich als Trauma ins kollektive Gedächtnis ein und sorgte für die einhellige Zustimmung zu Produktionsmethoden, die *endlich* genug Fleisch für alle bereitstellen sollten.

1945 gab es noch keine Spur von den normierten Leistungsmaschinen, zu denen die Tiere in den folgenden Jahrzehnten gemacht wurden. Doch nach dem Zweiten Weltkrieg verdichtete sich der Wandel im Stall. Tierhaltung funktionierte 1990 grundsätzlich anders als um 1950. Das betraf erstens die Körper der Tiere, zweitens die wirtschaftliche Konzeption der Haltung und drittens die technischen Abläufe im Stall. Dieser Befund gilt, jeweils mit um wenige Jahrzehnte verschobenen Zeithorizonten, für Dänemark ebenso wie für die Niederlande, für die Tschechoslowakei ebenso wie für Italien, und für die USA sowieso.[4] Im dritten Viertel des 20. Jahrhunderts legten schließlich auch nahezu alle Bauern ehemaliger europäischer Agrarstaaten wie Rumänien, Polen, Jugoslawien oder Griechenland ihre Geräte aus der Hand.[5] Die Schaffung der Massentierhaltung war ein transnationales Projekt. In der zweiten Hälfte des 20. Jahrhunderts diagnostizierten Historikerinnen und Historiker «The Real Agricultural Revolution» in Großbritannien, die Implementierung eines seit 1850 entstandenen industriellen Wissensregimes in der Schweiz und einen «Pork and Poultry Boom» in Spanien.[6] Die Entwicklungen waren ähnlich, weil die strukturellen Triebkräfte hinter der Produktivitätssteigerung der Tiere stark waren: einmütige Ernährungspräferenzen rund um günstige tierische Lebensmittel und der politische Wille, die landwirtschaftliche Bevölkerung möglichst sozialverträglich in die Industrie- und Dienstleistungsgesellschaft zu überführen. Das Besondere an der Geschichte landwirtschaftlicher Tierhaltung in Deutschland war ihre Konzeption im Kontext der nationalsozialistischen Erzeugungsschlacht, die Geschwindigkeit des Wandels aufgrund der prekären Ausgangslage im Nachkriegsdeutschland und die parallele Entwicklung in einem markt- und einem planwirtschaftlichen Land.

Im Fall der Tierhaltung wird die deutsche Teilungsgeschichte zu einer Konvergenzgeschichte. Paradoxerweise führte gerade die Systemkonkurrenz der beiden Staaten, die sich im Wettstreit um den höheren Pro-Kopf-Konsum von Butter und Fleisch zeigte, zu ähnlichen Entwicklungen in den Ställen. Trotz massiv unterschiedlicher politischer Formung über vierzig Jahre hinweg mündeten Mangel und Lebensmittelknappheit in eine von Ost- und Westdeutschland geteilte Bejahung der tierischen Produktivität. Über Partei- und Systemgrenzen hinweg fanden Tiere, die Milch, Eier und Fleisch günstiger lieferten, politische Unterstützung. Landwirtschaftliche Tierhaltung erzählt eine neue, integrierende deutsch-deutsche Gesellschaftsgeschichte. Der größte Fallstrick dieser Lesart wäre, die Reichweite der SED-Diktatur zu unterschätzen. Landwirte, die bis Anfang 1960 noch nicht freiwillig in die LPG eingetreten waren, waren Repressionen ausgesetzt; Tierärztinnen, die Skrupel hatten, sich in den Dienst der neuen Großbetriebe zu stellen, und gegen güllevergiftete Bäume, Felder und Seen engagierte Bürgerinnen und Bürger ebenso.

Die Revolution im Stall erklärt, wie es zur Verwirklichung eines Leistungsparadigmas kam, das die deutsche Durchschnittskuh im Jahr 1950 2480 Kilogramm Milch in der Bundesrepublik und 1935 Kilogramm in der DDR geben ließ und fünfzig Jahre später, im Jahr 2000, 6208 Kilogramm; das Hühner statt der 120 jährlichen Eier in der Bundesrepublik und 95 in der DDR im Jahr 1950 289 Eier im Jahr 2000 legen ließ; das Hähnchen, Kälber und Schweine fortwährend Rekorde in Sachen Muskelwachstum brechen ließ, während immer weniger Menschen mit ihnen arbeiteten. Die ehemals allgegenwärtigen Tiere verschwanden ganzjährig ins Innere großer Ställe außerhalb der Dörfer. Ihre Verlagerung «hinter die Kulissen des gesellschaftlichen Lebens» ließ, in Norbert Elias' Worten, die Peinlichkeitsschwelle des Zivilisationsprozesses, derentwegen wir heute auch keine ganzen Tiere mehr auf dem Tisch zerlegen, weiter vorrücken.[7] Diese Entwicklung folgte dem Verschwinden ihrer Schlachtung im späten 19. Jahrhundert und dem Verschwinden von Zugtieren im frühen 20. Jahrhundert. Anders als die tatsächlich verschwundenen und durch motorisierte Kraft ersetzten Zugtiere verschwanden die Rinder, Hühner und Schweine nie wirklich. Just dann, als die deutsche Bevölkerung im Schlaraffenland üppiger Fleischrationen und täglicher Frühstückseier angekommen war, begannen sich erste Konsumentinnen und Konsumenten an den produktiven Haltungsmethoden zu stoßen. In der zweiten Hälfte des 20. Jahrhunderts veränderte sich nicht nur, wie Rinder, Hühner und Schweine gehalten wurden. Ebenso begann sich die Art und Weise, wie wir als Gesellschaft darauf blicken, zu wandeln.

Diesem Wandel ist der abschließende Teil des Buches gewidmet. Er nahm seit 1990 Fahrt auf. Im Verhältnis zwischen Stall und Gesellschaft verschob sich in den letzten 30 Jahren mehr als in den 150 Jahren davor. Was seit den 1970er Jahren einzelne Gegenstimmen gewesen waren, wurde zu Allgemeingut. Statt dem Traum möglichst günstiger Fleischstücke dominieren seit 1990 Sorgen um das Wohlergehen der Tiere, die Produktionsbedingungen in der Fleischindustrie und die ökologischen Folgen. Die Produktion verblieb unterdessen in den eingeschlagenen Bahnen. Um ihr Auskommen in dem politisch vorgegebenen Rahmen zu erwirtschaften, erzeugten Tierhalterinnen und -halter in einem fort immer effizienter riesige Tierherden, die in großen Schlachtbetrieben zu Fleischbergen transformiert wurden. Die auseinanderdriftende Entwicklung von Massenproduktion im Stall und postmaterialistischen Werten der Konsumentinnen und Konsumenten ließ eine neue Spannung entstehen. Die beschleunigte Massenhaltung hatte die begehrtesten Lebensmittel unbegrenzt verfügbar werden lassen.[8] Genau jene Mechanismen, die günstiges Fleisch für alle Realität hatten werden lassen, verunsicherten nun zunehmend. Immer mehr Menschen begannen daran zu zweifeln, dass die Herstellung von Nahrungsmitteln jegliche Produktionsbedingungen und -auswirkungen legitimierte. Die günstige Produktion von Fleisch wurde vom Ausdruck des guten Lebens zu einer Entgleisung der Moderne. Heute verlangt das Ergebnis jenes Transformationsprozesses, der die Massentierhaltung hervorgebracht hat, nach neuen Veränderungen. Damit ist die Zukunft von Tierhaltung und Fleischproduktion, wie die Geschichte stets, offen.

I.
Sehnsucht nach Fleisch, 1860–1945

1. Sichtbare Tiere, rares Fleisch

Warum sollte eine Geschichte der Massentierhaltung im 19. Jahrhundert beginnen? Weder 1850 noch zur Zeit der Gründung des Deutschen Kaiserreichs 1871 oder um 1900 gab es Ställe, in denen einzelne Menschen hunderte gleicher Tiere betreuten. Die Orte, an denen die meisten Rinder, Schweine und Hühner gezüchtet, gemästet und geschlachtet wurden, waren identisch oder lagen nah beieinander. Die Spezialisierung der Schweinehaltung in die Bereiche Haltung von «Mutterschweinen», Läuferhaltung und Schweinemast nahm um 1880 «in den kultivierten Wirtschaften unsrer Gegenden» zu, doch die Tiere kamen weiterhin an die frische Luft und suchten sich vor allem in herbstlichen Wäldern einen Teil ihres Futters selbst.[1] Ochsen blieben mindestens so sehr Zugvieh wie Fleischlieferanten; die Unterscheidung in «Pferde-, Ochsen- oder Kuhbauer» zeigte überdies die Bedeutung der Tiere für die soziale Position ihrer Besitzer.[2] Statt ausgeklügelter Berechnungen zur Optimierung der Zuwachsleistung bestimmte das vorhandene Futter, wie viele Tiere im Stall standen und wie diese gediehen. Hauptzweck der meisten Schweinehaltungen blieb, «auf andere Weise nicht leicht verwerthende Futterreste in Fleisch u. Fett möglichst schnell u. ergiebig zu verwandeln», weshalb «rasche Entwicklung» und immense Fruchtbarkeit die wichtigsten Eigenschaften der Tiere waren.[3] Und doch wurde der Boden für die Verwirklichung der Massentierhaltung nach 1945 in den knapp einhundert Jahren davor bestellt.

Das Verhältnis zwischen Mensch, Tier und Fleisch in diesem Zeitraum macht begreiflich, wie die in der zweiten Hälfte des 20. Jahrhunderts alle gesellschaftlichen Milieus übergreifende Bejahung von Produktionstechniken entstand, die heute Irritation erzeugen. Die Allgegenwart der Tiere und die Knappheit des Fleisches erklären, warum es als gute Idee erscheinen konnte, Tiere ganzjährig in Ställen außerhalb der Dörfer und Städte verschwinden zu lassen. Tier und Fleisch tauschten ihre Position in der Geschichte der Massentierhaltung. Bei deren Beginn um die Mitte des 19. Jahrhunderts waren die Tiere präsent und das Fleisch rar. 150 Jahre später war das Gegenteil der Fall: Fleisch war allgegenwärtig geworden und die leibhaftigen Tiere unsichtbar. Rinder, Schweine und Hühner zieren unseren Alltag heute als Maskottchen der Fleischindustrie, sind vermenschlicht präsent in Kinderbüchern und seit der Jahrtausendwende als lebensgroße Kunststofffiguren in Fußgängerzonen.[4] Die Plastik-Symbolkuh des European Milk Board, des europäischen Dachverbandes von Milcherzeugern, versucht in Deutschland und Österreich als Faironika, in Italien als Onestina und in Frankreich als Justine, jeweils in den Nationalfarben lackiert, etwas hilflos, eine engere Beziehung zwischen Milchproduzentinnen und -produzenten auf der einen und Verbraucherinnen und Verbrauchern auf der anderen Seite anzuregen. Dort, wo heute die Plastikkühe stehen, begann vor gut anderthalb Jahrhunderten die Neukonzeption der Tierhaltung. Ballungsräume wie New York, London und Berlin waren die Orte, an denen Bürgerinnen und Bürger, die sich für die Verbesserung der Gesundheit der Unterschichten engagierten, die Verlagerung der Tiere aus dem Lebensbereich der Menschen anstießen.

Tiere in der Stadt

«Vorsicht vor den Schweinen», warnte Charles Dickens im Bericht über seine Reise in die Vereinigten Staaten zwischen Januar und Juni 1842.[5] Speziell am Broadway in New York City waren die Tiere überall. Zwei korpulente Sauen trotteten hinter seiner Kutsche her, während ein halbes Dutzend ausgewachsener Eber um die Ecke bog und ein einsames Schwein heimwärts bummelte. In wahrlich republikanischer Manier mischten sich die Schweine unter die beste Gesellschaft, notierte Dickens humoristisch. Sie verbrachten den Tag, wo es ihnen gefiel, und gingen bei Einbruch der Dämmerung nach Hause. Für die New Yorker Gesellschaft war die Situation weniger erheiternd als für Dickens. Schon dreißig Jahre lang sorgten die vielen Schweine für Konflikte zwischen ärmeren und wohlhabenderen New Yorkerinnen und New Yorkern.

1820 kam ein Schwein auf jeweils fünf Einwohner, und das nicht nur rechnerisch.[6] Sie bevölkerten die Straßen ebenso selbstverständlich wie die Menschen selbst. Insbesondere in Midtown Manhattan waren die Schweine unübersehbar. Die Fünfziger-Straßen zwischen der Sixth und Seventh Avenue hießen «Hogtown», «Pigtown» oder «Stinktown». Die Tiere waren die Lebensversicherung der Ärmsten. Ihre Schlachtung bedeutete für die Familien von Arbeitslosen, ungelernten Arbeitskräften und Tagelöhnern Fleisch und ihr Verkauf brachte Bares für den Erwerb anderer lebensnotwendiger Produkte. Sie brauchten nicht viel Platz, ernährten sich weitgehend selbst und fanden abends allein ihren Weg nach Hause, wo sie in einfachsten Löchern nächtigten, die von ein paar großen Steinen eingegrenzt und mit schäbigen Brettern bedeckt wurden. Tagsüber streunten sie frei herum und verwandelten den überall herumliegenden Abfall und Unrat in essbares Eiweiß. Allerdings trugen sie durch ihre Exkremente zur weiteren Verunreinigung des Stadtbildes bei. Sie wühlten mit ihren Rüsseln das Kopfsteinpflaster auf und machten die Straßen unpassierbar für Wagen und Karren. Die halbwilden Schweine im öffentlichen Raum vertrugen sich nicht mit der Vorstellung, die wohlhabendere Schichten von ihrer Stadt hatten. Stadträte sorgten sich, was europäische Besucherinnen und Besucher denken würden. Neben dem Ekel, den sie für den Schmutz und Gestank der Tiere empfanden, hielten sie die Schweine für gefährlich und ihr Fleisch für ungesund, weil sie sich von Müll ernährt hatten. Die Schweine befeuerten den Klassenkonflikt. Gegnerinnen und Gegner der umherlaufenden Schweine griffen begeistert Edmund Burkes Formulierung der «schweinischen Mehrheit» (*swinish multitude*) auf, mit der der irisch-britische Politiker und Philosoph 1790 die Ziele der Revolutionäre in Frankreich delegitimieren wollte.[7] Die einhellige öffentliche Meinung der Oberklassen zulasten der freilaufenden Schweine änderte lange nichts an ihrer Gegenwart. Diverse «anti-hog-laws», welche die Beschlagnahmung umherlaufender Schweine und die Bestrafung ihrer Besitzerinnen und Besitzer regelten, zeigten keine Wirkung. In der ersten Hälfte des 19. Jahrhunderts war die Bedeutung der Schweine für arme Familien zu groß und die New Yorker Stadtregierung zu schwach, als dass sie ihre Gesetze hätte durchsetzen können.

Das änderte sich 1859, nicht zufällig im Jahr der Einrichtung des Central Parks. Im sogenannten «Piggery War» zwischen Juli und September gelang es der Staatsgewalt, die Schweine aus dem öffentlichen Raum zu entfernen, zumindest südlich der 86. Straße. Die *New York Times* berichtete auf der Titelseite, wie 76 bewaffnete Männer in «Hogtown» einmarschierten. Aufgeteilt in zwei Divisionen, die die Schweine von der sechsten Avenue auf der einen und der siebten auf der andere Seite zunächst eingezingelt hatten, beschlagnahmten sie die Tiere und zerstörten die Schweineställe.[8] Mitunter ging es wüst zu: Als der Polizist William H. Adams am 10. August ein großes Schwein an den Ohren zu fassen bekommen hatte, briet ihm dessen Besitzerin, eine stattliche Deutsche, ihre blecherne

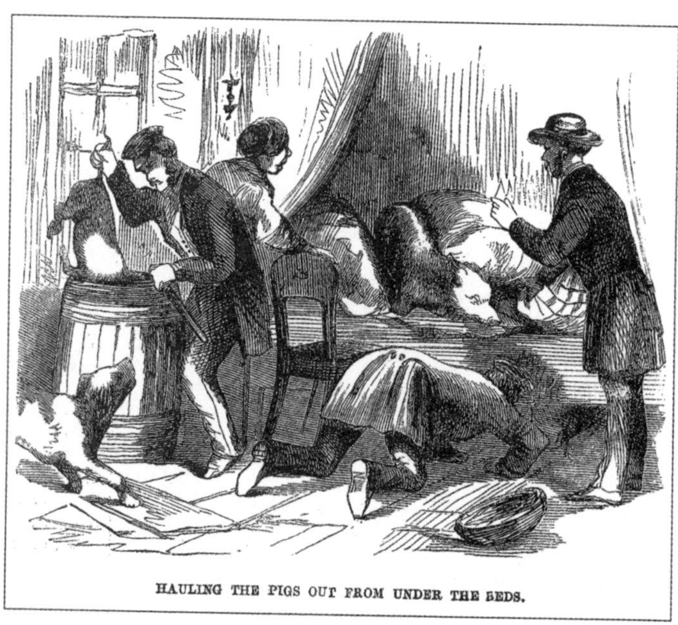

HAULING THE PIGS OUT FROM UNDER THE BEDS.

New York City 1859: Manche Schweine wurden unter den Betten versteckt, um der Beschlagnahmung zu entgehen.

Pfanne über.[9] Die Pfanne klapperte, das gepackte Schwein quiekte, die Frau schrie und ihr Mann hielt, mit der Peitsche in der einen und einem Stein in der anderen Hand, große Reden.[10] Dennoch war die Rhetorik des «Piggery War», wonach sich eine Armee von City Inspector Daniel E. Delavan und eine «pork army» gegenübergestanden hätten, übertrieben. Die Vertreibung der Schweine gelang abgesehen von einzelnen gewalttätigen Episoden friedlich. Die Schweine waren frühe Gentrifizierungsopfer. Zu Herbstbeginn 1859 waren sie aus Midtown Manhattan verschwunden, was die Grundstückspreise in der Upper East Side steigen ließ.[11] 9000 Schweine seien beschlagnahmt worden, meldete Delavan. Weit mehr wurden geschlachtet oder zogen mit ihren Besitzerinnen und Besitzern um, nach New Jersey, Westchester oder Brooklyn, wo sie für neue Kon-

Gewaltsame Entfernung der Schweine aus Manhattan, 1859.

troversen sorgten. «Auf dass uns die Behörden beschützen!», rief ein Bewohner Brooklyns im August aus, als er feststellte, dass die aus New York vertriebenen Schweine ihren Geruch neuerdings in seiner Stadt verbreiteten.[12]

Schweine und Stadt passten nicht mehr zusammen. Das war in London nicht anders. George Godwin, ein um die Verbesserung der sozialen Lage der Armen bemühter Architekt, bereitete seine Leserinnen und Leser im Jahr des New Yorker «Piggery War» auf die Notwendigkeit vor, den Abscheulichkeiten ins Auge zu sehen. Nur so wären sie zu beheben. Dann berichtete er von den Kühen und Schafen der Stadt. Die armen Kreaturen seien nicht nur selbst verloren, sondern machten auch die Menschen um sie herum kaputt, warnte er.[13] Dicht an dicht standen Londons Kühe in Bretterschuppen, die selbst in engen Gassen standen, inmitten überfüllter menschlicher Besiedelung. Der Gestank ihrer Haltung war abscheulich. Sie lebten eingesperrt in konstanter Dunkelheit und fraßen Abfälle der umliegenden Brauereien, was der Qualität ihrer Milch schadete. Am verfrühten Ende ihrer Leben waren sie so geschwächt, dass sie nicht einmal mehr auf dem Markt verkauft werden konnten. Sie wurden heimlich entsorgt, was die desolate hygienische Situation weiter verschärfte.

Der Dreck und Gestank des nahen Zusammenlebens von Mensch und Tier in der Stadt offenbarte für sozialreformerische Initiativen die Verwahrlosung der Unterschicht. George Robert Sims, Autor und Sozialreformer, berichtete Ende der 1880er Jahre, manche Londoner Familien könnten ihre Miete nur bezahlen, indem sie ein Entgelt für die Unterbringung von Eseln oder Schweinen hinzuverdienten.[14] In Kellern hausten mitunter ein Mann, eine Frau, drei Kinder und fünf Schweine. Esel und Ponys waren die Schlafgänger der Armen. Meist teilten sie sich den Hauseingang und bogen dann in ihre «Ställe» ab. Zuweilen teilten sie sich auch die Schlafzimmer in den Hintergassen, wo sich nachts zudem reihenweise Hühner auf Stangen einfanden.

In Berlin sorgten weniger die lebenden Tiere für Unmut als ihre Schlachtung. Im Unterschied zu Paris, wo bereits 1818 ein öffentlicher Schlachthof eröffnet wurde – wie auch in Marseille 1848, Wien 1851, München 1865 und Zürich 1868 –, verfügte Berlin, obwohl es 1871 zur Hauptstadt des vereinigten Kaiserreiches geworden war, bis 1881 über keinen öffentlichen Schlachthof. Schlachter arbeiteten dort, wo sie lebten. Für die anderen Hausbewohnerinnen und -bewohner, aber auch die Nachbarschaft bedeutete das «fast täglich [...] den Ekel erregenden Anblick des in den Rinnsteinen fliessenden Blutes» und einen atemraubenden Gestank, weil die Senkgruben mit den verfaulenden tierischen Abfällen und Flüssigkeiten weit seltener als vorgeschrieben geleert wurden.[15] Der Gestank war, wenn auch widerlich, zumindest harmloser als das Blut auf der Straße. Bei «dem überaus geringen Gefälle» der Berliner Straßen hatte es Zeit genug, «durch den lockeren Sandboden selbst bis in die Kessel der Brunnen zu sickern» und dort «Leben zu gefährden». Die hölzernen Böden und Treppen der Schlachthäuser wurden durch den konstanten Kontakt mit den Flüssigkeiten

How Oxen are persuaded.

Eine typische Stadtszene Mitte des 19. Jahrhunderts: Ein Ochse wird mit Schlägen in einen Hauseingang in Londons Armenviertel getrieben, während weitere Rinder und Schafe die Szene beobachten.

des Schlachtens morsch. Menschen und Tiere krachten regelmäßig durch verfaultes Holz. Die Anlieferung der Tiere in Wohnvierteln störte mindestens so sehr wie die hygienischen Auswirkungen einer Schlachterei im Erdgeschoss. Schlachttiere rissen sich los, beschädigten Eigentum und bedrohten die Unversehrtheit von Passantinnen und Passanten. Große Viehwagen behinderten den Durchgangsverkehr, während die Tiere abgeladen wurden. Gleichzeitig wuchs Berlin rasant: Aus 173 000 Einwohnern 1801 wurden zwischen 1858 und 1861 500 000; 1905 waren es zwei Millionen geworden.[16] Die Zustände rund um die zahlreichen privaten Schlachtereien würden sich deshalb weiter verschlimmern, befürchteten die Stadtvorderen in den 1860er Jahren.

Es war schließlich die Angst, sich durch den Verzehr verseuchten Fleisches mit tödlichen Krankheiten zu infizieren, die ausschlaggebend für die Errichtung des Central-Vieh- und Schlachthofs wurde. In den zwei sachsen-anhaltinischen Dörfern Hettstedt und Hedersleben waren Anfang der 1860er Jahre über hundert Menschen nach dem Konsum von Schweinefleisch verstorben und mehrere hundert schwer erkrankt.[17] Medizinische Untersuchungen förderten zutage, dass sich die Verstorbenen durch den Verzehr von rohem oder halbrohem Schweinefleisch parasitäre Fadenwürmer, sogenannte Trichinen, in ihre Körper geholt hatten. Für medizinische Experten wie den Berliner Arzt, Pathologen und Sozialpolitiker Rudolf Virchow war klar, dass den unter dem Mikroskop sichtbaren Trichinen, aber auch weniger schwerwiegenden Gesundheitsgefahren nur durch wirksame Kontrollen des Fleisches beizukommen war und dass solche Kontrollen nur an einem zentralisierten Schlachthof zu verwirklichen wären.[18] Es dauerte noch gute zehn Jahre, bis die Zuständigkeiten der Stadtpolitik geklärt und die Lobbyarbeit der Berliner Schlachter überwunden war. 1881 öffnete der städtische Vieh- und Schlachthof seine Tore, mit 87 Fleischinspektoren, 34 Probennehmern und 4 Stemplern, die dem untersuchten Fleisch seinen Unbedenklichkeitsstempel aufdrückten. Die Abteilung wuchs bis 1902 auf 24 Tierärzte, 25 Stempler, 70 Probennehmer und 260 «Mikroskopiker (darunter 105 Damen)» an.[19] Der Hof war zwischen Frankfurter Allee und Greifswalder Straße mit der neuen Haltestelle Central-Viehhof (bis 1977 Zentralviehhof, heute Storkower Straße) an die Berliner Ringbahn angeschlossen worden, so dass die Tiere nicht länger durch die Stadt gekarrt werden mussten.

Fleisch auf dem Teller – oder auch nicht

Die Entfernung der Tiere aus dem öffentlichen Raum der Stadt und ihre marktvermittelte Rückkehr als Fleisch war ein bürgerliches Projekt zur Verbesserung der Volksgesundheit. Während die Tiere in den fünfzig Jahren zwischen 1861 und 1911 von den städtischen Straßen verschwanden, verdoppelte sich der statistische Fleischkonsum in Deutschland von etwa 20 auf etwa 40 Kilogramm pro Person und Jahr.[20] Der Aussagewert dieser Größe bleibt begrenzt, weil Fleisch *der* Marker der sozialen Position war. Ärmere Familien mit vielen Esserinnen und Essern am Tisch, vor allem auf dem Land, träumten weiterhin von diesen Durchschnittswerten. Doch die Entwicklung des Konsums von Schweinefleisch, der sich zwischen 1861 und 1911 verdreifachte und zwischen dem Anfang des 19. und dem Anfang des 20. Jahrhunderts beinahe verzehnfachte, ist, zusammen mit den Ernährungsgewohnheiten der Unterschichten – die insbesondere verarbeitetes Schweinefleisch aßen –, ein Indiz dafür, dass alle Schichten Anteil am Anstieg des Gesamtfleischkonsums hatten.[21] Das Schwein spielte die Hauptrolle bei der Steigerung des Fleischkonsums. Fleisch, genauer: Schweinefleisch, wurde zu einem Grundnahrungsmittel.

Es gab einzelne Gegenstimmen gegen das Mehr an Fleisch, etwa die «Vegetarianer» um den evangelischen Theologen Eduard Baltzer im Harz. Zwischen 1867 und 1912 entstanden 25 Vereine, die sich einer fleischlosen Ernährung verschrieben.[22] Ihre heute so aktuell wirkenden Ideen blieben eine Minderheitenposition, die von oben und unten angegriffen wurde. Ohne Fleisch drohten «müde Arbeiter und träge Denker», warnte der wichtigste deutsche Tierzuchtwissenschaftler des 19. Jahrhunderts, Hermann Settegast. «Ein Staat, der ein mannhaftes Volk heranziehen» möchte, solle deshalb auf eines setzen: auf Fleisch.[23] Nur Fleisch befördere «muthige, widerstandsfähige, unermüdlich thätige Charaktere», echote der Preußische Statistiker Georg von Viebahn, und Virchow fügte hinzu, dass «die höchsten Leistungen des Menschengeschlechtes von Völkern ausgegangen sind, welche von gemischter Kost lebten».[24]

Arbeiterinnen und Arbeiter brauchten diese Belehrungen nicht. Das Fleisch war für sie rarer Genuss, in den sie seltener kamen, als sie wollten. Sie erinnerten sich noch im Alter genau daran, wann sie Fleisch auf ihre Teller bekommen hatten und wann nicht. «Fleisch unten, Fleisch rauf, das ist das beste Essen!», fiel der 69-jährigen Frau Hoffmann 1909 als Erstes zum Thema Essen ein.[25] Siebzig Stunden lang hatte sie der Pfarrer ihrer Gemeinde in Ostpreußen interviewt, um seine Gemeindemitglieder besser kennenzulernen. Mindestens am Sonntag hätten ihr Mann und sie, seit ihre erwachsenen Kinder ausgezogen waren, Fleisch auf dem Tisch, was inzwischen typisch für Arbeiterhaushalte sei. Wer allerdings im Dienst für Bauern oder Handwerksmeister stand, hatte auch an den Sonntagen des neuen Jahrhunderts noch nicht zwangsläufig Fleisch in der Suppe. Oft äßen die «Herren» «in ihrem eigenen Stübchen hinten das Fleisch auf», während das Personal vorn die ausgefischte Schüssel Suppe hingestellt bekäme.

Das deckte sich mit den Erfahrungen des Landarbeiters Franz Rehbein, der auf verschiedenen Höfen in Norddeutschland gearbeitet hatte, bis ihm ein Unfall an der Dreschmaschine seinen rechten Arm abriss. In seiner Autobiografie berichtete er von Fleisch am Sonntag und am Donnerstag, das es bei seiner ersten Arbeitsstelle in Hinterpommern als jugendlicher Pferdejunge gegeben habe. Das Wort Fleisch setzte Rehbein in Anführungszeichen. Der gelbe und polsterige Räucherspeck hätte entweder «von einem alten Zuchteber […] oder von einer Muttersau, die schon ein kleines Hundert Ferkel auf dem Gewissen hatte», gestammt.[26] Zeit seines Lebens blieb die Ernährung von der Gunst der Dienstgeber abhängig. Als er auf einem holsteinischen Hof zum Großknecht aufgestiegen war, bekam Rehbein gar die schlechteste Kost seines Lebens überhaupt vorgesetzt. Dort war ausgeschlossen, dass «ein guter Happen» in die Suppenschüssel wanderte. Stattdessen kaufte der Bauer beim Schlachter noch «allerhand Fleischabfall dazu […] damit der Pott auch voll würde und möglichst lange vorhielt».

Je kinderreicher die Familien waren, desto karger waren die

Fleischportionen. Der neunte von zehn Söhnen eines «armen Bauernproletariers» aus der bayerischen Pfalz beschrieb die monotone Ernährung vor Beginn seiner Berufstätigkeit als 13-jähriger Mühlengehilfe 1868:[27] morgens Kartoffelsuppe, mittags Kartoffeln mit saurer Milch, abends Mehl- oder Kartoffelsuppe. Fleisch wurde «nur an den Sonn- und Festtagen» in kleinsten Portionen genossen.[28] Wurde eines Sonntags «ein halbes Pfündchen Fleisch gekauft, fischten die Frauen sorgfältig die Fettaugen von der Brühe herunter, um sie in den nächsten Tagen zur Zubereitung der Speisen zu verwenden». Auch wenn in der Stadt um 1900 viel mehr Fleisch als auf dem Land gegessen wurde, ließ sich an der Mittagsmahlzeit der Fabrikarbeiterinnen und -arbeiter ablesen, wie weit der letzte Lohntag zurücklag. Je stärker «der Käse vorherrschte», desto länger war er her.[29]

Die Knappheit machte Fleisch zum Sehnsuchtsgut. Der spätere Lübecker Senator William Bromme beschrieb 1902, als er wegen beginnender Tuberkulose zur Kur in einer Lungenheilanstalt zugelassen worden war, wie wild es am Mittagstisch zuging. Sobald «die Fleischportionen auf den Tisch gestellt werden», «verschlingt mancher seine Suppe förmlich, nur um zuerst den Fleischteller in die Hand zu bekommen und sich das schönste Stück heraussuchen zu können».[30] Trotz des allgemeinen Aufwärtstrends blieb der Fleischkonsum für die unteren Schichten instabil. Auf ihren Tischen sah es mager aus, wenn ihre Arbeitgeber an der Verpflegung des Personals sparten oder Krankheit und Arbeitsplatzverlust Brüche in der Erwerbsbiografie zeitigten.[31] Allerdings war das erschwingliche Stück Fleisch um 1900 zum Symbol des jedermann und jederfrau zustehenden guten Lebens geworden. Sinkende Getreidepreise, ein steigendes Schlachtgewicht der Tiere, neue Methoden der Fleischkonservierung und höhere Löhne führten dazu, dass der Fleischkonsum im späten 19. Jahrhundert den größten quantitativen Sprung in der Moderne machte. Seit Fleisch «zu einem

Volksnahrungsmittel geworden [war], das sich auch der kleine Mann fast tagtäglich zu leisten pflegte»,[32] bedrohte seine Unverfügbarkeit den gesellschaftlichen Frieden. Nun waren nicht mehr die Tiere, sondern das Fleisch Gegenstand des Klassenkonflikts.

1912 wurde zum Schlüsseljahr der politischen Auseinandersetzung um das entstandene Gewohnheitsrecht auf Fleisch. Mit der Botschaft «Billiges Brot und billiges Fleisch» erhielt die SPD bei den Reichstagswahlen 1912 einen höheren Stimmenanteil, als zuvor je eine Partei bei Reichstagswahlen bekommen hatte, 34,8 Prozent.[33] In diesem Jahr war Fleisch so teuer geworden, dass es in vielen Haushalten vom täglichen Speiseplan gestrichen wurde. Dieses Problem war keine Kleinigkeit mehr. Der Sozialdemokrat Philipp Scheidemann warf der Regierung vor, ihrer Verantwortung gegenüber dem Volk nicht nachzukommen, als er am 27. November 1912 die Interpellation seiner Fraktion im Reichstag begründete und damit eine dreitägige Reichstagsdebatte lostrat. Die gegenwärtige Ernährungslage mache es undenkbar, dass bei der üblichen «intensiven Ausnutzung der Arbeitszeit und der Arbeitskraft» die Arbeiterinnen und Arbeiter ihre Arbeit «überhaupt leisten können».[34] Das verfügbare Fleisch reiche nicht an die Mengen heran, die «das Reichsgesundheitsamt für absolut notwendig hält».

Scheidemann warf Reichskanzler von Bethmann Hollweg und seinen Staatssekretären vor, dass das «kämpferische Kikeriki der Schnapphähne des Bundes der Landwirte viel mehr Eindruck auf Sie macht als der Notschrei der Millionen». Das war die bekannte sozialdemokratische Position in Fragen der Lebensmittelversorgung. Sie kritisierte die protektionistische Gesetzgebung des Reiches, die landwirtschaftliche Produzenten mittels Zöllen auf Getreide und Hygienerichtlinien für die Einfuhr von Tieren vor ausländischer Konkurrenz schützte und dadurch Lebensmittel verteuerte. Weil 1912 keine Hungersnot herrschte und es «nur» an Fleisch mangelte, schlugen der

Landwirtschaft zugeneigte Politiker vor, statt einer Erhöhung des Angebots die Nachfrage zu drosseln. Luitpold Weilnböck, Abgeordneter der Deutschkonservativen Partei, wies darauf hin, dass 1912 ein gutes Erntejahr für «alle Gemüsesorten» gewesen sei und gerade «die Kartoffeln in quantitativ und qualitativ ausgezeichneter Menge» vorlägen. Doch solche Worte fanden kein Gehör mehr. Arbeiterinnen und Arbeiter waren zu lange «gezwungene Vegetarier» gewesen, als dass sie nun freiwillig auf Fleisch verzichtet hätten.[35] Der Preußische Landwirtschaftsminister Clemens Freiherr von Schorlemer wurde als «Prophet für Fleischabstinenz» verhöhnt, nachdem er vorgeschlagen hatte, das Gemüse mehr wertzuschätzen.

Die 1912 geführte Debatte unterschied sich von vorangegangenen Teuerungskrisen darin, dass niemand in Reichstag oder Reichsleitung die unhaltbaren Zustände bestritt. Sie ließ, zusammen mit dem wachsenden Unmut der Bevölkerung im Herbst 1912, ungewohnte Bewegung in die deutsche Fleischaußenpolitik kommen. Am 13. Februar 1913 trat ein Gesetz in Kraft und schuf Rechtssicherheit für die seit einem Regierungserlass am 28. September bereits gewählte Abhilfe. Städten war es nach einer Genehmigung des Bundesrates erlaubt, auf eigene Rechnung frisches und gefrorenes Fleisch aus dem Ausland einzuführen und zu «angemessenen Preisen an die Verbraucher» abzugeben. Das Gesetz zeigte Wirkung, reichte aber nicht an die Erwartungen zur Linderung des Mangels heran. Der Bundesrat war «engherzig» mit den Genehmigungen verfahren und hatte bei weitem nicht allen Städten, die um eine Genehmigung gebeten hatten, eine solche erteilt.[36] Zudem hakte es an der Logistik der letzten Meter.

Ein wahrhaftiger «Kampf um das Fleisch» tobte am 23. Oktober 1912 im Wedding.[37] In der Zentralmarkthalle am Alexanderplatz und der Markthalle in der Andreasstraße lieferten sich erzürnte Konsumentinnen wütende Wortgefechte mit den Fleischern, an deren Ständen das importierte Fleisch verkauft werden sollte.[38] Dabei blieb es nicht. Zuerst in der und dann um die Markthalle der Reinickendorfer Straße herum kam es zu einer «Revolte der Frauen».[39] Unter «furchtbarem Geschrei und Wutgeheul» rückten mehrere tausend Frauen, die seit fünf Uhr morgens vor der Halle gewartet hatten, den Schlächtern zu Leibe. Um sechs Uhr morgens wurden sie auf 2000 geschätzt, nach der Öffnung der Halle um zehn Uhr auf 4000. In der Halle enterten sie die Verkaufsstände, «drängten die Fleischer und ihre Gehilfen unter Schlägen und Stößen aus den Läden» und schnitten mit Messern selbst große Stücke aus den aufgehängten Rindervierteln und Schweinehälften. Das blutige Fleisch stopften sie teils in ihre Taschen, teils warfen sie es vor Wut auf den Boden und zertrampelten es. Als die Fleischer ihre Verkaufsstände schließen wollten, stürmte «ein Haufen Frauen [...] zu den Gemüsehändlern, raffte dort zusammen, was es an Obst, Rüben und Kohlköpfen vorfand und begann ein wütendes Bombardement auf die Schlächter». Die herbeitelefonierten Schutzleute der nahegelegenen Polizeireviere wurden ebenfalls angegriffen, geschlagen, mit von den Stangen gerissenen Würsten und anderen Lebensmitteln beworfen, bevor sie die wütenden Plünderinnen aus der Halle drängten.

Was war geschehen? Der Berliner Magistrat war der Ausnahmeregelung des Reiches gefolgt, um billiges Fleisch aus dem Ausland zu beschaffen. Er hatte einen Händler nach Warschau geschickt, der dort Rinder und Schweine einkaufte und an der Grenze schlachten ließ.[40] Am 23. Oktober sollte das sehnsüchtig erwartete «russische Fleisch» in den städtischen Markthallen zu Selbstkostenpreisen verkauft werden. Mit 128 Fleischern hatte der Berliner Magistrat eine Abmachung getroffen, nach der sie den Verkauf übernehmen sollten. Sie brauchten, weil sie an diesem Fleisch weniger verdienten, keine Stand- und Wassergebühren zu bezahlen. Doch das Übereinkommen platzte. Unmittelbar vor Verkaufsstart am Dienstag, als die Metzger ihre Fleischmengen auf dem Schlachthof an der Landsberger

Allee in Empfang nehmen sollten, erklärten 106 der 128, sie würden dies nun doch nicht tun, weil der Verdienst zu gering und ihnen mit Ausschluss aus der Innung gedroht worden sei. Die Stadtregierung Berlins wurde von diesem Rückzieher kalt erwischt. Sie hatte rote Plakate mit dem Datum des Verkaufsstarts und den für jede Qualität und Sorte festgesetzten Preisen an den Anschlagsäulen angebracht. Als die seit frühmorgens wartenden Frauen statt des ersehnten Fleisches auf selbstbewusste Fleischer trafen, die ihnen mit nur schlecht gespieltem Bedauern mitteilten, das russische Fleisch sei leider zu minderwertig, als dass sie seinen Verkauf mit ihrem Berufsethos vereinbaren könnten, geriet die Situation außer Kontrolle.[41]

Dabei war minderwertiges Fleisch nichts Ungewöhnliches im Herbst 1912. Vor den Freibankstellen, die tatsächlich minderwertiges Fleisch verkauften, harrten hunderte, vor allem Frauen, aber auch Alte und Kinder, mitunter die ganze Nacht hindurch bei Wind und Wetter aus, um am nächsten Morgen ein paar Pfund Fleisch zu ergattern. Am 23. Oktober hatten sie sich nun, zum Teil ebenfalls noch nachts, aufgemacht, um für das versprochene russische Fleisch anzustehen. Dafür verzichteten manche auf ihren üblichen Gang zur Freibank, was die Enttäuschung um das doppelt entgangene Fleisch im Anschluss noch steigerte.

Die Episode zeigt: Fleisch für jeden Geldbeutel war entscheidend geworden für politische Stabilität. Der neue Begriff der «Fleischnot» machte die neue Dringlichkeit des Fleisches deutlich.[42] Im Unterschied zu früheren Nahrungsrevolten, etwa der sogenannten Kartoffelrevolution 1847, einer Hungerkrise, während der sich Marktkrawalle in Berlin zu stadtweiten Unruhen ausgewachsen hatten, war es 1912 nicht mehr der Hunger, sondern fehlendes Fleisch, das den Aufstand hervorrief. Arbeiterinnen und Arbeiter waren nicht länger bereit, diesen Mangel hinzunehmen – und die Regierenden reagierten. Reichskanzler von Bethmann Hollweg bekannte, dass «die Staatsregierung die

Pflicht habe, helfend einzugreifen», um die Fleischversorgung – nicht Nahrungsmittelversorgung – zu stabilisieren.[43]

Einzelne Kommunen, wie Karlsruhe, Lübeck und Charlottenburg, stiegen selbst in die Produktion ein und errichteten kommunale Schweinemastanstalten.[44] Die Idee «rein industrieller Betriebe» ohne eigene Futterproduktion begeisterte parteiübergreifend. Der bayerische Zentrumsabgeordnete Sebastian Matzinger trat dafür ein, «solche Mastanstalten» mit Strafgefängnisanstalten, die ja ohnehin in öffentlicher Hand seien, zu koppeln, um so zugleich die fehlenden Arbeitskräfte in der Tierhaltung zu kompensieren. «Weibliche Strafgefangene» seien ein vielversprechendes Arbeitskräftereservoir für die «Pflege der Tiere bei der Schweinemast». So groß die Euphorie war, so gering war der Erfolg der frühen Mastanstalten. Stark schwankende Preise für die einzukaufenden Jungschweine, die sich nicht synchron mit den ebenfalls stark schwankenden Abnahmepreisen der schlachtreifen Mastschweine bewegten, machten Schweinemast im großen Stil zur finanziellen Belastung für die unternehmungslustigen Gemeinden.

Die Frauen, die während der Fleischnot im Herbst 1912 die Stände der Fleischer attackierten, rechneten nicht damit, weitere zweieinhalb Jahre später nicht einmal mehr genügend Kartoffeln ergattern zu können, um satt zu werden. Die deutsche Ernährungspolitik des Ersten Weltkriegs brachte den überwunden geglaubten Mangel in neuer Radikalität zurück. Im Oktober 1915 verbot die Berliner Stadtregierung allen Restaurants, dienstags und freitags Fleisch, Fleischwaren und Gerichte, die mit Fleisch hergestellt waren, zu servieren. Montags und donnerstags durften sie darüber hinaus kein Fett zum Braten, Backen oder Schmoren verwenden und samstags war der Verkauf von Schweinefleischgerichten untersagt.[45] Das waren rückblickend milde Vorboten des Hungerwinters 1916/17. Von Februar bis April 1917 erreichte kein einziger Eisenbahnwagen voll Kartoffeln die Hauptstadt.[46] Kartoffeln waren als Ersatz für den vor dem Krieg üblich gewesenen Getreide- und Fleischkonsum vorgesehen gewesen, doch die Kartoffelfäule hatte die erwartete Ernte um die Hälfte reduziert. Zudem machten sich inzwischen die vollumfänglich wirkende Handelsblockade, die seit Kriegsbeginn fehlenden menschlichen und tierischen Arbeitskräfte in der Landwirtschaft, die bevorzugte Versorgung des Militärs und die Abwesenheit einer flächendeckenden Verteilungsstrategie bemerkbar. Die katastrophale Versorgungslage ließ die Wintermonate als Steckrübenwinter sprichwörtlich werden.[47] Kohl- oder Steckrüben, anspruchslos im Anbau, frostresistent, gut zu lagern und eigentlich als Schweinefutter angebaut, wurden nun allgegenwärtig in den Küchen: zu Kaffeeersatz gerieben, dem Brotteig zugesetzt, zu Marmelade verkocht, zum Kotelett geformt und als einzig verbliebene Suppeneinlage. Ihr Kaloriengehalt war niedrig und ihr Wasseranteil hoch. Euphemistische Werbung versuchte aus der Rübe eine «Mecklenburgische Ananas» oder «Oldenburger Südfrucht» zu machen. Doch es war allein die Not, die die schlecht sättigende Rübe in die Kochtöpfe brachte.[48] Auf tragische Weise trug das selbstverständlich gewordene Fleisch zur Ernährungskatastrophe 1916/17 bei. Ökonomen berechneten retrospektiv, dass die zugewiesene karge Fleischration auf dem Schwarzmarkt gegen mehr «billigere» Kalorien aus Kartoffeln, Weizen- oder Roggenmehl hätten eingetauscht werden können.[49] Die im Tausch erhaltenen Kalorien hätten die Mägen etwa dreimal nachhaltiger gefüllt, als es das wenige Fleisch vermochte. Doch das sind hypothetische Gedankenspielereien. Die dem Fleisch zugeschriebene Bedeutung und ein Mangel an Kenntnissen über die Zubereitung fleischloser Speisen verhinderte einen bewussten Vegetarismus, auch wenn der womöglich Leben hätte retten können.

Die Folge der krassen Mangelerfahrung war ein Aufschwung der Tierhaltung für den Eigengebrauch in den Nachkriegsjahren. Die Tiere kehrten in die Stadt zurück. Ein eigenes Schwein,

Berlin 1919: Eine Familie zieht ihren fahrbaren Hühnerstall auf das Tempelhofer Feld, wo die Tiere ihren Auslauf halten.

eine Ziege oder ein paar Hühner bedeuteten ein Stück Ernährungssouveränität in Zeiten raren Fleisches. Das Tempelhofer Feld wurde zur Berliner Volkstierweide erster Wahl. Dorthin wurden Lämmchen eingehüllt in Mutters Tuch getragen, Ferkel an improvisierten Leinen geführt und Hühner in eigens dafür gebauten Kisten gerollt.

Der Trend setzte sich in der Inflationszeit der 1920er Jahre fort. Für den Eigengebrauch hielten Arbeiterinnen und Arbeiter, aber auch bürgerliche Familien, deren Geldvermögen durch die Hyperinflation 1923 wertlos geworden war, in städtischen und vorstädtischen Gegenden Ziegen, Hühner und immer mehr Schweine. Der Zusammenhang zwischen einem erfahrenen oder befürchteten Mangel an Fleisch und der Präsenz der Tiere in der Stadt behielt seine Gültigkeit.

Eigene Tiere boten einen gewissen Schutz vor den Preiskapriolen des Marktes. Im Dezember 1923 waren mehr als ein Viertel der Einwohner der deutschen Großstädte auf staatliche Unterstützung angewiesen, die jedoch kaum zum Überleben

Berlin 1919: Ein Ehepaar trägt sein Lämmchen zur Weide auf das Tempelhofer Feld.

reichte. Anders als die Umsturzversuche, politischen Morde, Aufstände und Putsche, die jeweils nur von einem Teil der Bevölkerung in Berlin, München, Sachsen oder dem Rheinland erlebt wurden, stellte die Geldentwertung das Leben aller Menschen auf den Kopf.[50] Die massive wirtschaftliche Instabilität von 1919 bis zum «Crescendo des Ausnahmezustandes» 1923 untergrub das Vertrauen in traditionelle Autoritäten und ließ Formen der Selbsthilfe gedeihen. Darunter fielen sowohl Gewaltaktionen politisch radikalisierter Milizen als auch die Rückkehr von Tieren in die Wohnungen.

Die Bilder des Fotografen Willy Römer, dessen Photothek zu einer der wichtigsten Pressebildagenturen der Weimarer Republik wurde, zeigen die Inflationsjahre als Zeit des akuten Mangels.[51] Parallel zur explosionsartigen Vermehrung des Geldes

Köln 1920er Jahre: Zwei Damen in Köln führen ihre Ferkel aus.

vermehrten sich die medial vermittelten Bilder. Ihr Abdruck in den rasch expandierenden illustrierten Zeitungen festigte die zeitgenössische Deutung dieser Jahre als negative, unsichere und entbehrungsreiche Zeit. Die politischen Implikationen dieser Wahrnehmung waren bekanntermaßen verheerend.

Die 1920er Jahre hindurch blieb Fleisch eine soziale Demarkationslinie, die erneut deutlich hervortrat, als Arbeitslosigkeit und Verelendung im Zuge der Weltwirtschaftskrise seit 1929 zunahmen. Wiederum wurden die Schlangen der Menschen länger, die vor dem Berliner Schlachthof auf minderwertiges Freibankfleisch hofften. Für sie war Fleisch, zwanzig Jahre nachdem die Arbeiterinnen im Wedding revoltiert hatten, erneut zum Sehnsuchtsgut geworden. Mit jeder Rückkehr des Mangels in einer Zeit, in der regelmäßiger Fleischkonsum für

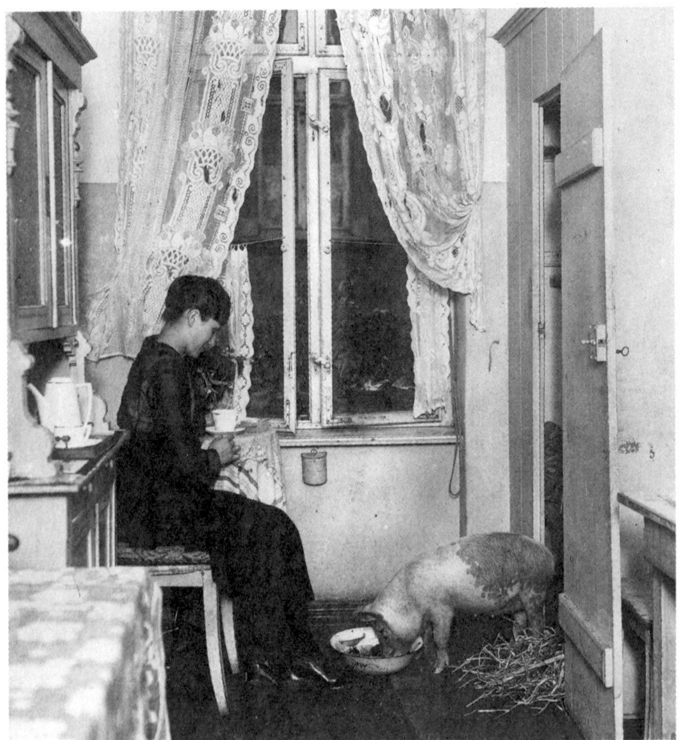

Berlin 1924: «Schweinefütterung in der Küche, die Speisekammer dient als Stall».

alle Bevölkerungsschichten zum Maßstab der Lebensqualität geworden war, stieg die Bedeutung von Fleisch als Wohlstandsmarker weiter an. Die Gleichzeitigkeit von Mangelerfahrung und Wohlstandserwartung während der Weimarer Jahre legte den Grundstein für das politische Verbraucherbewusstsein der modernen Konsumgesellschaft. Indem die Weltwirtschaftskrise die «Kluft innerhalb der Verbraucherschaft» vergrößerte, verstärkte sie zugleich die Erwartungsmentalität kommenden Wohlstands.[52] Die politische Bedeutung von Konsumentinnen und Konsumenten stieg deshalb gerade in Zeiten, in denen der Wohlstand nicht prosperierte.

Berlin 1931: «Hoffen auf Freibankfleisch». Menschenschlange vor dem Berliner Schlachthof.

«Nie wieder Kohlrüben!» war denn auch die nationalsozialistische Losung, um die Loyalität der «arischen» Bürgerinnen und Bürger zu erhalten.[53] Die Ernährung wurde zum innenpolitischen Instrument nationalsozialistischer Bevölkerungspolitik und spätestens seit 1941 zur systematischen Waffe im rassistischen Eroberungskrieg. Bei der vier Tage vor Beginn des Zweiten Weltkriegs zurückgekehrten Rationierung von Lebensmitteln bemaß sich die Größe der zugestandenen Rationen am entsprechend der NS-Ideologie zugeschriebenen Wert der einzelnen Menschen für die «Volksgemeinschaft». KZ-Häftlinge, Kriegsgefangene, Juden und Jüdinnen und sogenannte «Volksfeinde» erhielten Hungerrationen.

Durch die Plünderung der besetzten Gebiete und die systematische Unterversorgung ausgegrenzter Bevölkerungsteile begannen die «schlechten Jahre» für die große Mehrheit der Deutschen frühestens mit der Kriegswende 1942/43, öfter noch erst mit Kriegsende. Bis zu den letzten Monaten des Krieges erreichte die Nahrungsmittelversorgung durchschnittlicher, «arischer» Deutscher kein mit den beiden letzten Jahren des Ersten Weltkriegs vergleichbares niedriges Niveau. 1946 und 1947 wurden als «Hungerjahre» zu den «schlechtesten Jahren» im Gedächtnis des Volkes. Diese Wahrnehmung sorgte dafür, dass der Aufbau einer Tierhaltung, die *endlich* jeden Tag günstiges Fleisch zu liefern in der Lage war, im Nachkriegsdeutschland uneingeschränkten Zuspruch fand.

Doch fleischhungrige Konsumentinnen und Konsumenten allein veränderten in den Rinder-, Hühner- und Schweineställen noch nichts. Für den Aufbau der Massentierhaltung nach 1945 war ebenso entscheidend, dass Agrarexperten bereits seit dem letzten Drittel des 19. Jahrhunderts daran gearbeitet hatten, die Tierhaltung leistungsfähiger zu machen, und sich der staatliche Zugriff auf die Landwirtschaft verstärkt hatte.

2. Die Inkubationszeit der Massentierhaltung

Unzufriedene Agrarexperten und neue Forschungsinstitute

Die Gebräuche der Tierhaltung sorgten an der Wende vom 19. zum 20. Jahrhundert für Verdrossenheit unter Agrarwissenschaftlern. Sie verfassten Ratgeber über Ratgeber, um die landwirtschaftliche Praxis so zu verändern, dass Bauern und Bäuerinnen mehr Fleisch, Eier und Milch erzeugen konnten. Dem Tierzuchtwissenschaftler Hermann Settegast, der an landwirtschaftlichen Akademien in Ostpreußen und Oberschlesien lehrte, bevor er 1881 einem Ruf an die neugegründete Landwirtschaftliche Hochschule Berlin folgte, war die zunehmende Rassenbegeisterung seiner Zeit ein Dorn im Auge. Sie stehe einer wirtschaftlicheren Tierhaltung im Weg, weil es keinen direkten Zusammenhang zwischen Rasse und Produktivität gebe.

Um mehr Milch und mehr Fleisch zu erzeugen, wäre es sinnvoller, spezialisierte Gebrauchstiere zu züchten. Damit skizzierte Settegast 1868 jenes Zuchtverfahren, das als Hybridzucht knapp einhundert Jahre später in deutschen Rinder-, Hühner- und Schweineställen Einzug hielt.[54]

Auch in der Hühnerhaltung trieb der Rassekult die Experten um. Karl Römer, Direktor einer landwirtschaftlichen Winterschule bei Mannheim, lamentierte, die Geflügelhalter seien in Scharen der eugenischen Begeisterung für neugeschaffene Moderassen anheimgefallen. Sie kauften überteuerte Bruteier angeblicher Wundertiere, die «jeden Tag mindestens zwei Eier und diese noch mit Doppeldotter» legen sollten.[55] Diese Versprechen lösten die Tiere freilich nicht ein, wodurch sie die gelackmeierten Geflügelhalterinnen und -halter unzugänglich für berechtigtere Belehrungen machten. Die Haltung von Hühnern, Enten und Gänsen würde ohne jede Berücksichtigung der Futter-, Arbeits-, Absatz- und Marktverhältnisse sowie der Kauf- und Pachtpreise der Stallräume praktiziert. Eine Chance auf rasche Veränderung sah Römer nicht. Denn in den Ställen treibe sich ein einflussreicher «Freund Schlendrian» herum, der den Bauern zuflüstere, es sei wichtig, mehr Tiere im Stall stehen zu haben als der Nachbar, und weniger relevant, wie viel diese Tiere abwarfen.[56]

Carl Courtin, ebenfalls Direktor einer landwirtschaftlichen Winterschule am westlichen Rande des Ruhrgebiets, kämpfte an einer ähnlichen Front im Rinderstall. Er versuchte den jugendlichen Nachkommen kleinerer und mittlerer Grundbesitzer zwischen November und März nahezubringen, dass Rinder, im Gegensatz zum althergebrachten Glauben, kein «notwendiges Übel» zur Gewinnung von Dünger für den Ackerbau seien. Stattdessen seien sie Umwandlungsmaschinen, die nicht verkäufliche Erzeugnisse ihrer Höfe in verkäufliche, «also Milch, Fleisch, Wolle, Jungvieh etc. umwandeln».[57] Weil das übliche Futter in den Trögen, dessen Nährwert willkürlich wechselte, den

Wirkungsgrad der Tiermaschinen schmälerte, plädierte Courtin im Jahr 1900 für strategisches Rationieren und regelmäßig wiederkehrende Fütterungszeiten und damit für Praktiken, die nach 1945 zu Bausteinen der Revolution im Stall wurden.

Im Schweinestall sei die Hauptursache der Misere die niedere Eingruppierung der Schweine als «Aschenbrödel der landwirtschaftlichen Haustiere». Der Bestseller unter den Schweineratgebern der Jahrhundertwende, zwischen 1895 und 1920 in fünf Auflagen erschienen, beklagte eine «mitunter haarsträubende Vernachlässigung» der Tiere.[58] Die Ställe waren feucht, entweder zu klein oder zu groß und damit zu kalt und nicht selten von Ratten bevölkert. Entsprechend ihrem niederen Status war die Versorgung der Schweine «nicht selten [...] dem geringst bezahlten weiblichen Dienstboten» oder der «geistig beschränktesten Dienstmagd» anheimgegeben. Denn «Saumagd» gerufen zu werden, war «gar zu despektierlich» – das wollte niemand sein. Weil sich niemand für die Schweine und für die sie betreuenden Menschen interessierte, schleppte die «Saumagd» in Eigenregie den «Schweinekübel» zu den hungrigen Schweinen. In ihn wurde wahllos alles geschmissen, was die menschliche Hofgemeinschaft hinterließ: Speisereste, Kartoffel-, Obst- und Eierschalen, Gemüseabfälle, altes Brot und Fleischreste. Draufgeschüttet wurde das Spülwasser, und allzu oft wanderten zudem Seifenreste, Pökelbrühe, faule Kartoffeln oder verdorbenes Eingemachtes mit hinein und verursachten Gesundheitsprobleme bei den Schweinen.

In der Theorie war das Wissen, das Deutschland ein halbes Jahrhundert später zur effizienten Fleischfabrik werden ließ, um 1900 entstanden. Doch die Reichweite des gedruckten Wortes war begrenzt. Über die Winterschulen erreichte das Wissen über eine produktivere Tierhaltung einige junge Bauern, aber bei weitem nicht alle. Zudem sabotierte der Markt die Innovation. Jeder Liter Milch, jedes Kalb, jedes Ei und jedes Schwein war veräußerbar und brachte Geld; mitunter wenig, aber eben doch

Bares. Weil die Tierhalterinnen und Tierhalter diesen Barerlös nicht systematisch ins Verhältnis mit den Erzeugungskosten setzten, blieb diffus, welche Veränderungen die Produktivität steigern würden. Dennoch wäre es trügerisch, das Lamento der Agrarexperten uneingeschränkt zu übernehmen. Auch wenn ihre Worte um 1900 wenige Ställe erreichten, entwickelten sie einen semantischen Sog, der das Denken über Tierhaltung seither formt. Die Produktivitäts-, Wachstums- und Fortschrittsrhetorik mit ihrem Fokus auf Leistungssteigerung wurde zur dominanten Lesart landwirtschaftlicher Tierhaltung. In ihr schieden Agrarexperten und immer mehr Tierhalterinnen und Tierhalter fortan «gute» von «schlechter» Tierhaltung. Allen Beratungsresistenzen zum Trotz ist zu beachten, dass die Tierhaltung in der zweiten Hälfte des 19. Jahrhunderts enorm expandierte. In den vierzig Jahren zwischen 1873 und 1913 stieg die Zahl der Schweine um 260 Prozent.[59] Auch die Zahl der Rinder und Pferde stieg, doch ihre Steigerung blieb hinter der Bevölkerungsentwicklung zurück. Anders die Schweine: Auf 1000 Einwohnerinnen und Einwohner kamen 1913 382 Schweine und damit mehr als doppelt so viele wie im Jahr 1873, als 171 Schweine auf 1000 Einwohnerinnen und Einwohner gekommen waren. Dafür waren neben der gestiegenen Nachfrage, einer Verbesserung der Weideflächen und fallenden Getreidepreisen praktische Vorgaben von staatlichen Institutionen und landwirtschaftlichen Vereinigungen verantwortlich.

Als Vorbedingung aller Fleischproduktion rückte die Tierhaltung seit der zweiten Hälfte des 19. Jahrhunderts stärker in den Fokus öffentlicher Zuständigkeit. Der Staat begann zu regulieren, welche Tiere sich überhaupt paaren durften. 1858 hatte die Stadt Bremervörde die erste Körordnung für Rinder erlassen. Bis 1901 waren alle Gemeinden und Länder des Deutschen Reiches nachgefolgt und hatten bestimmt, dass Bullen erst dann Kühe decken durften, wenn sie «als zur Zucht tauglich befunden worden» waren.[60] Diese Prüfung, die sogenannte

Körung, war der Moment staatlicher Einflussnahme. Bevor es weiblichen Rindern erlaubt war, sich in die Nähe eines nicht kastrierten männlichen Rindes zu begeben, war der Bulle der Körkommission des jeweiligen Körbezirks vorzuführen. Dieses Gremium, meist drei bis fünf Personen der seit Mitte des 19. Jahrhunderts gegründeten Landwirtschaftskammern, beurteilte Gang und Körperbau, Gesundheit und die bisherigen Nachkommen. War der Bulle «gut» und «tüchtig» genug, wurde ihm eine Deckerlaubnis ausgestellt, die gewöhnlich für ein Jahr galt. Danach hatte er erneut vor den Begutachtern aufzumarschieren. In Preußen war die Körung der Rinder bis 1922 sogar im Polizeirecht geregelt. Allerorts enthielten die Körordnungen Strafvorschriften für die Verwendung ungekörter Bullen. Gemeinden, deren Rinderhalter sich nicht freiwillig zu einer gemeinschaftlichen Bullenhaltung zusammenschlossen, waren verpflichtet, für alle etwa achtzig bis einhundert Kühe einen kommunalen Bullen zu halten.

Hand in Hand mit dem staatlichen Engagement zur züchterischen Verbesserung der Tiere ging die Einrichtung staatlicher Forschungsinstitute zur Verbesserung der Tierhaltung. In Bayern etwa standen staatlich bezahlte Tierzuchtinspektoren den 17 Zuchtverbänden vor, die zwischen 1884 und 1894 gegründet worden waren und jeweils versuchten, eine Rinderrasse zu formen.[61] Ihnen übergeordnet war seit 1894 ein Landesinspektor für Tierzucht. Der erste Amtsinhaber, Hans Attinger, sorgte 1918 für die Gründung des Instituts für praktische Tierzucht in Grub unweit von München, um die Qualität der bayerischen Rinder zu verbessern. 1920 begannen die Angestellten, zwei Güter zu bewirtschaften, und drei Jahre später konnte die Forschung an den Rindern beginnen. Die Bekämpfung von Tuberkulose und Unfruchtbarkeit stand ebenso auf der Agenda wie die Verbesserung der Milchwirtschaft, die Heranzüchtung von sogenannten Leistungsbullen sowie die Aus- und Weiterbildung von Klauenputzern, künftigen Tierzucht-

Erster Klauenputzerkurs des Instituts für praktische Tierzucht in Grub bei München 1925.

beamten, Zuchtwarten, Melkpersonal, Schweinewärtern und Landwirtschaftslehrlingen. Das Institut wurde in den 1920er Jahren zum Zentrum landwirtschaftlicher Wissensdiffusion in Süddeutschland.

Die staatliche Bildungsoffensive zur Förderung landwirtschaftlicher Tierhaltung erfasste in den ersten drei Jahrzehnten des 20. Jahrhunderts ganz Deutschland. Auch am anderen geografischen Ende, auf der Ostseeinsel Riems nahe Greifswald, manifestierte sich die neue staatliche Verantwortung in der Gründung eines Forschungsinstituts, dem Institut für Virusforschung. Dort gründete der Bakteriologe Friedrich Loeffler, ein Schüler Robert Kochs, im Auftrag des Preußischen Kultusministeriums 1910 ein Institut zur Erforschung der Maul- und Klauenseuche, nachdem er den Erreger der hochansteckenden Viruserkrankung, die regelmäßig die Rinder- und Schweinebestände dahinraffte, entdeckt hatte. Die Ortswahl auf der Insel Riems im Greifswalder Bodden, die noch heute als «die gefährlichste Insel Deutschlands» oder «das deutsche Alcatraz der Viren» gilt, war kein Zufall:[62] Durch die beschränkte Zugänglichkeit wollte er verhindern, dass die gezielt herbeigeführten Ausbrüche von Tierseuchen unbeabsichtigt weitere Herden infizierten. Das war Loeffler in den Jahren zuvor wiederholt im Greifswalder Umland passiert und hatte großen Ärger ausgelöst.

Schweinemord und Erzeugungsschlacht

Die Zwangsbewirtschaftung der Landwirtschaft während des Ersten Weltkriegs hob den Zugriff des Staates in der Landwirtschaft auf ein neues Niveau. Um Loyalität und Kampfbereitschaft der Soldaten sicherzustellen, hatte die Heeresverwaltung auf große Fleischrationen gesetzt. Millionen von Männern, die sich bisher, insbesondere wenn sie vom Land kamen, «mit geringem Fleischgenuß begnügt hatten», ließen den Fleischverbrauch ansteigen, während die Handelsblockade gleichzeitig den Nachschub an Kunstdünger und Futtermitteln abschnitt. Seit August 1914 arbeiteten Statistiker, Physiologen, Agrarwissenschaftler und die bekannteste Hausfrau des Reiches, Hedwig Heyl, an einer Ernährungspolitik, um das sich abzeichnende Dilemma aufzulösen.[63] Neben der Vermeidung jeder Vergeudung, dem Verbot jeder Ausfuhr von Lebensmitteln und der weiteren Intensivierung der Produktion schlugen sie das Verbot der Verwendung menschlicher Nahrungsmittel zur Viehfütterung vor. Bisher war der Einwand früher Vegetarier, Fleisch sei eine unverantwortbar ineffiziente Angelegenheit, weil ein Schwein zunächst mindestens dreimal so viel Getreide fräße, wie es nach seiner Schlachtung Kalorien in Form von Fleisch zu liefern in der Lage ist, als Fanatismus abgetan worden. Angesichts zunehmender Verknappung wurde sie zu einer plausiblen ernährungspolitischen Strategie.

Aus der theoretischen Nahrungsmittelkonkurrenz zwischen Mensch und Schwein wurde 1915 eine tatsächliche. Die niedrig gehaltenen Höchstpreise für Getreide und Kartoffeln hatten die Bauern veranlasst, Teile der Ernte zurückzuhalten und sie an Schweine zu verfüttern, um eine bessere Rendite einzufahren. Ein seit Oktober 1914 geltendes Verfütterungsverbot für Getreide änderte daran wenig. Die unzähligen Futtertröge des Reiches waren unkontrollierbar. Statistiker berechneten, ein gutes Drittel des Schweinebestands müsse geschlachtet werden, damit sich die vom Weltmarkt abgeschnittenen Menschen und Schweine beim Getreide nicht ins Gehege kämen. Genau so kam es im ersten Viertel des Jahres 1915, als neun Millionen Schweine auf staatliche Anordnung hin geschlachtet wurden. Weder entspannte diese «Bartholomäusnacht der Schweine» die Kartoffel- und Getreideversorgung längerfristig noch verbesserte sie die Fleischversorgung akut.[64] Sie wurde stattdessen zum Sinnbild fehlgeleiteter staatlicher Ernährungspolitik.

Die außerplanmäßig geschlachteten Schweine überschwemmten den Markt und der Preis für Schweinefleisch sank in den Keller. Das viele Fleisch sollte zwar in Konservenbüchsen haltbar gemacht werden. Weil der Metallbedarf der Waffen- und Munitionsherstellung Vorrang genoss, stand dafür jedoch nur minderwertiges Blech zur Verfügung. Im Herbst 1915 waren die Fleischvorräte bereits verdorben, die Preise für Schweinefleisch explodierten und zu allem Überfluss stellte sich heraus, dass die vorhandenen Kartoffelvorräte im Jahr 1915 so groß gewesen waren, dass auch alle geschlachteten Schweine nicht imstande gewesen wären, sie so zu dezimieren, dass es die menschliche Ernährung beeinträchtigt hätte. Die Angaben der Landwirte, wie viel Getreide sie vorrätig hatten, waren aus Sorge vor einer Beschlagnahmung niedriger als die tatsächlichen Stapel im Futterschuppen gewesen. Als im November 1915 die Höchstpreispolitik auf Schweine ausgedehnt wurde, um dem entstandenen Mangel abzuhelfen, führte sie erneut zu einem gegenteiligen Effekt. Die Zahl der wöchentlich auf den Berliner Schlachtviehmarkt getriebenen Schweine sank innerhalb einer Woche von 23 098 auf 8377. Die Bauern hielten ihre Waren zurück, weil sie auf ein Ende der Höchstpreise oder zumindest auf weitere Preissteigerungen hofften.

Das Verhalten der Bäuerinnen und Bauern trug zum Scheitern der Zwangsbewirtschaftung bei. Als sogenannte und tatsächliche Selbstversorger waren sie stärker ihrer eigenen Wirtschaft als der Ernährungssituation der Rationsempfängerinnen und -empfänger in den Städten zugewandt. Das führte zu einer derart «erbitterte[n] Stimmung gegen die Landwirtschaft», dass der preußische Minister des Inneren die politische Lage für außerordentlich gefährlich hielt.[65] Landwirtschaftliche Klein- und Kleinstbetriebe waren am schwierigsten zu kontrollieren. Ihr weniges Personal, so sie denn welches hatten, zählte zur engen Hausgemeinschaft und trug Unterschlagungen, beispielsweise eine Überschreitung der erlaubten Selbstversorgerration von einem halben Kilo Fleisch pro Person und Woche, eher mit, weil sie selbst davon profitierten. Anders war das auf großen Gütern, wo größere Getreidemengen und Milch weniger gut versteckt, heimlich verfüttert oder «auf unrechtmäßige Weise veräußert» werden konnten.[66] Die «Schleichhändler» wussten um ihre Möglichkeiten, zogen «von Kleinbesitzer zu Kleinbesitzer und sprachen weniger oft bei den Großbesitzern vor». Sie kauften vor allem Milch und Butter, deren täglich schwankender Ertrag unauffälliger als Fleisch oder Getreide vor der staatlichen Hand versteckt werden konnte, und versorgten damit den städtischen Schwarzmarkt.

Die gescheiterte Zwangsbewirtschaftung der Landwirtschaft während des Ersten Weltkriegs wurde später zum mahnenden Beispiel für die NS-Ernährungspolitik, zumal die 1920er Jahre für die deutschen Bauern und Bäuerinnen alles andere als ein goldenes Jahrzehnt gewesen waren. Sie verloren beständig Beschäftigte durch Abwanderung in die Städte; der überseeischen Konkurrenz waren sie immer weniger gewachsen, da ihre Produktivität wegen geringerer Technisierung, Spezialisierung und Intensivierung zurückblieb und gleichzeitig weiter zurückfiel, weil sie das für die Aufholjagd nötige Kapital nicht mobilisieren konnten. Das Einkommen der Bäuerinnen und Bauern lag 1926 mit jährlichen etwa 1100 Mark unter dem Durchschnitt der Erwerbstätigen, und etwa die Hälfte von ihnen verdiente weniger als vor dem Ersten Weltkrieg.[67] Auf dem Land gab es infolge der Weltwirtschaftskrise keine Suppenküchen, wie sie für den Mangel in städtischen Räumen ikonographisch geworden waren. Doch auch hier schwand die ohnehin niemals überragend gewesene Zustimmung zur Republik.

Die nationalsozialistischen Agrarpolitiker formulierten ihre Politik vor dem Hintergrund desillusionierter Bäuerinnen und Bauern und der wiederholten Mangelerfahrung der städtischen Bevölkerung. Nach der von rechten Kräften seit 1918 geschürten Dolchstoßlegende hätten die Lebensmittelkrisen an der Heimatfront die Bevölkerung anfällig für die «sozialistischen Parolen von Brot und Arbeit» gemacht. Nur so hätten die revolutionären Kräfte die an der Front unbesiegt gebliebene Armee von hinten erdolchen können. Die Legende fiel auch deshalb auf so fruchtbaren Boden, weil der Teil zur Bedeutung einer ausreichenden Lebensmittelversorgung – im Unterschied zum Wunschdenken zur unbesiegten Armee – nicht von der Hand zu weisen war. Die Landwirtschaft war der einzige Wirtschaftsbereich, für den die Nationalsozialisten bereits vor der Machtübernahme ein politisches Programm entworfen hatten.[68]

Walther Darré, Diplomlandwirt, Schweinezuchtexperte und seit 1933 Reichsminister für Ernährung und Landwirtschaft, sein Staatssekretär Herbert Backe, Heinrich Himmler und Chefideologe Alfred Rosenberg realisierten in den Jahren zwischen 1933 und 1945 eine verbrecherische Agrarpolitik, die in doppelter Weise wegweisend für die Geschichte der Massentierhaltung wurde. Sie leisteten der ökonomischen Rationalisierung im Stall Vorschub und verschleierten genau dies gleichzeitig mit dem rhetorischen Antimodernismus der NS-Ideologie. Anders als es die Stilisierung von deutschen Bäuerinnen und

Bauern zum Kern des rassistischen Gesellschaftsentwurfs der «Volksgemeinschaft» nahelegt, waren die Jahre zwischen 1933 und 1945 keine Verschnaufpause im landwirtschaftlichen Strukturwandel der Moderne. Die nationalsozialistische Agrarpolitik beförderte die Transformation der Tierhaltung zu einer kapitalintensiven, spezialisierten und wachstumsorientierten Unternehmung, die aus regionalen Gesellschafts- und Umweltbeziehungen herausgelöst wurde. Ihre Taktgeber waren der bürokratische Interventionsstaat und wissenschaftlich-technische Experten.[69]

Darré verkündete im November 1934 sein «Erzeugungsschlacht» genanntes Programm zur Steigerung der inländischen Agrarproduktion, um möglichst autark von Nahrungsmittelimporten zu werden. Weil die Importe daraufhin stärker sanken, als die inländische Produktion stieg, setzte eine Futterknappheit in der Tierhaltung einen Teufelskreis aus sinkenden Tierbeständen und fehlenden Nahrungsmitteln in Gang. Die «Erzeugungsschlacht» scheiterte bereits, bevor seit 1939 eingezogene Arbeitskräfte die Landwirtschaft strapazierten. Spätestens seit Winter 1941/42 beendete der Mangel an Dünger, Futtermitteln, Tieren und Arbeitskräften die angelegten Modernisierungstendenzen vollends.[70] Dessen ungeachtet veränderte die nationalsozialistische Agrarpolitik die Konzeption der Tierhaltung. Über 800 000 Vorträge plädierten martialisch für die Steigerung der Leistungsfähigkeit in der Landwirtschaft. Die Begründung der Daseinsberechtigung der Tiere verschob sich. Nur mehr Tiere, die bei gleichem «Futter mehr leiste[n] als die anderen», waren erwünscht.[71] In Analogie zum nationalsozialistischen Leistungsdenken in der «Volksgemeinschaft» forderte der Reichsnährstand die deutschen Bäuerinnen und Bauern auf, «Leistungstiere und nicht leistungsunfähige Fresser» zu halten.[72] Rinder, Schweine und Hühner sollten, ernährt von deutschen Futtermitteln, auf deutschen Böden und mit deutschen Genen, möglichst effizient Fleisch, Milch und Arbeitskraft bereitstellen, um dem deutschen Volk zum Sieg zu verhelfen. Dieses faschistische animalische Modernisierungsprojekt blieb in ideologischen Absichtsbekundungen und wissenschaftlichen Zuchtexperimenten stecken.[73] Gerade das Zusammenwirken von tatsächlichem Scheitern und diskursivem Erfolg befeuerte aber den rasanten Nachkriegswandel: Die Agrarpolitik der 1930er und 1940er Jahre hatte den Umbau der Tierhaltung zum Programm, aber die Umsetzung misslang. Der nationalsozialistische Entwurf sah eine biologisch und ökonomisch optimierte Agrarstruktur innerhalb einer rassistischen «Volksgemeinschaft» vor. Einzig die letzte Komponente wurde nach 1945 durch das Leitbild des bäuerlichen Familienbetriebs in der Bundesrepublik und durch Bodenreform und anschließende Kollektivierung im Arbeiter- und Bauernstaat der DDR ersetzt.

Anders als die Rhetorik der «Erzeugungsschlacht» veränderten die angewandten Kriterien der rassistischen Umverteilung von Land die Produktivität der Landwirtschaft tatsächlich. Die Agrargeschichte des Marchfeldes, der als Kornkammer Österreichs bekannten Ebene zwischen Wien und Bratislava, zeigt die fruchtbare Allianz von NS-Ideologie und betriebswirtschaftlicher Leistungssteigerung. Die «Arisierung» der dortigen Landwirtschaft erschien besonders dringlich, weil sich manche Höfe und Äcker nicht nur in jüdischem, sondern aufgrund der Grenzlage auch in ebenfalls unerwünschtem tschechischem und slowakischem Besitz befanden. Die Enteignung, zunächst durch eine Aufforderung zum Verkauf unter Wert, sonst durch erzwungene Veräußerung durch NS-Treuhänder, ging einher mit einer Umstrukturierung landwirtschaftlicher Besitzverhältnisse. Ziel sei es, so Anton Reinthaller, Darrés «Beauftragter für den Aufbau des Reichsnährstandes in Österreich» und späterer Gründer der FPÖ, «gesunde landwirtschaftliche Betriebsformen zu schaffen».[74] Zersplitterte Parzellen wurden zugunsten einer effektiveren Bodennutzung zusammengelegt, unzulänglich mit Boden versorgte Kleinbetriebe vergrößert und betriebswirtschaftliche «Musterhöfe» mit rationellen Einrichtungen wie Jauchegruben und Düngestätten errichtet. Die prekärer werdende Ernährungslage seit Anfang der 1940er Jahre stärkte die Durchschlagskraft ökonomischer Argumente. Als der 93 Hektar große Gutsbetrieb der tschechoslowakischen Staatsbürger Rudolf und Margarete Winternitz – er «Jude», sie «Arierin» – umverteilt werden sollte, gab die zuständige Siedlungsbehörde einem Kaufgesuch über 16 Hektar Land von Franz und Maria Rössler zunächst nicht statt. Die beiden bewirtschafteten einen 29 Hektar großen Hof in der Nachbargemeinde, hatten die 16 Hektar des Gutes bereits gepachtet und darauf die Viehhaltung ausgebaut. Die lokalen Behörden wollten jedoch lieber Neubauern ansiedeln, als die bereits relativ große Landwirtschaft der Rösslers weiter zu stärken. Das Berliner Reichsministerium für Ernährung und Landwirtschaft intervenierte, weil eine Nicht-Genehmigung der «Zerstörung einer vorbildhaft geführten, großen Bauernwirtschaft» gleichkäme und das 1941 nicht zu verantworten sei.[75]

Parallel zur rassistischen Bodenpolitik begann 1937 die bis dato größte selbstverpflichtende Datensammlung in der Landwirtschaft. Um das «Leistungsniveau» feststellbar zu machen, hatten alle Höfe, die größer als fünf Hektar in Nord- und Ostdeutschland und größer als zwei Hektar in Süd- und Westdeutschland waren, auf einem mehrseitigen Erhebungsblatt, der sogenannten Hofkarte, Angaben über ihre Bodennutzung, den Viehbestand, die Arbeitskräfte, Maschinen- und Geräteausstattung sowie ihre Marktleistungen zu machen. Die Hofkarte ermöglichte es, die Leistung der Betriebe untereinander in Beziehung zu setzen und den eigenen Betrieb im zeitlichen Verlauf zu evaluieren. Dem Betrieb von Lambert Ziegler und seiner Frau bescheinigte sie eine überdurchschnittliche Produktivität: Auf 8,9 Hektar Acker, 1,7 Hektar Weide und 4,2 Hektar Wald, mit einem Pferd, zwölf Rindern, zwei Schweinen und sechzehn

Hühnern versorgten sie mithilfe von Tagelöhnern an 133 Tagen im Jahr sich selbst, ihre beiden Kinder und eine weitere erwachsene Person. Zudem vermarkteten sie jährlich 30 Doppelzentner Getreide, 170 Doppelzentner Kartoffeln, 5 Doppelzentner Heu und 4500 Kilogramm Milch.[76] Die Hofkarte übersetzte bisherige Schätzungen, wie der Ertrag ausgefallen war, in Zahlen. In der Milchwirtschaft wurde sie 1939 flankiert von der sogenannten Pflichtmilchkontrolle, deren Ergebnis das Ablieferungssoll der Betriebe festlegte. Sie missfiel der Branche enorm, die daher bei den Messungen trickste. Nach 1945 bestand sie auf freiwilliger Basis fort und verzeichnete von Jahrzehnt zu Jahrzehnt steigende Teilnehmerzahlen. Das finanzielle Optimierungspotential konstanter quantitativer Leistungsevaluation im Stall war verheißungsvoller geworden als die Erinnerung an die Bevormundung. Der Boden für eine Politik betriebswirtschaftlicher Leistungssteigerung, staatlicher Überwachung und unbedingter Versorgungssicherheit wurde vor 1945 bestellt. Dieses Programm war in der zweiten Hälfte des 20. Jahrhunderts nicht neu, sondern die längst erwartete Realisierung einer Landwirtschaft, die sich den Erfordernissen des Industriestaats angepasst hatte.

Nicht nur die Geschichte der Massentierhaltung selbst hat weit vor 1945 reichende Wurzeln, sondern auch die Geschichte ihrer Kritik. Je mehr Fahrt der landwirtschaftliche Bedeutungsrückgang seit dem 19. Jahrhundert aufgenommen hatte, desto stärker hatten sich landwirtschaftliche Verbände, in Deutschland ebenso wie in England, Österreich-Ungarn oder Russland, um eine politisch-moralische Definition ihres Tuns bemüht. Tiere zu halten gehörte in dieser Lesart «zu den Aufgaben jedes Kulturstaates»; dem Bauerntum wohnte eine urtümliche Legitimität inne, überhaupt wurde der ländliche Raum als Einheit von Mensch und Natur romantisiert.[77] Diese Argumentation mobilisierte erfolgreich öffentliche Gelder, die den landwirtschaftlichen Schrumpfungsprozess bremsten. Die nationalsozialistische Agrarpolitik führte dazu, dass die Diskrepanz zwischen «ideologischem Anti-Modernismus und praktizistischer Modernisierung» in der deutschen Landwirtschaft um 1950 stärker als in allen anderen west- und ostmitteleuropäischen Staaten ausgeprägt war.[78] Die mit dem Nachkriegsmangel wiederkehrende Fragilität der Fleischversorgung aktualisierte die Lesart der Tierhaltung als hehre Tätigkeit, die nicht vorrangig der Produktion eines ökonomischen Mehrwerts, sondern der Herstellung von Lebensmitteln galt. Ihr ökonomischer Charakter blieb im Hintergrund, obwohl das, was im Stall geschah, weitgehend Wirtschaft war. Der Glaubenssatz einer übergeordneten existentiellen und kulturellen Rolle der Landwirtschaft hatte noch Gültigkeit, als 15 Jahre später die ersten Geflügelkäfigbatterien in Deutschland entstanden. Dieser Hintergrund machte die Massentierhaltung zum Kulturbruch. In dem Maße, in dem die Revolution im Stall nach 1950 einen Produktivitätsrekord nach dem nächsten brach, wuchs die Spannung zwischen Stall und Gesellschaft.

II.
Revolution im Stall, 1945–1990[1]

Die Realisierung der Massentierhaltung vollzog sich in drei Dimensionen: Körper, Wirtschaft und Technik. Wie drei Zahnräder griffen eine neue medizinisch-biologische Steuerung der Körper der Tiere, eine in der Tierhaltung vormals unübliche Kostenrechnung und neue Techniken der Unterbringung und Versorgung der Tiere ineinander. Das Geschehen in den Ställen erfuhr in jeder der drei wichtigsten Sparten landwirtschaftlicher Tierhaltung, der Rinder-, der Hühner- und der Schweinehaltung, eine Umwälzung in diesen drei Hinsichten. Aus narrativen Gründen erzähle ich jede Dimension anhand von derjenigen Tierart, bei der sie besonders gut zu beobachten war. Die Geschichte der Rinderhaltung zeigte die veränderte Arbeit an den Tierkörpern prägnant, die der Geflügelhaltung die Etablierung eines neuen Zahlendenkens und die der Schweinehaltung die Neuorganisation der Stallarbeit.

1. Rinder/Körper
Neue Tiere für die Konsumgesellschaft

Mit 2,8 Prozent aller Kühe wurden Zugkühe 1965 zum letzten Mal in der Bundesrepublik erfasst.[2] Ihr Abtreten markiert den vollständigen Übergang der Rinder in die Konsumgesellschaft. Mit neuen Zuchttechniken, einer kontinuierlichen Überwachung und einer strategischen Fütterung richteten Rinderhalter, Tierärztinnen, Besamungstechniker und Kälberpflegerinnen die Tierkörper präziser an den Verbraucherwünschen aus. Dieser Prozess war keine Einbahnstraße, sondern ein Wechselspiel zwischen Mensch und Tier. Neue Körpertechniken riefen stets auch unerwartete Reaktionen hervor, die wiederum mit neuen Körpertechniken beantwortet wurden. In diesem Prozess wurde die Lebendigkeit des Tiers als Wert an sich abgelöst von einer in Zahlen gemessenen Körperleistung des Tiers. Durch die genaue Erfassung der körperlichen Leistung änderte sich zudem die Position des einzelnen Rindes in der Stallgemeinschaft. Die Herde rückte ins Zentrum der Bewirtschaftung. Ermöglicht wurde die enorme Produktivitätssteigerung durch eine neuartige Medikalisierung im Stall. Die «Berufskrankheiten» der Tiere, denen medizinisch so beigekommen werden konnte, dass sie die Produktivität nicht gefährdeten, wurden akzeptiert. Das beste Tier war nicht länger das gesunde, robuste und langlebige, sondern jenes mit dem gewinnträchtigsten Körper.

Kuhlose Wirtschaften und Rinder per Dampfschiff

Unmittelbar nach Kriegsende deutete wenig darauf hin, dass Rinder in naher Zukunft zu effizienten Fleisch- und Milchmaschinen werden sollten. Es fehlte an Futter, an Ställen, in denen die Tiere nicht krank wurden, an den Tieren selbst und damit an Eiweiß und Fett für die Bevölkerung. «Feeding the German civilian population» wurde zur wichtigsten Aufgabe der britischen und US-amerikanischen Besatzung. Hungerbekämpfung war die Vorbedingung des Wiederaufbaus und vor dem Hintergrund des heraufziehenden Kalten Krieges der Schlüssel zum Weltfrieden.[3]

Besonders verheerend war die Situation in der Sowjetischen Besatzungszone (SBZ). Bauernhöfe waren zerstört, Gutsbetriebe fluchtartig verlassen worden, Felder vermint. Der Landwirtschaft fehlte «jegliches lebende und tote Inventar», notierte Edwin Hoernle, der seit September 1945 als Präsident der Deutschen Zentralverwaltung für Land- und Forstwirtschaft für die Bodenreform verantwortlich war.[4] Die Viehbestände waren «katastrophal dezimiert», während immer mehr neue Flüchtlinge ankamen. Der Oberste Chef der Sowjetischen Militäradministration in Deutschland befahl deshalb Anfang November 1945 Maßnahmen zur «Vermehrung des Viehs»: Alle zur Zucht geeigneten männlichen Tiere waren zu erfassen.[5] Eigenmächtiges Schlachten war verboten, ebenso der Verkauf von männlichen und weiblichen Tieren aller Arten zum Schlachten. Das galt auch für Bauern, die nach ihren Pflichtabgaben einen Überschuss an Vieh hatten; auch sie durften die Tiere nur an Personen verkaufen, denen zuvor eine Bescheinigung des Landrates darüber ausgestellt worden war, dass sie die Tiere nicht zum Schlachten, sondern zur Aufzucht erwerben wollten. In Mecklenburg und Brandenburg jedoch gab es Landstriche, in denen auch diese Maßnahmen versagten, denn sie waren bereits «viehleer» geworden. Zahlreiche neubäuerliche Parzellenbesitzer, die die Bodenreform hervorgebracht hatte, waren «kuhlose» Wirtschaften. Die Sowjetische Militäradministration befahl 1947 und 1948 eine «Viehaufbauaktion», um Tiere aus den viehreicheren Gegenden vor allem in Thüringen in die viehärmeren zu verschicken.[6] Der Erfolg dieser Aktion war bescheiden. Sie schwächte die gut funktionierenden Viehwirtschaften in den südlichen Gebieten der SBZ und heizte den Konflikt zwischen Alt- und Neubauern an. Wurden die Tiere wie befohlen abgegeben, fehlten sie dort, wo sie den berechneten Zielen der Tiervermehrung zugrunde gelegt worden waren. Die Waggons, in denen die Tiere transportiert wurden, mussten polizeilich begleitet werden, damit die Kühe, Kälber und Bullen nicht gestohlen wurden. Niemand gebe die Rinder gerne her, stellte die Hauptabteilung Tierzucht der Landwirtschaftsverwaltung der SBZ fest, als sie den wiederholten Verzögerungen der Aktion nachging, weil «es sich hier um lebendige Werte handelt, die durch Geld schwerlich aufzuwiegen sind». Die Bauern konnten sich von dem Erlös ihrer abgegebenen Tiere kein Nahrungsmitteläquivalent kaufen. Fleisch, Milch, Fett und Eier waren rationiert und, sofern überhaupt verfügbar, nur gegen Vorlage der entsprechenden Lebensmittelkartenabschnitte erhältlich. In der desolaten Situation nach 1945 wurde einmal mehr deutlich, dass Tiere in Mangelzeiten Lebensspender waren, deren Wert über die reine Ökonomie hinausging.

Die zentrale Rolle der Rinder für die Konsolidierung der SBZ macht die Wortneuschöpfung «kuhlos» deutlich. Jede neue Bauernstelle ohne ein einziges Rind, von denen es 1951 etwa 13 000 in der inzwischen gegründeten DDR gab, bedeutete Perspektivlosigkeit. Ohne eine einzige Kuh war sowohl die Bestellung eines Ackers als auch die subsistenzsichernde Selbstversorgung mit Milch unmöglich. Tiere, die aufgrund von Futtermangel, Transporten und neuen Umgebungen nicht trächtig wurden oder verstarben, verkomplizierten den Aufbau zusätzlich. Neubauer Fenkert in der Uckermark hatte 1948 eine junge Kuh zugeteilt bekommen, die nicht trächtig wurde. 1950 war ein zweites Tier gefolgt, das er zur Abdeckerei geben musste. Inzwischen bekam er wegen der angehäuften 4000 Mark Schulden keinen weiteren Kredit und konnte sich den «unbedingt notwendigen Ankauf einer Kuh» nicht leisten.[7]

Anders als die Sowjetunion stellten die USA mit dem European Recovery Program, dem als Marshallplan bekannt gewor-

Familie Kunkel, Flüchtlinge in Niedersachsen, mit ihrer neuen Geschenkkuh aus den USA, verm. 1950.

denen wirtschaftlichen Aufbauprogramm, entscheidende Mittel für den Wiederaufbau der Tierhaltung in Westdeutschland bereit. Die dahinterstehende Überlegung war, dass westdeutsche Devisen möglichst bald wieder in US-amerikanische Konsumgüter anstatt in den Import von Vieh und Fleisch fließen sollten. Sechs direkte Kreditlinien für einzelne Betriebe und unmittelbare Finanzhilfen für Tierzucht, Tierernährung und die Bekämpfung von Tierseuchen verpassten der landwirtschaftlichen Produktion in Westdeutschland zwischen 1948 und 1952 einen entscheidenden Schub. Doch das Engagement US-amerikanischer Akteure ging darüber hinaus.

Seit Anfang 1949 lief in Bremerhaven alle vier bis sechs Wochen ein Dampfer mit Rindern ein. Die Schiffe hatten sogenannte Geschenkkühe an Bord: Rinder, die private kirchliche Organisationen in den Vereinigten Staaten gesammelt und in New York City eingeschifft hatten. Mitglieder der Church of the Brethren hatten 1942 in Indiana die Organisation «Heifers for Relief» gegründet, die bei der Viehverschickung des Heifer

Project nach Westdeutschland federführend blieb. *Heifer* ist das englische Wort für Färse, für eine junge Kuh, die noch kein Kalb geboren hat. Bis Ende der 1950er Jahre kamen auf diesem Weg knapp 4000 Rinder in die Bundesrepublik. *Seagoing cowboys*, freiwillige Männer, meist Mennoniten, Brethren oder Amish, kümmerten sich während der Überfahrt um die Tiere. In Bremerhaven angekommen, begutachteten Veterinäre des Rinderspendenprogramms die Tiere und legten ihre Verteilung fest. Tiere mit Abstammungsnachweis waren für den Weitertransport zu Forschungsinstituten bestimmt. Alle übrigen Rinder waren in utilitaristischer Manier «an die Bedürftigsten abzugeben, wo es zu größte[m] Nutzen der größtmöglichen Anzahl von Personen geschieht».[8] Den größten Nutzen entfaltete eine geschenkte Kuh auch in Westdeutschland bei neu angekommenen Flüchtlingen aus den ehemaligen Ostprovinzen Deutschlands. Der Wert, der einzelnen Kühen als Lebensgrundlage zugeschrieben wurde, war immens. Er wog um 1950 die Kosten einer Atlantiküberfahrt samt des logistischen Aufwands der Reise vor und nach der Schifffahrt auf. Die Ankunft der 250. Geschenkkuh am 21. Oktober 1949 wurde entsprechend gefeiert: Ein Kran hievte das Jubiläumstier aus der Ladeluke an Deck und schließlich an Land. Dabei zierte eine Tafel den Hals der Kuh, die den anwesenden Schaulustigen den Zweck des merkwürdigen Unterfangens erklärte.

> «Ich heiße Miß Safe [!]. Bin zwei Jahre alt und hoffe, mindestens 17 Lenze alt zu werden. Während der 15 Jahre, die ich noch zu leben habe, möchte ich Jahr für Jahr und Tag für Tag 18 Menschenkinder ernähren. Wenn ich auch selbst nur 200 Dollar koste, so trage ich dadurch bei, Menschenleben im Werte von Millionen zu erhalten.»[9]

Die US-amerikanischen Geschenkkühe nährten die transatlantische Verbindung und festigten die Vorstellung von Rindern als lebensrettende Ressourcen. «Über Grenzen und Meere hinweg» entstehe durch Schenkungsurkunde und Übergabefotografie ein erfreulicher Kontakt zwischen Spendern und Emp-

Westdeutschland 1957: Übergabefotografie der 3000. Geschenkkuh «Miss Hoffnung» mit ihren neuen Besitzern und Vertretern des Spendervereins aus den USA.

fängern, so das Bonner Bundeslandwirtschaftsministerium. Die Benennung der Tiere, die Übergabezeremonie und die mediale Berichterstattung versahen die Rinder über die Nothilfe hinaus mit existenzieller Bedeutung. 1957 wurde «Miss Hope» als 3000. Geschenkrind übergeben. Die Übergabefotografie zeigt sie geschmückt mit einem Kranz um den Hals und umrahmt von ihren neuen deutschen Besitzern sowie Vertretern des US-amerikanischen Spendervereins.

Das Bild der Kuh, «Miss Hoffnung», zwischen zufriedenen und gut genährten Menschen im Jahr 1957 mutet anders an als die Übergabefotografien um 1950. Die neue Kuh von Familie Kunkel in Niedersachen sieht beispielsweise alles andere als hoffnungsspendend aus. Mager ist sie, die Rippen scheinen durch das löchrige Fell des kleinen Tieres. Verhärmt blicken Frau und Kinder in die Kamera. Sie scheinen sich noch nicht sicher zu sein, ob dieses Tier ihr Leben zu verbessern vermag. Beiden Aufnahmen ist gemein, dass eine Kuh in den 1950er Jahren sichtbarer Bestandteil des ländlichen Lebens war. Noch 1952 konnten mehr Menschen in der Bundesrepublik «Melken», als etwa «Schreibmaschinenschreiben» oder «Autofahren», wie eine Umfrage des Allensbacher Meinungsforschungsinstituts festhielt.[10]

Es braucht Rinder, «auf denen die dicken Steaks wachsen»[11]

Zwanzig Jahre später war von mangelnden Kühen keine Rede mehr. Dennoch blieb die Rinderhaltung ein emotionales Geschäft. «Wir nennen uns stolz ‹die Krone der Schöpfung› und trotzdem ist keine Grausamkeit so groß, als daß der Mensch sie nicht erfinden würde», schrieb Franz Schorefes, Rinderhalter bei Nürnberg, im Frühjahr 1973 an das *Bayerische Landwirtschaftliche Wochenblatt.*[12] Dessen Leserbriefseite quoll über, seit es Anfang Februar 1973 einen nicht einmal halbseitigen Artikel über eine neue Produktionstechnik in der Rinderhaltung, die sogenannte Färsenvornutzung, veröffentlicht hatte. Viele Berufskolleginnen und -kollegen reagierten mit einer Mischung aus Irritation und wütender Ablehnung. Sie fanden «mehr als abstoßend», wie hier «bloß an den Geldbeutel» gedacht wurde. Obwohl sie alle «selbstverständlich» einen möglichst hohen Gewinn aus ihrer Arbeit erzielen wollten, war hier eine Grenze überschritten worden.[13] Was war passiert?

Der in Stuttgart-Hohenheim lehrende Professor J. Kurt Hinrichsen hatte ein Verfahren entwickelt, das gleich mehrere Probleme der Rinderhaltung auf einen Schlag lösen sollte. Bei der Färsenvornutzung wurden zum ersten Mal trächtige weibliche Rinder wenige Tage vor ihrem ersten Abkalben geschlachtet. Denn dadurch lieferten sie selbst zwar Fleisch, aber keine Milch, die es im Überfluss gab. Während der Schlachtung schnitt ein «geübter Metzger mit zwei bis drei Hilfskräften in etwa 60 Sekunden» das Kalb aus der sterbenden Kuh. Die Aufzucht der mutterlosen Kälber brauchte «in der ersten Zeit ein hohes Maß an Sorgfalt», an ihrer späteren Fleischqualität wurden jedoch «keine Mängel festgestellt».[14] So konnte mehr vom stärker nachgefragten als vorhandenen Rindfleisch produziert werden, ohne die Milchproduktion zu steigern.

Etwa zehn Jahre zuvor, 1962, hatte ein Beobachter des neueröffneten «Steak House» in Frankfurt am Main rhetorisch gefragt, wem denn schon einmal ein drei bis fünf Zentimeter dickes Stück Fleisch angeboten wurde. Die «riesigen Fleischportionen nach amerikanischen Sitten» begeisterten ihn. Er prognostizierte ihnen eine große Zukunft.[15] Völlig zu Recht. Bereits sechs Jahre später war das Stück Rindfleisch, «zwei Finger dick» und von der «Größe einer Männerhand», meist aus der Hüfte, aber auch zwischen den Rippen oder gar aus der Lende herausgeschnitten, allseits bekannt geworden. Bessere Einkommen, weniger kalorienzehrende Tätigkeiten, die zunehmende außerhäusliche Erwerbsarbeit der Frau und eine neue Sorge um die Gesundheit durch zu fette Nahrung bescherten dem Steak in den 1960er Jahren eine beeindruckende Karriere. Das besondere Nahrungsmittel war dabei auch Teil der Selbstdarstellung, indem es zeigte, dass man es wieder zu etwas gebracht hatte oder dass man endlich dazugehörte. Teller voller vormals unerschwinglicher Leckerbissen sollten die schmerzhafte Erinnerung an Verlust, Hunger, Kälte und Not lindern.

Der Vorschlag zur unappetitlichen Tötung der jungen Kühe hing mit dem wachsenden Appetit auf Steak zusammen. Er regte die Nachfrage nach Rindfleisch über das vorhandene Angebot hinaus an. 1970 hatte sich das Rindfleischdefizit der Europäischen Wirtschaftsgemeinschaft auf über eine halbe Milliarde Tonnen vergrößert. Politische Förderprogramme versuchten, die Rindfleischproduktion anzuregen und gleichzeitig die Milchproduktion zu drosseln. Doch die Tiere sabotierten die Pläne. Milch- und Fleischproduktion waren zu eng verzahnt im Körper der Rinder. Die Ökonomen des Ifo-Instituts in München berechneten im Dezember 1967 die Krux der Verquickung von Milch- und Fleischerzeugung. Es sei nicht möglich, die Nachfrage nach Rindfleisch zu bedienen, ohne zugleich weiter Überschüsse auf dem Milchmarkt zu erzeugen, berichteten sie nach Bonn.[16]

Die Situation auf dem europäischen Milchmarkt war vertrackt. Der Nimbus der Milch als unverzichtbarer Starkmacher bröckelte in der verbesserten Ernährungssituation, und mit ihm die Nachfrage nach Milch. Es war ein Erfolg der Bundesrepublik gewesen, ihre nationalen Instrumente zur Stützung des Milchmarktes auf die Ebene der Europäischen Wirtschaftsgemeinschaft zu exportieren. Der Milchpreis machte den größten Teil der landwirtschaftlichen Einnahmen aus, und gegen seine teure Stützung hatte sich ebenso wie in Frankreich, Italien und den Benelux-Staaten Kritik auf nationaler Ebene geregt.[17] Mit dem Förderinstrument garantierter Abnahmepreise allerdings exportierte die Bundesrepublik zugleich das strukturelle Problem der Subventionsspirale: Die garantierten Abnahmepreise regten die Produktion an. Daraufhin drückte die entstandene Mehrproduktion die Marktpreise, was die Einnahmen von Neuem bedrohte und wiederum durch gestiegene Preisgarantien aufgefangen wurde. Das stimulierte die Produktion schließlich aufs Neue.

Vor diesem Hintergrund erschienen Mehreinnahmen durch die Erzeugung von Rindfleisch bei gleichzeitiger Reduzierung der Milchproduktion als betriebs- wie volkswirtschaftliches Heilmittel. Schlachtete man die junge Kuh, bevor sie zur Milchlieferantin wurde, und zog ihr erstes Kalb dennoch auf, stieg das produzierte Rindfleisch, ohne zeitgleich mehr Milch zu erzeugen. Doch dazu kam es nicht. Die Empörung der westdeutschen Landwirtinnen und Landwirte verhinderte die Einführung der beschriebenen Färsenvornutzung. Sie fand ihren Weg in die Praxis, allerdings ohne Tötung der hochtragenden Kuh. Die jungen Kühe brachten lebend ihr erstes Kalb zu Welt, säugten es – wodurch sie wenig bis keine Milch auf den Markt brachten – und wurden danach, ohne Kalb im Bauch, geschlachtet. Markt und Moral fanden in dieser Angelegenheit einen Kompromiss. Die Episode zeigt, wie die Überflusssituation in der Wohlstandsgesellschaft bisher gültige Moralvorstellungen über Tierhaltung herausforderte, die hier jedoch von Landwirtinnen und Landwirten stabilisiert wurden. Die Tötung einer Kuh vor Beginn ihrer eigentlichen Aufgabe, der Produktion von Milch, war nicht mit den metaphysischen Vorstellungen über die Ordnung der Welt der 1970er Jahre in Westdeutschland vereinbar.

Auch wenn Eckhard Mothes, Autor zahlreicher populärwissenschaftlicher Bücher zur Tierhaltung in der DDR, 1976 einschränkte, man verstehe «unter Beefsteak [...] bei uns meist nur eine Bulette, durch den Fleischwolf gedrehtes, dann geformtes und gebratenes Fleisch»,[18] war der Rindfleischboom in der DDR ebenfalls beachtlich. Der Konsum von Rindfleisch stieg in den knapp zwanzig Jahren zwischen 1955 und 1974 um 90 Prozent.[19] Verantwortlich dafür war eine neue Zuchttechnik. Wissenschaftlerinnen und Wissenschaftler am Institut für Tierzuchtforschung in Dummerstorf bei Rostock, dem wichtigsten Forschungsinstitut für Rinderzucht in der DDR, arbeiteten daran, mehr Fleisch an den Rindern wachsen zu lassen. Sie adaptierten ein in der Geflügelzucht bereits praktiziertes Verfahren. Anstatt Tiere hervorzubringen, die sich stets weiter fortpflanzten, begannen sie, sogenannte Gebrauchstiere zu züchten. Gebrauchstiere erfüllten nur einen Daseinszweck: Fleisch zu liefern. Damit lösten sie das auch in der DDR gewachsene Problem der Verzahnung von Milch- und Fleischproduktion im selben Rinderkörper. Denn die für Fleischrinder nötige «volle, weit nach unten reichende Bemuskelung der Keule» war nicht «mit einem hoch angesetzten, gut platzierten, großvolumigen Euter» vereinbar, das gute Milchkühe brauchten.[20]

Trennte man die Rindfleisch- von der Milchproduktion, konnten die spezialisierten Tiere, sogenannte Masthybride, präziser auf den einzigen ihnen zugedachten Nutzungszweck hin gezüchtet werden. Die ostdeutschen Masthybriden waren der westdeutschen Idee der Färsenvornutzung ähnlich. Milchkühe wurden mit Bullen gepaart, denen eine hohe Vererbungsleistung für Muskelwachstum zugeschrieben war. Die eindimensionale Nutzungsbestimmung der dabei entstandenen Kälber machte neuartige Haltungsmethoden möglich. Die Rindermastanlage Ferdinandshof bei Uckermünde, seit 1966 ein Forschungsstützpunkt der Universität Rostock, war die Speerspitze dieser Bewegung. Hier wurden die Grundlagen für «Rindermastverfahren in Großbetrieben» entwickelt, die ihren Weg in weitere Ställe der DDR fanden. Seit Anfang der 1970er Jahre fand die Rindermast in Ferdinandshof in drei Einheiten mit insgesamt 21 000 Plätzen statt. 17 000 Kälber wurden jedes Jahr angeliefert und in die erste Einheit eingestallt. Eine Filmdokumentation, produziert im Auftrag der zentralisierten Organisation der Landwirtschaft, der VVB Industrielle Tierproduktion, zeigte 1972 ihre Produktionsmethoden. Die angelieferten etwa 45 Kilogramm schweren Kälber wurden zunächst von drei bis vier Menschen die Rampe des LKWs hinuntergedrückt und zugleich von unten an den Ohren heruntergezogen, bevor sie sich zu je 840 Tieren im Stall der «Tränk-Mäst-Periode» wiederfanden.[21] Für vier Wochen waren sie dort «in Einzelständen angekettet und kontaktarm auf Vollspaltenboden gehalten». Zwei Arbeitskräfte pro Sechs-Stunden-Schicht betreuten die 840 jungen Tiere im fensterlosen Stall, dessen Beleuchtung nur während der Stallarbeiten eingeschaltet wurde. Danach folgte ein zweiter Monat in Gruppen zu 18 Kälbern. Anschließend wurden die Tiere in die eigentliche Mastanlage verlegt. Auf ihrer letzten Station wurden sie in 180 bis 200 Tagen auf ihr anvisiertes Schlachtgewicht von 420 Kilogramm gemästet, in Laufboxen zu 18 bis 25 Tieren. Dieses Haltungssystem, so schließt der Film, sei in der Lage, «dem wachsenden Rindfleischhunger beizukommen». Es erhöhe die «Kilogramm-Rindfleisch-Erzeugung pro Stallplatz in Lebendmasse» enorm. Das Tier war keine Variable mehr in dieser neuen Rechnung. Es ging um die ökonomische Verquickung seines Körpers mit dem Platz, den dieser im Stall beanspruchte.

Die Einführung der neuen Massenmast, die aus Jungrindern «Rindfleisch-Erzeuger in Lebendmasse» machte, stieß in der Praxis auf Widerstand. Fritz Krantz, Leiter einer Zwischenbetrieblichen Einrichtung (ZBE) Jungrinderaufzucht im Kreis Wittenberg, berichtete auf dem XI. Bauernkongress der DDR im Juni 1972 über «ideologische Probleme» in seinem Team. Die «alten Auffassungen» der Menschen passten nicht zu den neuen Ställen. Kranz' Mitarbeiterinnen und Mitarbeiter weigerten sich, in ein derartiges «Zuchthaus» Kälber «einzusperren».[22] «Alte, eingefahrene Gleise» hätten die Neuorganisation der Rinderhaltung «nicht gerade bequem gemacht». Doch anders als bei der nicht zum Einsatz gelangten Schlachtung hochtragender Färsen in der Bundesrepublik gebot die Skepsis ostdeutscher Rinderhalterinnen und -halter umstrittenen neuen Haltungsmethoden keinen Einhalt. Vielmehr ist sogar erstaunlich, dass sie auf dem staatlich choreografierten Bauernkongress überhaupt zur Sprache gebracht werden durfte.

Tiefgefrorenes Sperma und Populationsgenetik in neuen Dimensionen

Die Produktion der Rinder, an denen dicke Steaks wuchsen, wäre ohne eine neue Körpertechnik nicht machbar gewesen: die künstliche Besamung. Sie ist der Grund, warum der körperliche Wandel im Rinderstall in der zweiten Hälfte des 20. Jahrhunderts als Revolution bezeichnet werden kann, obwohl auch in den zweihundert Jahren zuvor Rinder strategisch miteinander gepaart worden waren. Die sogenannte künstliche Besamung der weiblichen Rinder meint die menschliche Übernahme des Reproduktionsakts. Dafür wurde in einem ersten Schritt dem Bullen Sperma abgenommen, indem dieser ein sogenanntes Phantom, ein an einen Bock aus dem Sportunterricht erinnerndes Gestell, besprang und in eine angereichte erwärmte Kunststoffröhre ejakulierte. In einem zweiten Schritt wurde das gewonnene Sperma per Pipette in die Vagina einer Kuh eingeführt.

Das revolutionäre Potential dieser neuen Körpertechnik lag in der zeitlichen und räumlichen Entgrenzung der Fortpflanzung. Fortan konnten Bullen, oder richtiger ihr Sperma, über ihr eigenes Leben hinaus Kälber zeugen. Die «Qualität» der Bullen als Vererber bestimmter Körpereigenschaften konnte ohne Zeitdruck an einer Gruppe Nachkommen getestet werden, bevor das tiefgekühlte Sperma zum Großeinsatz gelangte. Die tiefgekühlte Konservierung des Spermas auch auf längeren Transporten entgrenzte die Reproduktion darüber hinaus auch räumlich. Begehrte Bullen konnten nicht nur Jahre nach ihrem Tod, sondern auch zeitgleich auf verschiedenen Kontinenten Nachkommen zeugen. Die «Perspektiven der animalischen Eugenik», bemerkte der Arzt, Journalist und Schriftsteller Richard Lewinsohn 1952 nicht ohne Faszination, seien damit im Unterschied zur menschlichen «unbegrenzt».[23]

Vereinzelt getestet seit den 1940er Jahren, fand die künstliche Besamung bis Mitte der 1960er Jahre Eingang in beinahe jeden ost- und westdeutschen Rinderstall. Ihretwegen konnten die Körper der Tiere die Wünsche der Konsumenten und Konsumentinnen nach günstigem und hochwertigem Fleisch erfüllen, ohne dabei die Einkommenssituation ihrer Halterinnen und Halter zu gefährden. Die produktiveren Rinder versöhnten die gegenläufigen Interessen zwischen Landwirtschaft und Konsumgesellschaft: In bemerkenswerter Kontinuität zu der Konstellation im späten Kaiserreich wünschte sich Ludwig Hopfner als Ministerialdirektor im Bayerischen Landwirtschaftsministerium für das Jahr 1969, dass die «Erzeugerpreise den jetzigen

Kostenverhältnissen angeglichen werden». Währenddessen erbat die Landtagsabgeordnete Luise Haselmayr (SPD), dass «die Verbraucherpreise im neuen Jahr nicht höher werden als 1968».[24]

Die leistungsfähigeren Körper der auf neue Art und Weise entstandenen Rinder übten starke Anziehungskraft auf die Agrarpolitik aus und wurden mit zahlreichen Förderprogrammen unterstützt. Doch die Durchsetzung der künstlichen Besamung verlief nicht reibungslos. Als «gegen die Natur gerichtet» lehnten manche Rinderhalter die künstliche Besamung ab. Sie befürchteten «irgendwelche Störungen», die sich erst nach Generationen der neu gezeugten Tiere zeigen würden. Die «Besamungsfanatiker», so nannten sie der neuen Technik zugewandte Kollegen, griffen allzu leichtfertig in Mutter Naturs Abläufe ein.[25]

Die Pioniere der künstlichen Besamung wiederum, die sich ihrer raschen Verbreitung verschrieben, verstanden Marketing als Teil ihrer Aufgabe. Jenen Leuten, die die «künstliche Besamung der Tiere als eine teuflische Maßnahme, mit der man dem lieben Gott ins Handwerk pfusche, brandmarkten», entgegnete Richard Götze, der führende Tierarzt der ersten deutschen Besamungsstation im holsteinischen Pinneberg, die künstliche Besamung fände «auch auf den Vatikanischen Gütern in Italien Anwendung».[26]

Dass die Station in Pinneberg schon 1942 und damit etwa zehn Jahre früher als andere Stationen im Rest Deutschlands eröffnet hatte, lag an der geografischen Nähe zu Dänemark. Dort hatten Rinderhalter die künstliche Besamung Mitte der 1930er Jahre eingeführt. Durch die deutsche Besatzung Dänemarks seit dem 9. April 1940 nahmen sie den benachbarten norddeutschen Veterinären das erste Versuchsstadium in der Praxis ab. Im Frühjahr 1943, zehn Monate nach der ersten Besamungsrundfahrt der Pinneberger Tierärzte, bei der sie das gewonnene Sperma noch frisch und persönlich zu weiblichen Rindern im nahen Umkreis gebracht hatten, wurden die ersten auf diese Weise entstandenen Kälber geboren. Das Ziel war gewesen, dem Sperma eines Bullen mit «durchschlagender Fettgehaltserhöhung» zum breiten Einsatz zu verhelfen und dadurch die Milch der Kühe Holsteins fetter werden zu lassen.

Diese Motivation unterschied sich von der Errichtung der ersten Besamungsstationen in Bayern 1951. Dort versprach man sich von der künstlichen Besamung die Überwindung von Geschlechtskrankheiten. Die beim Deckakt übertragenen Krankheiten hemmten die Milch- und Rindfleischproduktion, weil sie zur Unfruchtbarkeit der Kühe führen konnten. In Gemeinden mit hoher Verbreitung der Vibrionen- oder Trichomadenseuche wurde die künstliche Besamung sogar amtstierärztlich angeordnet – sofern eine Besamungsstation in der Nähe war, die die Versorgung mit Bullensperma gewährleistete. Damit dies im Norden Bayerns möglichst oft der Fall war, standen 180000 DM aus Marshallplan-Mitteln für den Bau der Rinderbesamungszentrale Nordbayern bereit. Als sie «bei herrlichem Sommerwetter» am 12. August 1951 vom ersten Vorsitzenden des Besamungsvereins Neustadt an der Aisch, Baron Freiherr von und zu Franckenstein, eingeweiht wurde, war dieser aber nicht etwa Feuer und Flamme für die neue Technik. Er fürchtete die «Verdrängung der natürlichen Paarung» und rief «die Sanierung der mit Deckseuchen belasteten Rinderherden» als Ziel in Erinnerung.[27]

Doch die folgenden Jahre brachten stetig steigende Zahlen der künstlichen Besamung, die weit über die Überwindung der Deckseuchen hinauswiesen. Die künstliche Besamung verbreitete sich seit 1954 mit jährlichen Zuwachsraten zwischen 6 und 14 Prozent in der Bundesrepublik. 1967 hatte sie in der Hälfte der zehn westdeutschen Bundesländer, darunter Schleswig-Holstein mit 73,5 Prozent und Bayern mit 58,6 Prozent, die 50-Prozent-Marke passiert.[28] Die Bedenken der Bauern waren durch Zahlen aus der Welt geschaffen worden. Sie registrierten bei den Kühen der nächsten Generation die ökonomischen

Vorteile des Spermas der Besamungsbullen gegenüber demjenigen der lokalen Bullen. Zusammen mit der Einsparung der Bullenhaltung wogen diese Vorteile die Kosten der künstlichen Besamung auf. Gegen eine Gebühr von 15 bis 20 DM standen seit 1953 jedermann im Umkreis von Besamungsstationen, «gleich ob Hochzüchter oder Anfänger, Kleinbauer oder Gutsbesitzer», sogenannte Spitzenbullen zur Verfügung.[29] Als in ehemals stark seuchenbelasteten Gemeinden die Pflicht zur künstlichen Besamung aufgehoben wurde und erneut zur Bullenhaltung übergegangen werden sollte, erkundigten sich Rinderhalter, wie sie der künstlichen Besamung treu bleiben könnten. Um 1960 trat der optimistische Glaube an grenzenlose Machbarkeit an die Stelle der vormaligen Skepsis gegenüber dem Eingriff in das Handwerk des lieben Gottes. Die Begeisterung für Tiere mit besonderen Leistungen nahm mitunter Züge religiösen Kultes an. Pabst Ideal hieß ein 1964 aus Wisconsin importierter und in Europa berühmt gewordener Holstein-Friesian-Bulle, der als erstes Vatertier 100 000 Nachkommen durch die künstliche Besamung hatte.

Um 1970 hatte die Reproduktion der Rinder nichts mehr mit der alternativlosen Paarung der Kühe mit dem einen vorhandenen Gemeinde- oder Genossenschaftsbullen vor Ort zu tun. Nun bestellten Tierhalterinnen und -halter das Sperma telefonisch beim zuständigen Tierarzt oder Besamungstechniker, nachdem sie eine Reihe potentieller Bullen studiert hatten. Mit null bis drei Sternchen in den Kategorien Milchmenge, Fettgehalt, Melkbarkeit, Wuchs/Fleisch und Leichtkalbigkeit markiert, waren die zur Auswahl stehenden Vatertiere in landwirtschaftlichen Zeitschriften aufgelistet.[30] Die Fachpresse empfahl:

> «Zu einer Kuh, die zwar viel Milch, aber wenig Fett hergibt, gehört ein Bulle mit hervorragender Fettleistung und zu einem weiblichen Rind, das für die Zucht ohnehin nicht in Frage kommt, gehört ein Bulle, der als guter Fleischvererber bekannt ist. Dann erhalten Sie wenigstens ein mastfähiges Kalb.»[31]

Die menschliche Übernahme der Rinderpaarung funktionierte auch dann nicht zwangsläufig reibungslos, wenn die Landwirte das Bullenangebot genau studierten. Der wichtigste Beitrag von Rinderhalterinnen und Rinderhaltern war, den Zeitpunkt der Fruchtbarkeit ihrer weiblichen Tiere zu erkennen. Das war bereits so gewesen, als die brünstigen Kühe noch dem leibhaftigen Gemeindebullen vorgeführt worden waren. Größere Tierbestände und eine kürzer werdende Arbeitszeit am einzelnen Tier erschwerten es, die zwischen 12 und 24 Stunden dauernde Brunst einzelner Kühe rechtzeitig für ihre Anmeldung bei Besamungstierarzt oder -techniker zu erkennen. Hinzu kam, dass die Brunstkennzeichen – ein verstärkter Appetit, verstärkte Bewegung und der sogenannte Duldungsreflex, dessentwegen sich die brünstige Kuh von anderen Kühen bespringen lässt – schwächer wurden. Das hing mit der wachsenden Leistungsfähigkeit der Kühe zusammen, auf die hin sie gezüchtet worden waren, und war für die Bilanz der westdeutschen Milchbauern fatal. «Gerade Kühe mit hoher Leistung» schlugen der Gewinnrechnung durch «keine Brunst, zu schwache Brunst, mehrfaches Umrindern [erneute Brunst nach Besamung, V. S.] und lange Zwischenkalbezeiten» ein Schnippchen, weil längere Abstände zwischen zwei Kälbern ihre Milchmenge sinken ließen.[32]

Weil es immer schwieriger und zugleich immer wichtiger wurde, die Kontrolle über die Fruchtbarkeit der Milchkuh zu behalten, verlagerte sich die Rinderhaltung an eine Schnittstelle zwischen Agrarwissenschaft, Biologie und Medizin und damit weg von der reinen Landwirtschaft. Die Akteure im Stall veränderten sich. Medizinisches Fachpersonal, Tierärztinnen, Tierärzte und Besamungstechniker lösten die Landwirtinnen und Landwirte als Hauptexperten ab. Sie betraten die Ställe häufiger als je zuvor und brachten neue Lösungen mit, um 1970 unter anderem die Pille für die Kuh. Sie stellte in Aussicht, die Brunsterkennung zu erleichtern. Anders als bei der hormonellen Emp-

Wenn die Besamung ohne Erfolg bleibt…

…Ekluton® bringt den Erfolg

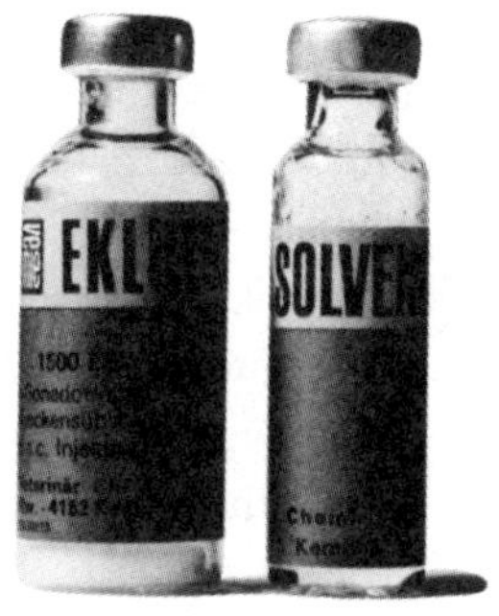

Mit Ekluton können die Besamungsergebnisse bei routinemäßigem Einsatz um ca. 12,5% *verbessert werden. Besonders in Problembeständen mit häufigem Umbullen können Sie also mit Ekluton die Wirtschaftlichkeit nachhaltig verbessern.

*E. Hinrichs. Diss. 1976, Hannover

Unsere Forschung · Ihr Erfolg

Zusammensetzung: 1500 bzw. 5000 I.E. Chorion-Gonadotropin pro Fl. Trockensubstanz. **Dosierung und Anwendung:** Stute: 1500 bzw. 5000 I.E., Kuh: 1500-3000 I.E., Sau: 500-1000 I.E., Hund, Katze: 100-500 I.E.

Hengst, Bulle: 1500-5000 I.E. Injektion: i.m., s.c. oder intraovariell **Abpackungen:** Schachteln mit jeweils 5 Fl. zu 1500 bzw. 5000 I.E. Ekluton (Chorion-Gonadotropin) + 5 x 5 ml Solvens.

… und man kann in diesem Jahr bei etwa 20-25% der Kühe mit einer verzögerten Ovulation rechnen…

Vemie Veterinär Chemie GmbH
4152 Kempen 1

VE 121/77 T

Tierärztliche Umschau 1977: Werbung für ein fruchtbarkeitsförderndes Medikament.

fängnisverhütung menschlicher Frauen ging es im Stall um eine Steigerung der Empfängnisbereitschaft der Kuh. Der durch die Pille unterdrückte Eireifungsvorgang fand nach Absetzen der Pille umso ausgeprägter statt. So verhalf er nicht nur zu einer Fruchtbarkeitssteigerung, sondern ebenso zur zeitlichen Kontrolle der Fruchtbarkeit. Der Markt für Fruchtbarkeitsmedizin von Kühen begann zu boomen und hat bis heute nicht damit aufgehört. Die Tiermedizin wurde zur kontinuierlichen Begleiterin im Stall. Die Reproduktionsüberwachung der Rinder transformierte die Tiermedizin von einer Arbeit am kranken Einzeltier zur Betreuung von auch klinisch gesunden, jedoch nicht wie gewünscht funktionierenden Tieren.

Die künstliche Besamung der Rinder war ein internationales Projekt. Sie entstand in internationaler Zusammenarbeit und beförderte diese zugleich. Bereits seit 1950 luden die Ernährungsorganisation der Vereinten Nationen und die Europäische Gesellschaft für Tierzucht zu Zusammenkünften ein, um eine internationale Kontrolle der künstlichen Besamung zu organisieren. Weil tiefgekühltes Sperma so viel einfacher reisen konnte als lebendige Bullen, wollten sie den erwarteten regen internationalen Spermaverkehr organisieren. Mit der Einschätzung der Internationalisierung des Spermahandels lagen sie richtig. 1971 gründeten vier süddeutsche Besamungsstationen zusammen mit der größten norddeutschen Station in Hannover die Firma «Spermex», die den Export von bundesdeutschen Rindersamen koordinierte. 1975 spielte der westdeutsche Spermaexport, der den Import um ein Vielfaches übertraf, bereits 1,3 Millionen DM ein.[33]

Die wichtigste Maßnahme der Organisation des internationalen Spermaaustausches war die Einführung von Tests der Bullen auf Infektionskrankheiten. Denn die künstliche Besamung, umso mehr bei internationaler Verschickung des Spermas, war janusköpfig. Sie hatte vormals regelmäßig grassierende Tierseuchen weitgehend verdrängt. Doch nur ein einziger unentdeckt infizierter Besamungsbulle konnte alle bisherigen Erfolge torpedieren. War sein Sperma kontaminiert, fanden mit ihm Krankheitserreger in ungekannten Dimensionen Verbreitung.

Das Landwirtschaftsministerium der DDR engagierte sich auf der anderen Seite des Eisernen Vorhangs für einen Ausbau der internationalen Zusammenarbeit auf dem Gebiet der künstlichen Besamung. Die wirtschaftliche Integration der Ostblockstaaten unter der Führung Moskaus ermöglichte eine ungleich einfachere, weil gelenkte Zusammenarbeit. Seit 1959 informierten sich die Teilnehmerländer des Rates für gegenseitige Wirtschaftshilfe in Moskau über ihren jeweiligen Stand der künstlichen Besamung. Delegierte Veterinärinnen und Rinderzüchter aus Albanien, Bulgarien, Ungarn, der DDR, Polen, Rumänien, der UdSSR und der ČSSR sowie Beobachter aus Korea und der Mongolei besprachen dort, wie staatliche und genossenschaftliche Stellen dafür sorgen könnten, «hochwertige Vatertiere maximal zu nutzen».[34] Durch die wirtschaftliche Integration der DDR im Rat für gegenseitige Wirtschaftshilfe und durch die globale Vorreiterrolle der Sowjetunion bei der Erforschung der künstlichen Besamung seit der Zwischenkriegszeit waren die Bahnen der neuen Körpertechnologie in der DDR stärker vorgezeichnet als in der Bundesrepublik. Ostdeutschland konnte an die deutsche Frühgeschichte der künstlichen Besamung während des Nationalsozialismus anknüpfen.

1933 hatte der Veterinär Richard Götze eine Forschungsreise an das zwei Jahre zuvor gegründete Zentralinstitut für künstliche Besamung in Moskau unternommen und mit seinem Bericht über diese Reise die Diskussion in Deutschland in Gang gesetzt. Noch im September 1940 und damit weniger als ein Jahr vor dem Überfall der deutschen Wehrmacht auf die Sowjetunion unternahm der Direktor des Kaiser-Wilhelm-Instituts für Tierzuchtforschung in Dummerstorf eine weitere Forschungsreise nach Moskau, um sich den sowjetischen Wissensstand anzueignen. Dahinter stand die Idee, das sowjetische Wissen in den besetzten Gebieten Polens anzuwenden, die viehzüchterische «Versorgungsfälle» seien.[35]

Knapp zwanzig Jahre später teilte Hans Reichelt, Minister für Land- und Forstwirtschaft in der DDR, seinem Moskauer Kollegen Woltschenko mit, «alle sozialistischen Länder» seien in der Lage, «die KB [künstliche Besamung, V. S.] technisch nach den neuesten wissenschaftlichen Erkenntnissen durchzuführen».[36] Reichelt plädierte dafür, die noch ungenutzte Möglichkeit der räumlichen und zeitlichen Flexibilisierung auszuschöpfen. Zwar sandte die DDR bereits einzelne Spermaexporte nach Korea, in die Mongolei und nach Bulgarien, eine Institutionalisierung dieser Synergieeffekte stand jedoch noch aus. Die UdSSR folgte Reichelts Anstoß und wies im Februar 1960 die Zentrale Besamungsstation des Moskauer Unions-Forschungsinstituts als Ort des internationalen Spermadepots aus. Dort lagerte auf -179 Grad tiefgefrorenes Sperma der wichtigsten Zuchtrassen und war nach Bedarf – und Vorrat – bestellbar.

Obwohl die Zahlen der künstlichen Besamung für die DDR ähnlich beeindruckend sind wie für die Bundesrepublik, verlief die Einführung der neuen Körpertechnik auch in Ostdeutschland nicht reibungslos. 1949, im Gründungsjahr der DDR, wurde ein halbes Prozent des infrage kommenden Rinderbestands künstlich besamt, im Jahr darauf 2,9 Prozent und Mitte der 1950er Jahre mit 42 Prozent bereits knapp die Hälfte. Für 1980 schließlich wurde festgehalten, dass 99,7 Prozent aller weiblichen Rinder künstlich besamt worden waren. Der «natürliche Sprung», wie die Paarung ohne Zwischenschaltung menschlicher Hände genannt wurde, hatte ausgedient. Waren vor der Einführung der künstlichen Besamung in der DDR noch 15 000 bis 20 000 Bullen nötig, so reichten nach deren Einführung wenige hundert. 15 000 Nachkommen pro Bulle und Jahr waren 1980 möglich geworden, statt 100 bis 120 drei Jahrzehnte zuvor. Die Zahlen stiegen in den Folgejahren weiter. Im Institut für künstliche Besamung in Schönow bei Bernau, der wichtigsten ostdeutschen Forschungsstelle für Fragen der künstlichen Besamung, erreichten einzelne Bullen 1982 25 000 Spermaportionen. Doch mit der breiten Streuung der Gene konnten sich unerwünschte Nebenwirkungen ebenso schnell verbreiten wie die ersehnten milchfettsteigernden Anlagen.

In der Erfurter Besamungsstation sorgte «verseuchtes Sperma» 1958 für Kopfzerbrechen unter Landwirten, Tierärzten und Agrarpolitikern. Etwa 20 der 36 Bullen waren infektiös. Sie hatten einen «ansteckenden Bläschenausschlag», der erst auffiel, als ungewöhnlich viele Kühe im Erfurter Raum an ihm erkrankten.[37] Sie alle waren mit in Erfurt gewonnenem Sperma besamt worden, kombinierte der Erfurter Bezirkstierarzt Riedel. Dessen Recherchen ergaben, dass der Aufsicht führende Rinderhalter der Besamungsstation zwar Gutes im Sinn gehabt hatte, als er den Gebrauch von Desinfektionsmitteln untersagte. Phantom und auch die Geschlechtsteile der Bullen waren nur mehr mit einem nassen Schwamm abgewaschen worden, um das Sperma nicht zu schädigen. Doch die fehlende Desinfektion war die Ursache dafür, dass sich die zwanzig Erfurter Bullen bei Questelino, einem am 2. November aus Stralsund angelieferten Jungbullen angesteckt hatten und infektiöses Sperma anschließend die vielen Kühe des Bezirks infizierte.

Als Folge der Geschehnisse in Erfurt wurde die Veterinärinspektion, eine Abteilung des Landwirtschaftsministeriums, aktiv. Das Netz staatlicher Überwachung wurde enger gezogen. Entsprechend einer neuen «Richtlinie über die Durchführung einer regelmäßigen zuchthygienischen Untersuchung» war fortan das Ministerium zu informieren, wenn ein geprüfter Zuchtbulle aus Krankheitsgründen aus dem Dienst genommen wurde. So erging es 1962 beispielsweise Martini, einem damals sechsjährigen Bullen, dessen chronische Verdauungsprobleme auch ein Aufenthalt in der Tierklinik Neubrandenburg nicht heilen konnte. Während die Kühe nur mehr Nummern als Namen zu tragen begannen und in homogener und größer werdenden Herden verschwanden, war die Erkrankung eines weiterhin durch Namensgebung personifizierten Zuchtbullen nachrichtlich an die höchste landwirtschaftliche Instanz zu berichten.

Die künstliche Besamung passte gut zum staatssozialistischen Projekt des Umbaus von Landwirtschaft und Gesellschaft. Ostdeutsche Agrarpolitiker nutzten die Möglichkeiten der beschleunigten Tiergestaltung konsequent. Nach der Wiedervereinigung hatten ostdeutsche Kühe mit ihren westdeutschen Artgenossen nicht mehr viel mehr gemein als ihre Sprache, berichtete der *Spiegel* 1991 lakonisch. «Wie ein Trabi neben einem Mercedes» stünde das kleinere «sozialistische Einheitsvieh» neben den großrahmigeren Westkühen.[38] Der «Trabi», wie auch West-Bauer Georg Neubauer aus Niederbayern die Tiere in seiner neu erworbenen LPG «Neues Leben» in Beeskow bei Frankfurt/Oder despektierlich nannte, war das Schwarzbunte Milchrind der DDR. Abgekürzt als SMR war diese Rinderrasse mit dem zweiten zentralen Zuchtprogramm der DDR zwischen 1971 und 1975 ins Leben gerufen worden.[39] Ende der 1970er Jahre waren alle (!) Rinder der DDR in den Umzüchtungsprozess miteinbezogen. Die züchterische Weiterentwicklung von früheren Einzelrassen wie dem Thüringer Fleckvieh, dem Frankenrind oder dem Vogtländischen Rotvieh war per staatlicher Anordnung – und zum Leidwesen von deren Züchtern – eingestellt worden. Schon 1948 waren die bestehenden Zuchtverbände aufgelöst und zur Angliederung an den VdgB (Verein der gegenseitigen Bauernhilfe) gezwungen worden. Diese frühe Zentralisierung der Tierzucht war eine wichtige strukturelle Voraussetzung für die Kollektivierung der Landwirtschaft und die Schaffung des SMR. In fünf über das Land verteilten Bezirkstierzuchtinspektionen, denen die Tierzuchtinspektionen der Kreise unterstanden, wurde die Umzüchtung der Rinder koordiniert. Seit 1963 hielt die Vereinigung der Volkseigenen Betriebe Tierzucht die Fäden der staatlich gelenkten Tierzucht straff zusammen.

Die SED erkor die Tierzucht zum Innovationszentrum der Rinderhaltung. Im festen Glauben an eine «wissenschaftlich-technische Revolution im Interesse des Fortschritts» schrieb man ihr zu, die Verfügbarkeit der stark nachgefragten Lebensmittel erhöhen zu können, ohne dafür mehr Tiere oder mehr Futter bereitstellen zu müssen. Die neuen Gene würden für neue, hochleistungsfähige Tiere sorgen, die wiederum ungekannte Mengen an Fleisch und Milch produzieren würden, präzisierte die Partei auf ihrem VIII. Parteitag 1971. Der «wissenschaftliche Fortschritt» war ein neues Level an Kontrolle und Überwachung, an strategischer Selektion und taktischer Paarung im Stall. Das Schwarzbunte Milchrind war ein politisches Projekt. Seine genetische Zusammensetzung war genau festgelegt. Eine Kombinationskreuzung aus 25–37,5 Prozent Deutsche Schwarzbunte, 12,5–25 Prozent Dänische Jersey und 50 Prozent Holstein-Friesian sollte das Fundament einer stabilen Versorgung mit Milch und Fleisch werden.

Georg Schönmuths Experimente am Institut für Tierzucht und Haustiergenetik der Humboldt-Universität zu Berlin bereiteten dem SMR den Weg. Schönmuth experimentierte mit der Einkreuzung Dänischer Jerseys, weil ihre Gene die Milch fetter machten. Das Dogma der Reinrassigkeit hindere die Rinderzucht an der Entfaltung ihrer Potentiale, war Schönmuths Devise.[40] Kreuzte man verschiedene Rassen beständig miteinander, erhielt man stets aufs Neue die gewünschten Körpereigenschaften. So glatt allerdings lief es erneut nur in der Theorie. Im Bezirk Rostock hatte das Unterfangen mit Jimmy, Robby und Pit begonnen. Die drei Dänisch-Jersey-Bullen waren 1961 in die Besamungsstation Stralsund eingezogen. Sie taten, was von ihren Genen erwartet worden war, und verbesserten die Milchfettleistung ihrer Töchter um 20 bis 30 Prozent. Allerdings verkleinerten die kleinen Jerseys die neu entstehenden Kreuzungstiere zugleich. An deren kleineren Skeletten wuchs fortan weniger Fleisch, und das war ein Problem. Um den drohenden Fleischmangel abzufangen, experimentierte Schönmuth weiter und fand heraus, dass die Einkreuzung englischer und amerikanischer Friesian die Verkleinerung zumindest aufhalten könnte. Glen, Witt, Walter, Ponto und Brown wurden deshalb aus Kanada importiert und leisteten nun neben Jimmy, Robby und Pit ihren Dienst in der Stralsunder Besamungsstation. Sie begründeten die Schaffung des SMR als dreifache Kombinationskreuzung.

Ihre Eignung für die industrielle Tierhaltung beförderte den Siegeszug der neuen Rinder zusätzlich. Stabile Füße mit harten Klauen machten die Tiere passend für die Betonböden der Großanlagen, deren Bau 1968 vom Zentralkomitee der SED beschlossen worden war. Als «industriemäßige Anlagen der Tierproduktion» entstanden seither Rinderställe neuer Dimension: für Milchkühe standardmäßige «2000er Anlagen», für die Aufzucht junger Rinder Anlagen nach dem Vorbild in Ferdinandshof mit bis zu 16 000 Plätzen, die im Laufe der 1970er und 1980er Jahre auf mitunter 20 000 bis 30 000 Plätze erweitert wurden.

Form follows function, das Motto des Industriedesigns, war in beiden deutschen Staaten zum Prinzip der Rinderzucht geworden. Der mit dem Auge beurteilbare Teil des Tieres, seine Gesamterscheinung, sein Körperbau, trat zurück hinter messbare Leistungseigenschaften wie Milchmenge, Fettprozente der Milch und Gewichtszunahme. Die züchterischen Möglichkeiten der künstlichen Besamung beflügelten die sogenannte Kontrollbewegung. Der Anteil der an Milchleistungsprüfungen teilnehmenden Betriebe stieg in der Bundesrepublik kontinuierlich. 1980 näherte sich die Zahl der kontrollierten Kühe der 50-Prozent-Marke.[41] Milchkontrollvereine sammelten Daten über Menge und Fettgehalt der Milch jeweils einer ersten Testgeneration von Kühen. Ihre Auswertung entschied im Anschluss darüber, ob das Sperma ihres Vaters zum breiten Einsatz kam. Die steigende Zahl an überwachten Kühen produzierte immer mehr Daten. Die Geschäftsstellen von Zuchtverbänden gehörten deshalb zu den ersten Orten der Bundesrepublik, an denen Großrechner zum Einsatz kamen. Die frühen Computer nahmen nun «die erbbiologische Auswahl für die beste Paarung von tausenden von Rindern» vor.[42] Sie waren denn auch die Antwort auf die Frage, was die deutschen Bauern unternähmen, um den Anschluss an die moderne Industriegesellschaft nicht zu verlieren. Die computergestützte Auswertung der Körperleistungen der Tiere wurde zum Ausweis der Fortschrittlichkeit der Rinderhaltung.

Die Mechanisierung des Melkens verstärkte den Wunsch nach homogenen Tierkörpern und damit die Durchschlagskraft der künstlichen Besamung. Melkmaschinen läuteten seit Beginn der 1950er Jahre das Ende des Handmelkens ein. Eimermelkmaschinen, die händisch jeweils zwischen zwei Kühe gestellt wurden, Rohrmelkmaschinen, die die Milch aus den Eutern über Rohre direkt in einen Tank saugten, oder Fischgrätmelkstände und Melkkarusselle, in denen die Kühe selbst zum Ort des Melkens kamen, hatten eine Gemeinsamkeit. Sie vermochten ihr Versprechen der Produktivitätssteigerung nur einzulösen, wenn die Tiere mit den Maschinen kooperierten. Was ihre Akzeptanz und ihr Verhalten gegenüber der Maschine betraf, war den Tieren die Zusammenarbeit mit der Maschine in fünf bis sechs Wochen beizubringen. Doch das genügte nicht, wenn die Körper der Kühe nicht zu den Erfordernissen der Maschine passten. Körperliche Kompatibilitätsprobleme wurden zu «Fehlern» der Tiere. Das waren etwa Euter mit Zitzen, die nicht gut in die Melkbecher der Maschine passten, oder Euterviertel, die unterschiedlich schnell oder unterschiedlich viel Milch gaben. Davon gab es reichlich. 14 «fehlerhafte» Euter, die sich nicht für den Einsatz der Melkmaschine eigneten, listete der Tierzuchtwissenschaftler Ludwig Dürrwaechter, der als Ministerialdirektor im bayerischen Landwirtschaftsministerium an der Optimierung der Rinder arbeitete, in einer Anleitung für die praktische Tierbeobachtung 1960 auf. Häufig waren Bauch- und Schenkeleuter, Kugeleuter, Hängeeuter, Stufeneuter, Ziegeneuter, stark behaarte Euter und durch falsche Handmelktechnik, durch Knebeln und Ziehen, verunstaltete

Euter.[43] Durch die Einführung der Melkmaschine waren Euter, deren Viertel gleichmäßig viel Milch gaben, deren Zitzen nicht zu lang, nicht zu kurz und quadratisch angeordnet waren und gleichmäßigen Abstand zueinander hatten, wichtiger geworden. Doch solch gleichmäßige Euter waren nicht der Normalfall. Sie mussten erst geschaffen werden. Die Eigenschaft der «Melkbarkeit» wurde zum Zuchtmerkmal erhoben. Sie setzte sich aus dem Verhalten des Tieres während des Melkens und der Euterform zusammen. Nur Bullen, deren Testtöchter melkmaschinenkompatible Euterformen zeigten, kamen zum Einsatz als Vatertier. «Für das Pferd das Bein, für die Kuh das Euter» wurde zum Leitspruch der Rinderzüchter und gleichzeitig zum Ausdruck dafür, dass die maschinelle Melkbarkeit der Tiere entscheidend für die Betriebsbilanz geworden war.[44]

Kampf dem Luxuskonsum!

Es war paradox: Die Arbeit an und mit den Rindern änderte sich stark und blieb doch dieselbe. Die Lebendigkeit der Tiere gab den Takt im Stall an. Der Körper des Tiers boykottierte eine erfolgreiche Bewirtschaftung, wenn seine Funktionsvoraussetzungen nicht erfüllt wurden. Am eindrücklichsten zeigte das die Fütterung. Die Verabreichung von Nahrung an Tiere, die Menschen in ihre Verantwortung geholt hatten, war die Voraussetzung jeglichen Ertrags von dem Tier.

«Warum hält der Landwirt überhaupt Nutztiere?», hatten die beiden Landwirtschaftslehrer Alfred Schmid und Bernhard Schuemacher schon 1910 gefragt. Ihre Antwort: «Um durch sie sein Futtererzeugnis in Geld umzuwandeln. Das Vieh kauft ihm sozusagen das Futter ab und bezahlt dafür durch die mehr oder weniger bedeutende Nutzleistung auch einen mehr oder weniger hohen Preis.»[45] Mit dem detaillierter werdenden Körperwissen konnten Rinderhalterinnen und -halter die Wirtschaftlichkeit der einzelnen Tiere evaluieren. «Kampf dem Luxuskonsum» war deshalb die Devise des Abteilungsleiters für Tierische Produktion im Landwirtschaftsministerium der DDR im Jahr 1960. Die Kühe der DDR verspeisten mehr Futter, als sie über den Verkauf ihrer Milch wieder hereinspielten, war seine Rechnung. Die Tiere fräßen, «wie sie Appetit» hatten, und nicht nur so viel, dass die Veräußerung ihrer Produkte gewinnträchtig blieb, beobachteten ostdeutsche Agrarpolitiker geradezu vorwurfsvoll. Gerade der «Luxuskonsum» alter Kühe, die nicht mehr viel Milch gaben, untergrub die Wirtschaftlichkeit. In der Bundesrepublik wie in der DDR wurde um 1960 eifrig berechnet, «ab wann die Kuh ihr Futter wert ist».[46]

Die neue Berechenbarkeit der Körper veränderte nicht nur die Arbeit mit den Tieren, sondern ebenso das Denken über die Tiere im Stall. Ein Rind war nun nicht mehr grundsätzlich besser als kein Rind. Seine Daseinsberechtigung wurde enger mit seinem unmittelbaren ökonomischen Wert verknüpft. Die Töne wurden rau: Die Tage der «vielen unnützen Fresser», die in den meisten Ställen stünden, waren gezählt; «Kühe mit schlechten Fettprozenten oder geringer Milchleistung [...] sollte man ausmerzen», forderte die landwirtschaftliche Presse der 1950er Jahre.[47] Das Tier wurde als eine Art «Geschäftspartner» imaginiert, der ein genau festgelegtes Soll zu erfüllen hatte. Tat er das nicht, wurde die Geschäftsbeziehung immer kurzfristiger gekündigt, wobei Kündigung Tötung bedeutete.

Sämtliche Überlegungen zur Tiernutzung bauten auf einer ausreichenden Ernährung der Tiere auf, und ausgerechnet sie war mit der zunehmenden Spezialisierung der DDR-Landwirtschaft immer weniger gewährleistet. Die Trennung der Betriebe in Viehwirtschaft und Ackerbau, in Tier- und Pflanzenproduktion, wie es im technikaffinen Sprech des Staatssozialismus hieß und auf dem IX. Parteitag der SED 1976 beschlossen worden war, gefährdete die Futterversorgung der Tiere. Betriebe der Pflanzenproduktion wirtschafteten nach einer anderen Logik als jene, die Tiere hielten. Sie hatten kein finanzielles Eigeninteresse an punktgenauen Lieferungen an die Betriebe der Viehproduktion. Hinzu kam die fehlende persönliche Verantwortlichkeit für die gemeinschaftlich bewirtschafteten Tiere als weiteres Strukturproblem der sozialistischen Rinderhaltung. Weisheiten wie «Ob faul oder fleißig – 1,36», bei der sich zwischen den 1950er und 1970er Jahre nur die Höhe des Stundenlohns änderte – «Ob faul oder fleißig – Stunde 5,30» – spielten auf den leistungsunabhängig ausgezahlten Lohn an.

Eine instabile Futterversorgung war an der Tagesordnung in zahlreichen ostdeutschen Rinderställen. Die Theorie der besten Futterzusammensetzung aus Heu, Stroh, Silage, Zuckerrübenschnitzel, Roggenkleie und Rindermischfutter und die tatsächliche Fütterung klafften in den Betrieben auseinander. Die planwirtschaftliche Arbeitsorganisation erschwerte die Umsetzung der präzisen Körpersteuerung der Tiere. Melkermeister beklagten, dass «in den meisten LPG das Vieh den ganzen Tag über keine Ruhe kriegt», weil «das Futter erst um 9 oder ½ 10 Uhr kommt». Weiterhin monierten sie, dass es in vielen LPG nicht gelang, «die Maissilage mit ihren Stärkewerten über das ganze Jahr zu verteilen», und diese Stärkewerte, weil «im Winter wahllos Maissilage verfüttert [wurde], im Frühjahr, wo es nur Klee gab, fehlten».[48] Bis zu einem Fünftel des Futters würde «versaut», weil es nur den Erhaltungsbedarf oder gar weniger abdeckte und damit nicht gewinnbringend in Milch oder Fleisch umgewandelt wurde.[49]

Prämien und Besoldungsmodelle versuchten, einen Zusammenhang zwischen geleisteter Arbeit und Verdienst herzustellen. Ihr Erfolg war bescheiden. Das belegte der durchweg bessere Zustand der sogenannten individuellen Tiere. Jedem Mitglied einer LPG mit gemeinschaftlicher Tierhaltung war die Haltung von zwei Kühen mit Kälbern, zwei Mutterschweinen mit Nachwuchs und von beliebig viel Geflügel und anderen als «Kleinvieh» klassifizierten Tieren wie Ziegen oder Kaninchen gestattet. Diese eigenen Tiere wurden gewissenhaft gefüttert.

Zu ihnen bestand eine persönlichere Verbindung, vor allem aber war ihr Zustand unmittelbar mit der eigenen Versorgungslage verknüpft oder aber stellte die Möglichkeit steuerfreier Mehreinnahmen durch ihren Verkauf in Aussicht. Eine Pointe der Geschichte: Ausgerechnet die individuellen Tiere entschärften die Ernährungssituation in Ostdeutschland während der wiederkehrenden Knappheiten an tierischen Produkten. Sie waren ideologisch nicht vorgesehen gewesen, hatten sich jedoch für die Akzeptanz der Vergenossenschaftlichung unter der bäuerlichen Bevölkerung als notwendig erwiesen.[50] Allzu selbstbewusst sollte das Argument der unproduktiven sozialistischen Tierhaltung allerdings nicht vorgebracht werden. Die Kosten der Subventionen, die hinter der Performance der westdeutschen Tiere steckten, wurden bisher nicht ausgewiesen.

Parallel zur Vergemeinschaftung der Landwirtschaft in Ostdeutschland in den 1950er und 1960er Jahren verschwanden die Landarbeiterinnen und Landarbeiter, also Menschen ohne eigenes Eigentum an Boden und Tier, in der Bundesrepublik. Nachdem sich die Versorgungslage in den späten 1940er Jahren entspannt hatte, verlor die Arbeit auf dem Land für besitzlose Menschen an Attraktivität. Der Lohn und die in jeder Hinsicht geregelteren Arbeitsbedingungen anderer Berufe waren so verlockend, dass sich der Berufsstand der besitzlosen Landarbeiter zwischen 1950 und 1980 auflöste. 1950 hatte es noch mehr Landarbeiterinnen und Landarbeiter als Beamte gegeben, 1974 war ihr Anteil unter ein Prozent aller Beschäftigten gesunken.[51] Sie waren zur einzigen Berufsgruppe geworden, die nicht wenigstens ab und zu einen freien Samstagnachmittag hatte, die vom Wecken bis zum Schlafengehen unter Aufsicht und Kontrolle ihrer Chefs stand und die von den Freuden der Konsumgesellschaft abgeschnitten war, weil jeder Kinobesuch mehr Fahrtgeld als Eintritt kostete.[52] Und das alles bei der – nach öffentlicher Einschätzung – am schlechtesten bezahlten Tätigkeit überhaupt, noch vor Friseurgehilfe oder Holzfäller.[53]

So arbeiteten zunehmend nur mehr Menschen in westdeutschen Ställen, deren Auskommen mit den Körperleistungen der Tiere korrelierte. Während in der Bundesrepublik der finanzielle Eigenanreiz zur Optimierung der Fütterung wuchs, untergrub die Vergemeinschaftung der Landwirtschaft in der DDR genau diesen Zusammenhang. Dort erfuhr Dienst jenseits der Vorschrift besondere Erwähnung. Die Kälberpflegerin Hildegard Fuhrmann, die die Kälber in der LPG Seerhausen bei Riesa betreute, durfte auf dem VIII. Bauernkongress in Schwerin 1964 berichten, dass sie «ganz gleich[,] ob es 21 oder 24 Uhr war», nach den ihr anvertrauten Tieren sah, «weil diese Tiere eben einer besonderen Pflege bedurften». Wenn sie unterwegs war, kümmerte sie sich selbst um ihre Vertretung, die ihre 64-jährige Mutter übernahm. Denn von ihr wisse sie, «dass sich das Vieh bei ihr in den besten Händen befindet».[54]

Frauen im Stall waren sozialistische Staatsräson, und Fuhrmanns Auftritt auf dem Bauernkongress war Ausdruck dieser Politik. Politiker, Berater, aber auch die Praktikerinnen und Praktiker im Stall beschworen die Sorge-Fähigkeiten, über die Frauen angeblich biologisch-essentialisiert verfügten. Fuhrmann selbst erzählte in Schwerin, dass «die Kälber einige Monate von den [männlichen] Melkern» betreut worden waren – und schloss diese Episode mit einem selbsterklärenden «wie das aussah, könnt ihr euch denken». Frauen im Stall sollten die systembedingten Nachlässigkeiten ausgleichen. Erich Honecker, seit 1958 Mitglied des Politbüros der SED, erklärte vor dem 2. Plenum des Zentralkomitees der SED im April 1963, «dass man offen sagen müsse, dass die Hauptursache für die hohen Tierverluste […] in der nicht genügend liebevollen Pflege der Tiere liegt». Er appellierte deshalb an alle LPG, «Frauen als Tierzüchter einzusetzen und auszubilden». Von Walter Ulbricht, der seit 1960 an der Spitze von Partei und Staat stand, war eine Woche später im *Neuen Deutschland* zu lesen: «Wo die Bäuerin im Viehstall regiert, da wird viel produziert». Die

Frauen nämlich gingen «mit Lust und Liebe an die Pflege, Haltung und Fütterung der Tiere heran».[55] Von den hohen Herren angeregt echoten die Praktiker in den 1960er Jahren das Hohelied der Frau im Stall. Frauen galten als doppelte Lösung: Sie besäßen «ein ausgesprochenes Talent zur Viehpflege» und seien zusätzlich «wissbegieriger und emsiger, was die Qualifizierung betrifft».[56]

Qualifizierung wurde in der Tat in beiden deutschen Staaten immer wichtiger. Ohne eine ausgeklügelte Fütterung war die in den Genen angelegte Leistungsfähigkeit der Tiere nicht abzurufen. In den 1950er Jahren setzte eine Bildungs- und Beratungsoffensive ein. Denn die Tierernährungsexperten waren ungeduldig geworden. Trotz jahrzehntelanger Predigten fütterten viele Rinderhalter weiterhin so, wie es der Futtervorrat hergab, und nicht so, wie die Tiere am besten gediehen. Konkret hieß das, sie fütterten «im Winter ständig zu schlecht [...] und im Sommer einmal zu gut, d.h. zu eiweißreich und dann wieder zu schlecht und später vielleicht nochmals zu gut».[57]

Der AID, der Land- und Hauswirtschaftliche Auswertungs- und Informationsdienst, nicht zufällig abgekürzt zum englischen *aid*, also Hilfe, spielte eine wichtige Rolle bei der Verbreitung neuen Fütterungswissens in den westdeutschen Rinderställen. Mit Marshallplan-Mitteln nahm er im Mai 1950 seine Arbeit auf. Weil Lerneffekt und Reichweite von bloßem Text in der Branche beschränkt blieben, setzte der AID mit Film auf ein anderes Format. Bereits im ersten Jahr fanden 337 Filmvorführungen mit gut 25 000 Besucherinnen und Besuchern statt. Da Kinos auf dem Land spärlich gesät waren und die meisten Bauern weder Zeit noch Geld für den Kinoausflug in die Stadt hatten, standen die kostenlosen Filmvorführungen des AID, meist in den Sälen der Dorfgaststätten, hoch im Kurs. Bis Mitte der 1960er Jahre fuhr eine Flotte VW-Busse, ausgerüstet mit Projektor und Leinwand, durch die Bundesrepublik und führte Lehrfilme vor, für die zuvor an den örtlichen Anschlagtafeln geworben worden war. «Sind wir reich genug, um falsch zu füttern?», fragte ein gut halbstündiger Film 1952 rhetorisch, um mit erhobenem Zeigefinger anzumahnen, eine hinter dem Wissensstand der Biologie zurückbleibende Fütterung der Tiere käme selbstverschuldeten Gewinneinbußen und der Vorenthaltung von Nahrungsmitteln gleich.

Unter Fütterungsexperten machte sich zunehmend Genugtuung breit. Die «Missachtung der primitivsten Erkenntnisse der Landwirtschaftswissenschaft» sei «nicht mehr lange leistbar», raunten sie sich Mitte der 1960er Jahre zu.[58] Das Fütterungswissen war komplex. Nicht nur die Jahreszeiten forderten die Fütterung heraus, sondern auch der sich verändernde Körper des Tiers. Während der Kälberaufzucht sei beispielsweise reichlich zu füttern, nach Beginn der Geschlechtsreife allerdings «des Guten nicht zuviel», weil sonst die spätere Milchleistung leide. Zusammenhänge wie dieser veranlassten Max Witt, den führenden westdeutschen Tierernährungswissenschaftler, 1964 zu der Feststellung, für die «im Tun und Denken etwas Langsameren» gäbe es Platz «am Fließband oder – im Büro», aber nicht mehr im Stall.[59] Witt wurde 1948 als Direktor des Max-Planck-Instituts für Tierzucht und Tierernährung auf dem Klostergut des niedersächsischen Mariensee berufen. An 200 Kühen führten die dortigen Wissenschaftlerinnen und Wissenschaftler 14 Jahre lang eine tägliche Leistungs- und Futterverzehrskontrolle durch. Sie dokumentierten den Speiseplan der Tiere grammgenau. Die Tiere standen in Einzelboxen, wodurch fehlerfrei dokumentiert werden konnte, was sie zu sich nahmen. Ausgewertet wurde ihre Gewichtsentwicklung, Milchmenge und -zusammensetzung sowie ihr Körper nach der Schlachtung. Schließlich gaben insgesamt 30732 dokumentierte Futterwochen Aufschluss über Zusammenhänge zwischen Futterration, Alter, Milch und Gewicht.

Der Besuch landwirtschaftlicher Ausstellungen verstärkte das mediale Dauerfeuer der Bauernblätter über die Bedeutung

Rinderstall für Fütterungsexperimente, Max-Planck-Institut für Tierzucht und Tierernährung Mariensee, 1967.

strategischer Fütterung. 1970 verriet ein Artikel mit der markigen Überschrift «Entweder schaffen Sie Ihr Milchvieh ab oder holen Sie das Letzte aus Ihren Kühen heraus», wie sehr es sich lohne, mit Kraftfutter zu arbeiten.[60] Auf der Landwirtschaftsausstellung der DLG in Frankfurt im Jahr 1978 illustrierten acht kräftige Rinder diesen Zusammenhang. Ruhig wiederkäuend lagen sie unter einem Schriftbanner «Wirtschaftliche und leistungsbezogene Milchviehfütterung mit wirtschaftseigenem Ge-

Gut gediehene getreidegefütterte Rinder auf der 55. DLG-Ausstellung in Frankfurt 1978.

treide und Sojaschrot». Ihre gut gediehenen Körper sollten den über ihren Köpfen prangenden Slogan «Sojaschrot ist immer ein Volltreffer» illustrieren. Er markierte die Popularisierung der Getreidefütterung von Rindern.

Die Verfütterung von zugekauftem Getreide an Rinder wurde vom teuren Übel zur Grundlage der Rentabilität. Seit etwa 1970 galt, dass die eigene Futterfläche mithilfe von Kraftfutter auszuweiten und damit der Umsatz des Betriebes zu steigern sei. Neben Grünfutter wanderten nun immer mehr Getreide und Leguminosen wie Weizen, Gerste, Hafer, Körnermais, Ackerbohnen, Erbsen, Raps, Sonnenblumenkerne oder eben Sojaschrot in die Futtertröge der Rinder. Das war ein Paradigmenwechsel im Kuhstall mit globalen Implikationen. Die Fläche zur Erzeugung des Futters wurde auch beim Rind zunehmend auslagerbar in andere Erdteile, vor allem in die Amerikas.

Alle beworbenen Fütterungstechniken zielten auf eine Optimierung der Körper. Die Rinderfütterung wurde von einer biologischen Notwendigkeit, die von der Zahl der Tiere einerseits und dem vorhandenen Futter andererseits bestimmt gewesen war, zu einer strategischen Angelegenheit. Diese Verwandlung verschob das Verhältnis zwischen Mensch und Tier. Sprachlich wurde das Tier zunehmend gleichgesetzt mit seinen quantifizierbaren Leistungsindikatoren. Im Zuge der Wohlstandsentwicklung in beiden deutschen Staaten wurde der vormals hohe Wert eines Rindes seit 1950 abgelöst von einem variableren, an die aktuelle körperliche Produktivität gebundenen Wert. Die neuen Körpertechniken – künstliche Besamung, maschinelles Melken und strategisches Füttern – verbilligten die Produktion und damit die begehrtesten Lebensmittel der Konsumgesellschaft stärker als je zuvor. Der Preis optimierter Rinder, günstigerer Butter und alltäglicher Steaks war eine Entfremdung zwischen der Produktion im Stall und der Konsumgesellschaft. Immer mehr Konsumentinnen und Konsumenten trafen Rinder nur mehr als Abbildungen auf Verpackungen oder in Bilderbüchern an. Gerade während die physischen Berührungspunkte abnahmen, begann sich die abgebildete Idylle, auf grünem Gras weidende Kühe im Sonnenschein, zunehmend von dem Geschehen im Stall zu unterscheiden.

2. Hühner/Wirtschaft
Economies of Scale und Kritik of Scale

1977 befreit die mutige Henne Hanna ihre Artgenossinnen aus einem industriellen Massenstall – so zumindest in dem in diesem Jahr erschienenen Kinderbuch *Superhenne Hanna* des österreichischen Autors Felix Mitterer. Bei ihm ist die Unterscheidung zwischen einer guten Hühnerhaltung in Freiheit und der schlechten in der fensterlosen Betonhalle einfach. Seine Erzählung präsentiert jenes Bild der Hühnerhaltung, mit dem die populäre Erzählung ihrer Industrialisierung beginnt. Ganz so einfach ist die Geschichte jedoch nicht, auch wenn die Hühner die Vorreiter der Massentierhaltung waren und sich ihre Haltung in kurzer Zeit am radikalsten veränderte. Bei Mitterer wie im imaginierten Status quo ante spazierten die Hühner tagsüber fröhlich gackernd über den Hof, pickten hier und pickten dort, bevor sie sich abends in ihrem gemütlichen Stall mit Strohnestern und Holzstangen einfanden. So war das Leben von «Superhenne Hanna» abgelaufen, bevor sie eines Tages eine «furchtbare Entdeckung» machte:[61] die Legehennenfabrik des dicken Bauunternehmers Klotzinger, der auch gar kein Bauer ist, sondern mit allem handelt, «was Geld einbringt». Durch eine abenteuerliche Geiselnahme gelingt es Hanna, Klotzinger dazu zu bringen, einen neuen Stall mit Auslauf zu bauen. Den entführten Hühnern erklärt Hanna die Funktionsweise ihrer Haltung:

> «Euer Besitzer heißt Klotzinger. Und er verkauft die Eier an die Menschen. […] Wenn man euch Hühner auf engem Raum in Massen hält, dann kostet eure Haltung und Betreuung den Klotzinger weniger. Und zwar deshalb, weil er weniger Personal braucht. Und das wieder führt dazu, daß eure Eier erstens ziemlich billig verkauft werden können, und zweitens, daß der Klotzinger mehr an euch verdient.»[62]

Hannas Erklärung suggeriert in ähnlicher Weise wie Friedrich Engels bei der Beschreibung der Lage der arbeitenden Klasse vor der «Einführung der Maschinen» in England, die Welt sei heil gewesen, bevor eine durch Geldgier motivierte Vermassung der Produktion einsetzte, bevor «the natural world» zu einer «profit-making machine» gemacht wurde.[63] Die Erzählfigur Idylle/Horror funktioniert jedoch nur, wenn man den wirtschaftlichen Charakter früherer Tierhaltung ausblendet. Die Haltung von auf dem Hof umherspazierenden Hühnern für Eier oder für Fleisch in der Sonntagssuppe unterschied sich in ihrem innersten Funktionsprinzip nicht von der großmaßstäblichen Massenhaltung, die sich seit den 1960er Jahren in Deutschland durchsetzte. Kosten-Nutzen-Kalkulationen lagen beiden Arten der Hühnerhaltung zugrunde. Doch die ökonomischen Parameter verschoben sich in der zweiten Hälfte des 20. Jahrhunderts massiv.

Hühnerwirtschaft in Frauenhand und internationale Inspiration

Eier zu gewinnen, war die Motivation vorindustrieller Hühnerhaltung. Spätestens wenn die Eierzahl nur mehr die Hälfte der guten Monate erreichte, begannen die Hühnerhalterinnen der 1950er Jahre damit, ihren Bestand «durchzufangen». Sie schnappten sich Tier für Tier und prüften, ob die Körperform einer guten Legerin entsprach oder ob die Brust schmal und das Hinterteil spitz wirkten, ob Körner vom Abend im Kropf verblieben waren, ob der Kamm schön rot leuchtete, ob Beine und Schnäbel eher weißlich oder bereits recht gelb waren. Diese Indikatoren, so hofften sie, sollten diejenigen Hennen enttarnen, die aufgehört hatten, Eier zu legen. Denn diese, so lasen die Hühnerhalterinnen in ihren Zeitschriften, fräßen nur mehr «den anderen fleißigen Legerinnen den Verdienst weg».[64] Die Auslese geschah jedoch vorsichtig. Weil die Kosten für Futter und Unterbringung der Hühner weder quantifiziert noch in Korrelation zu den Einnahmen durch den Eierverkauf gesetzt wurden, war die Sorge, fälschlicherweise ein noch legendes Huhn zu erwischen, größer als die Bereitschaft, die vermuteten schlechten Legerinnen in den Kochtopf wandern zu lassen. Die übliche Geflügelhaltung war weder eine eigene Unternehmung, noch hatte sie allein davon lebende Lohnarbeiterinnen oder Lohnarbeiter zu ernähren. Der Erlös der Geflügelprodukte wurde nicht ins Verhältnis zur dafür aufgewendeten Arbeitszeit gesetzt und das Futter der Hühner wurde nicht rechnerisch erfasst. Sämtliche Eier verkauften sich zuverlässig und ihr Erlös blieb bei der Hühnerhalterin. Im ländlichen Kontext war das Eiergeld oftmals das einzige Einkommen, über das Frauen souverän verfügen konnten. In diesem Setting gab es keinen finanziellen Rationalisierungsdruck. Ineffizientes Wirtschaften hatte keine Konsequenz für den Fortbestand der Unternehmung, stattdessen gab es eben etwas weniger Eier und entsprechend weniger Eiergeld.

Eier waren in den 1950er Jahren durchweg stärker nachgefragt, als sie regional zur Verfügung gestellt werden konnten. 1954/55 wurden 186000 Tonnen Eier in die Bundesrepublik ein- und keine einzige Tonne ausgeführt. Im geteilten Berlin der noch offenen Sektorengrenzen gehörten ostdeutsche Eier zu den Schieberwaren auf dem Westberliner Schwarzmarkt. Die Schieberinnen, meist Frauen, die die Eier in ihren Handtaschen nach Westberlin schmuggelten, wurden in der ostdeutschen Presse angeprangert. Frau Schmidt aus der Rigaer Straße wurde Ende Juli 1953 unter der Überschrift «Wo bleiben die Eier?» in der *Berliner Zeitung* mit einem Ganzkörperfoto abgebildet, das sie und ihre von der Volkspolizei geleerten Taschen zeigte.[65] Die Ostberliner Presse berichtete ebenso häufig über festgenommene Schieberinnen und Schieber wie über vereitelte Schiebereien. Im März und April 1958 etwa habe das Amt für Zoll und Kontrolle des Warenverkehrs der DDR 29000 Eier sichergestellt.[66] Bis zum Mauerbau blieb das Ei eine Berliner Schieberware. Das verstärkte die Eierlücke in der DDR, wurde von der DDR-Presse aber auch als Hauptursache für den nicht nur darin begründeten ostdeutschen Eiermangel aufgebauscht.

Auf der Suche nach Möglichkeiten zur Steigerung der Eierproduktion waren sich ost- und westdeutsche Geflügelexperten einig: Das Vorgehen in den deutschen Hühnerställen sei zu lasch. In den USA etwa würden «Versagerhennen rücksichtslos ausgemerzt».[67] Hierzulande aber folgten die wenigsten Halterinnen dem Rat der Bundesforschungsanstalt für Kleintierzucht in Celle, dem wichtigsten westdeutschen Geflügelforschungsinstitut, «alle Individuen erbarmungslos auszumerzen, die nicht auf voller Leistungshöhe stehen», obwohl «auch jede nichtlegende Henne täglich für 5 bis 6 Pfg. Futter frißt».[68] In den 1950er Jahren fand ein rhetorischer Paradigmenwechsel in der Hühnerhaltung statt. Entscheidend für ihre Güte wurde der ökonomische Leistungsgrad der Unternehmung. Doch diese Ausführungen allein, Artikel in Landwirtschaftszeitungen etwa, die mit Ausrufezeichen mahnten, jedes zehnte Huhn verdiene sein Futter nicht, führten noch nicht zu großen Veränderungen in den Ställen. Deshalb ging das westdeutsche Bundesministerium für Ernährung, Landwirtschaft und Forsten in die Offensive. In Zusammenarbeit mit dem Verband Deutscher Wirtschaftsgeflügelzüchter begann das Ministerium 1956, sogenannte Hennensortierer auszubilden. Ihr Job war es, nichtlegende Hühner auszumachen. Die Kosten der professionellen Sortierer, die 1958 zwischen fünf und sieben Pfennigen pro Tier lagen, rechneten sich schnell, versprach die Werbung. Ein neuer Beruf war geschaffen worden, um die Rentabilität im Stall zu erhöhen. Ökonomische Nachhilfe drang von außen in die Ställe, weil die Tierhalterinnen und -halter auf dem agrarpolitisch vorgesehenen Wachstumspfad zurückblieben. Es begann eine agrarpolitisch induzierte Veränderung der Hühnerhaltung, die der bisherigen Nichtbeachtung des Geflügels ein Ende setzte. Die neue Geflügelpolitik sorgte für eine grundlegende Veränderung des Wirtschaftens im Stall, für ungekannte Rentabilität und dafür, dass das Geschehen in Hühnerställen zwanzig Jahre später nicht mehr viel mit frei umherspazierenden Hennen im weiblichen Nebenerwerb zu tun hatte.

Internationale Inspiration war entscheidend für die wirtschaftliche Neukonzeption der Hühnerhaltung, die Geflügelforscher in staatlichem Auftrag erarbeiteten. Sie sahen auf Forschungsreisen und lasen in internationalen Zeitschriften, wie viel effizienter das Geschehen in den Hühnerställen in Dänemark, den Niederlanden und den USA organisiert war. Das beeindruckte und besorgte westdeutsche Geflügelexperten zugleich. Nach Bonn berichteten sie, wenn sich die Geflügelhaltung nicht rasch besser zu rechnen beginne, würde der Vorsprung der einträglicheren Massenhaltung andernorts uneinholbar. Daher sollten subventionierte Bildungsreisen die Horizonterweiterung fördern. 1951 hatten sich Wissenschaftler der Celler Bundesforschungsanstalt in die USA aufgemacht. In ihrem Reisebericht präsentierten sie die Antwort auf die Frage, warum ein US-Huhn 168 Eier pro Jahr legte, während auf ein westdeutsches 120 und auf ein ostdeutsches 95 Eier kamen.[69] Sie machten zweierlei Spezialisierung verantwortlich dafür, dass die US-amerikanischen Hühner nicht mehr ziellos im Hof herumpickten, sondern bereits als «force of production» arbeiteten: die Trennung der Zucht von ihrer Haltung und die Unterscheidung von Eier legenden Hennen und Masthühnern zur Fleischproduktion.

Etwa dreißig Jahre zuvor hatte sich mit der Mastgeflügelhaltung in Teilen der USA ein Betriebszweig gebildet, den es in Deutschland noch gar nicht gab. Gerade er warf mitunter die höchsten landwirtschaftlichen Renditen überhaupt ab. Auf der Delmarva-Halbinsel an der US-Ostküste, die neben Delaware Teile der Bundesstaaten Maryland und Virginia umfasst, stammten 1950 knapp 70 Prozent aller landwirtschaftlichen Einnahmen aus dem Broilerverkauf, der damit die traditionellen Zweige landwirtschaftlicher Tierhaltung weit hinter sich ließ. Broiler waren zehn bis zwölf Wochen alte Tiere beiderlei Geschlechts, die mit etwa dreieinhalb Pfund lebend am Markt angeboten wurden. Die Nähe und die ethnische Komposition von New York City – orthodoxe Juden und Jüdinnen aßen kein Schweinefleisch – waren für den Aufstieg der Delmarva-Halbinsel als Hühnerzuchtgebiet entscheidend gewesen.

Die Entstehung des einträglichen Geflügelgeschäfts in einem bis dato ungekannten Maßstab ging, einer breit kolportierten Legende nach, auf einen Zufall zurück:[70] Celia Steele in Sussex County im Bundesstaat Delaware erschrak im Frühjahr 1923, weil ihr eigentlich zuverlässiger «hatchery man» fünfhundert statt der wie jedes Jahr bestellten fünfzig Küken brachte. Weil ihr nichts anderes einfiel, steckte sie die vielen Tiere kurzerhand in ihren gewöhnlichen Hühnerstall. Acht Wochen später verkaufte sie 387 Tiere, so viele hatten überlebt, an einen lokalen Händler. Mit dem unerwarteten Cash-Segen investierte Steele in einen größeren Stall und bestellte im Frühjahr 1924 bewusst die doppelte Menge der im vergangenen Jahr versehentlich gelieferten zehnfachen Kükenanzahl. Zwei Jahre später verdiente Celia mit ihren Hühnern bereits etwa so viel wie ihr Mann Wilmer, ein Hauptmann der Küstenwache. Diese finanzielle Entwicklung ließ für Wilmer, der es bis dahin für frevelhaft gehalten hatte, Celias Hühnerstall zu betreten, aus «her business» zunehmend «our business» werden. Die Vermännlichung der Geflügelhaltung erwies sich auch für die deutsche Hühnerhaltung als wegweisend. Traditionelle Geschlechterrollen männlicher Erwerbsarbeit und unbezahlter weiblicher Sorgearbeit waren in der zweiten Hälfte des 20. Jahrhunderts zu wirkmächtig, als dass die Frauen die neu entstehenden finanziellen Möglichkeiten ihrer vormaligen Beschäftigung für sich nutzbar hätten machen können. Das Ehepaar Steele jedenfalls hatte zwei Jahre später, 1928, bereits 25 000 Hühner pro Saison und zudem viele ihrer Nachbarn auf der Delmarva-Halbinsel inspiriert. Broiler aufzuziehen, diese Überzeugung setzte sich durch, «isn't making money, it's having it given to you».[71]

Ein Vierteljahrhundert später war die Aufzucht der Broiler, wie die Masthähnchen auch bald in der DDR heißen sollten, als gewinnträchtiges Geschäft in den USA etabliert. Eine angezüchtete Schnellwüchsigkeit ließ die Tiere in immer kürzerer Zeit immer mehr Muskeln aufbauen, die Anwendung effektiverer Fütterung machte ihre Haltung günstiger, der stetige Zugewinn neuer Verbraucherkreise und ein durch schnelle Transportmittel und industrielle Schlachtung unterstützter Markt sorgten für reibungslosen Absatz.

Die westdeutschen Forschungsreisenden kehrten begeistert zurück. Sie berichteten von eigens zur Bruteiergewinnung zusammengestellten Hühnerherden. Für jede neue Geflügelgeneration wurden eine Vater- und eine Mutterlinie optimal gekreuzt, damit ihre Nachkommen stets von Neuem von dem genetischen Heterosiseffekt profitieren konnten. Die eigentlich genutzten Hühner, die Eier legten oder an denen das Geflügelfleisch wuchs, pflanzten sich ihrerseits nicht fort. Die Eier der Brutherden wurden an einem anderen Ort in großen Brutapparaten in geräumigen Hallen automatisch gewendet und bei perfekter Luftfeuchtigkeit und Temperatur ausgebrütet. Die geschlüpften Küken wanderten anschließend sogleich in 100er Kartons, von denen wiederum etwa zweihundert Stück per Spezialllastwagen, die sowohl heizbar als auch kühlbar waren, an den Ort der Aufzucht der Tiere gebracht wurden.

Was waren das für Möglichkeiten! Eine «smarte» und «fortschrittliche» Massenproduktion für den Massenmarkt. Tiere, deren Anlagen systematisch auf ein schnelles und üppiges Muskelwachstum hin gezüchtet worden waren, lieferten deutlich saftigeres Hühnerfleisch als die ausrangierten Legehennen. Die eigentliche Hühnerhaltung auf den Farmen begann nunmehr nach Eintreffen von andernorts gezeugten und ausgebrüteten Küken. Das sei nicht weniger als ein Ausdruck der menschlichen Genialität, rief Louis M. Hurd aus, der als Professor für Geflügelforschung an der für Tierhaltung bekannten, elitären Cornell University lehrte.[72]

«Wir sollten und dürfen uns diese Möglichkeiten m. E. nicht entgehen lassen», forderte Landwirt Wilhelm Mann seine Berufskollegen auf, nachdem Berichte von der rentablen Geflügelhaltung auch in Deutschland die Runde gemacht hatte. Erstaunt bemerkte Mann im August 1955, bisher hätten nur wenige Bauern erkannt, dass gerade die Geflügelhaltung angeschlagenen Betrieben wieder auf die Füße helfen könne.[73] Die Stimmung in der Landwirtschaft der 1950er Jahre war schlecht, weil die Arbeit schwer und der Verdienst mäßig war. Letzterer blieb ebenso wie die verfügbare Freizeit hinter dem Leben von Arbeiterinnen und Arbeitern in der Wirtschaftswunder-Industrie zurück. 1959 rieten nur mehr 36 Prozent aller Landwirte «einem Vierzehnjährigen, der aus der Schule kommt», ihren Beruf zu ergreifen.[74] Das waren so wenige wie in keiner anderen Berufsgruppe. Der Anteil westdeutscher Eigenerzeugung am neuerdings stark nachgefragten Geflügelfleisch sank zwischen 1951 und 1957 von über 90 auf knapp 60 Prozent. Je größer die Lücke wurde, desto mehr erschien eine rentable Hühnerhaltung nach großmaßstäblichem Vorbild als Silberstreifen am Horizont. Gerade weil die Hühner im Ausland aber bereits so viel rentabler waren, forderten westdeutsche Geflügelzüchter zugleich pathetisch die «Rettung der deutschen Geflügelwirtschaft in einer besonderen kritischen Stunde ihrer Geschichte».[75] Ganz unrecht hatten sie damit nicht, wie der sogenannte Hähnchenkrieg zwischen 1961 und 1963 zeigen sollte.

Ein transatlantischer Hahnenkampf: Der Chicken War, 1961–1963

Streitgegenstand des transatlantischen Hähnchenkriegs war der Absatz von US-Brathähnchen in der neu gegründeten Europäischen Wirtschaftsgemeinschaft (EWG). Frankreich, Italien, Deutschland und die Beneluxstaaten hatten sich 1957 zusammengetan, um ihre Agrarpolitik gemeinsam zu gestalten. Zwei Jahre zuvor jedoch, im Dezember 1955, hatte die Regierung der USA mit der Bundesrepublik vereinbart, erstmals geschlachtetes, tiefgefrorenes Geflügel nach Westdeutschland zu verschiffen, zunächst im Umfang von 1,8 Millionen Kilogramm.[76] Für die Vereinigten Staaten war dieser Absatz eine Rettung aus ihrer «Broiler-Depression», denn es lagen inzwischen mehr Brathähnchen im Kühlregal, als die US-Amerikaner und -Amerikanerinnen essen wollten. Westdeutsche Agrarpolitiker sorgten sich zunächst nicht um das ausländische Konkurrenzprodukt, weil sie die tiefgefrorenen, also nicht frisch geschlachteten, und außerdem ungewöhnlich gelben US-Hähnchen für zu andersartig hielten. Doch sie täuschten sich. Das Volumen des transatlantischen Handels mit den gelben Tiefkühlhähnchen lag vier Jahre später bei 39 Millionen Kilogramm und verdoppelte sich zwischen 1960 und 1962 noch einmal auf 78 Millionen Kilogramm.[77] Der wachsende Wohlstand der bundesdeutschen «industrial renaissance» sorgte für die explodierende Nachfrage nach den so praktischen «ready-to-cook»-Brathähnchen, welche die traditionellen Suppenhühner rasch ausbooteten.

Eine besondere Rolle bei der Popularisierung des Hühnerfleisch-Essens spielte die frühe Systemgastronomie. «Wienerwald-König» Friedrich Jahn, der 1964 bereits 125 Wienerwald-Gaststätten in Westdeutschland betrieb, grillte jeden Monat etwa 850000 vorwiegend aus den USA importierte Hühnchen. Jahn vermutete, die «Edelfreßwelle» kam «gerade zur rechten Zeit».[78] Die Brathähnchen waren günstiger als andere Fleischarten und dazu mager. Gerade der geringe Fettgehalt des Geflügelfleisches sei «in der modernen Industriegesellschaft, die sich mehr und mehr im Übergang zur Automation befindet, wo schwere Arbeit zur Ausnahme geworden ist, wo Fett in der Nahrung als gesundheitsschädigend ängstlich gemieden wird», verantwortlich für die wachsende Nachfrage, so die zeitgenössische Diagnose.[79]

Die steile Erfolgsgeschichte der US-Hähnchen auf dem westdeutschen Markt sabotierte den Plan, eine rentable heimische Geflügelhaltung entstehen zu lassen. Weil die Regierung der USA weder den vielversprechenden Markt noch den möglichst freien Handel mit Geflügel leichtfertig aufgeben wollte, eskalierte der Konflikt um die Brathähnchen. Zunächst von Journalisten als «Chicken War» bezeichnet und später so in die Geschichte eingegangen, wurde diese transatlantische Streitigkeit zum Geburtshelfer der westdeutschen Geflügelhaltung. Im Zuge der Auseinandersetzung festigten sich die politischen und wirtschaftlichen Rahmenbedingungen der neuen Geflügelindustrie.

Der Streit begann, als die Bundesregierung am 1. August

1961 einen Ausgleichsbeitrag von 54 Pfennigen pro Kilogramm geschlachtetem Mastgeflügel einführte, der bei Import zu entrichten war. Als Grund für die Handelsbeschränkung führte die Bundesrepublik an, die Futterkosten ihres Geflügels seien wegen gestützter Getreidepreise teurer als jene von Hühnern, die Getreide zum Weltmarktpreis fraßen. Doch diese Maßnahme besänftigte innenpolitisch nur unzureichend. Aufgebracht fragte Carl Reinhard, promovierter Landwirt aus Hessen und seit 1957 für die CDU im Bundestag, Bundeslandwirtschaftsminister Werner Schwarz vier Monate nach Einführung des Ausgleichsbeitrags, ob ihm bekannt sei, dass sich die deutsche Schlachtgeflügelproduktion dessen ungeachtet «in schwierigster Lage befindet».[80] Schwarz vertröstete auf die baldige Anwendung der Gemeinsamen Agrarpolitik der EWG. Mit der Verordnung Nummer 22 über eine gemeinsame Marktorganisation für Geflügelfleisch, die am 31. Juli 1962 in Kraft trat, verloren die bisherigen bilateralen Handelsvereinbarungen der EWG-Länder ihre Gültigkeit. Die Verordnung vertiefte die handelsbeschränkende Stoßrichtung. Sie sah einen einheitlichen sogenannten Einschleusungspreis für Geflügel von außerhalb der Wirtschaftsgemeinschaft vor, unter dem keine Waren auf dem europäischen Markt angeboten werden durften. Die Differenz zwischen dem niedrigeren Weltmarktpreis der günstigeren US-Hähnchen und dem Einschleusungspreis der EWG-Länder strich die Gemeinschaft als sogenannte Abschöpfung ein, die in ihrer Wirkung einem Schutzzoll glich. Die Schaffung des gemeinsamen Agrarmarktes innerhalb der Gemeinschaft war zulasten des Handels mit Drittstaaten konzipiert worden. Die von den USA seit Ende Juli 1962 zu zahlende «Abschöpfung» führte dazu, dass das 1963 in die EWG exportierte Geflügel zwei Drittel an Umfang im Vergleich zum Vorjahr einbüßte.

Der US-Regierung unter Präsident Kennedy widerstrebte diese Entwicklung sehr. Sie wollte zum einen den Zugang zu dem lukrativen Geflügelmarkt Westeuropas nicht verlieren.

Verdoppeln würde sich der Geflügelverzehr zwischen 1958 und 1970, lauteten die Prognosen, die von der Realität alsbald übertroffen wurden. 1958 war der Pro-Kopf-Verzehr von Hühnerfleisch noch gar nicht gesondert erfasst worden. Zusammen mit Ziegen-, Wild- und Kaninchenfleisch betrug er drei Kilogramm pro Person und Jahr. Zwölf Jahre später, 1970, aßen die Westdeutschen bereits knapp acht Kilogramm Geflügel im Jahr.[81] Eindringlich erinnerte US-Botschafter Walter C. Dowling im Mai 1962 Bundeskanzler Konrad Adenauer daran, das «außerordentliche Interesse» des Bündnispartners am Geflügelexport in die Bundesrepublik im Blick zu behalten.[82] Zum anderen bedrohte die protektionistische Entwicklung in Europa den Freihandel als Grundpfeiler US-amerikanischer Außenpolitik der Nachkriegsjahrzehnte. Der «frozen chicken tariff», wie die europäische Marktordnung für Geflügel in den USA genannt wurde, verstärkte die Befürchtung, dass die neugegründete EWG eher ein «inward-looking, high-tariff club» sein würde denn der liberale Handelspartner, den sich die USA erhofft hatten.

Als das Kabinett Adenauers beschloss, die Herabsetzung der Abschöpfungsbeträge in Brüssel zu beantragen, um die USA zu besänftigen, entstand ein agrarpolitisches Tohuwabohu. «Eine Erregung in bisher nie gekanntem Ausmass» sei unter der bäuerlichen Bevölkerung seines Kreises ausgebrochen, berichtete der Vorsitzende des Kreisbauernverbandes Ziegenhain bei Kassel per Telegramm in Großbuchstaben an den Bundeskanzler.[83] Eine Senkung der Abschöpfung sei der «Todesstoss für den Erwerbszweig der Schlachtgeflügelhaltung unserer klein- und mittelbäuerlichen Betriebe». Der Verband Deutscher Wirtschaftsgeflügelzüchter warf der Regierung Inkonsistenz vor. «Seit Jahr und Tag» sei der deutschen Landwirtschaft vorgehalten worden, sich zu wenig um die Modernisierung der Hähnchenmast gekümmert zu haben. Nun hätte sie ihre Hausaufgaben gemacht und würde leichterhand dem Druck der USA geopfert. Die wütende Landwirtschaft hatte Erfolg: Bonn ruderte zurück und die Abschöpfungsbeiträge stiegen entsprechend der Verordnung 22 von Jahr zu Jahr.

Die zehn Jahre zuvor noch belächelten Hühner belasteten nun die Beziehungen zum wichtigsten internationalen Verbündeten. «Everybody is preoccupied with Cuba, Berlin, Laos – and Chicken», berichtete Bundesminister für besondere Aufgaben Heinrich Krone nach einem USA-Besuch 1963.[84] Auch Adenauer schätzte 1963, dass es in der Hälfte seiner Korrespondenz mit Präsident Kennedy in den vergangenen zwei Jahren um Hähnchen gegangen sei. In diesem Jahr erreichte der Chicken War seinen Höhepunkt und kam zugleich zum Ende.

Zunächst konstruktiv, bald resigniert und aggressiv feilschten US-amerikanische und europäische Agrarpolitiker um den Wirkungsgrad ihrer Hühner. Der wichtigste Faktor bei der Festsetzung des Einschleusungspreises war der sogenannte Veredelungskoeffizient. Der Veredelungskoeffizient sollte die unterschiedlich hohen Futtergetreidekosten, die zur Erzeugung von «1 kg Hühner» notwendig waren, benennen. Er ließ aus dem Tier eine Maschine werden. Die USA forderten die europäischen Verhandler auf, ihren Veredelungskoeffizienten zu senken, weil die europäischen Hühner längst weniger Futter benötigten als angegeben. Um ein Kilogramm Fleisch zu erzeugen, seien längst nicht mehr 2,7 Kilogramm Getreide nötig, sondern 2,3 oder 2,4.[85] Doch die Bundesregierung beschloss ganz gegenteilig, die Futter-Fleisch-Umwandlungsrate der Hühner auf 2,8 Kilogramm heraufzusetzen, um die heimischen Geflügelbauern zu besänftigen. Im Sommer 1963 riss der Geduldsfaden der USA. Die US-Regierung bemühte sich nicht länger um eine Einigung, sondern verkündete einen Zeitplan für das Zurückziehen anderer Handelskonzessionen, um das durch den «frozen chicken tariff» erlittene Unrecht handelspolitisch entsprechend des GATT zu sühnen. Mit Wirkung zum 7. Januar 1964 hoben die USA Zollkonzessionen für Branntwein, Kartoffelstärke, Dextrin und, mit den größten Konsequenzen für die Bundesrepublik, für Leichtlastkraftwagen auf. Die Vergeltungsmaßnahme funktionierte: US-Importe von «automobile trucks» aus Westdeutschland, allen voran von VW-Bussen, sanken durch den neuen 25-prozentigen Einfuhrzoll von 13 546 im Jahr 1963 auf 5682 im Jahr 1964. Damit war der Chicken War vorüber. In der «Chicken Tax», unter der der Einfuhrzoll auf Leicht-LKWs bekannt wurde, lebt er bis heute weiter.

Im Zuge des Chicken War festigte sich eine neue wirtschaftliche Konzeption der Hühner. Die grenzüberschreitende Vermarktlichung beförderte den ökonomischen Leistungsgedanken in der Hühnerhaltung. Die Agrarpolitiker auf beiden Seiten des Atlantiks imaginierten die Tiere als Bioreaktoren, die Futtergetreide in Hähnchenfleisch umwandelten. Ihre Leistung wurde im sogenannten Veredelungskoeffizienten quantifizierbar. Die numerische Umwandlungsrate war der Gradmesser der Wettbewerbsfähigkeit. Erreichten Hühner den politisch festgesetzten Veredelungskoeffizienten nicht, konnten die garantierten Abnahmepreise ihre Produktionskosten nicht decken. Auf diese Weise wirkte die internationale Geflügelpolitik in die Ställe hinein. Der Hähnchenkrieg war ein Katalysator für die Rentabilitätssteigerung der Geflügelhaltung. Aus dem handelspolitischen Konflikt mit dem wichtigsten Verbündeten leitete die Bundesregierung ab, selbst möglichst rasch produktiver werden zu wollen. Die agrarpolitischen Weichen wurden entsprechend gestellt. Ungeachtet seines protektionistischen Ausgangs begünstigte die Drohkulisse von Welthandel und Handelsliberalisierung eine Anreizpolitik für immer produktivere und damit wettbewerbsfähigere Betriebe. Im Schatten ausländischer Konkurrenz nahm die wirtschaftliche Rationalisierung im Hühnerstall breitenwirksam und unerbittlich an Fahrt auf.

Die BWLisierung von Raum, Arbeit und Tier: Keine Frage des Kapitalismus

Kein Wunder, dass der Wirkungsgrad der Hühner zu transatlantischen Verwerfungen geführt hatte. Der Unterschied zwischen 2,5 und 2,7 Kilogramm Futter, mit dem die Tiere ein Kilogramm Fleisch an ihren Körpern wachsen ließen, multiplizierte sich in der skalierten Massenhaltung zu großen Summen. Das galt nicht nur im marktwirtschaftlichen Wettbewerb. Auch ohne Druck internationaler Verbündeter setzte die DDR alles daran, ihre Hühner effizienter zu bewirtschaften. Dahinter stand der politische Plan der Selbstversorgung und der Überbietung der Bundesrepublik. 1959 hatten ostdeutsche Agrarplaner beschlossen, dass die westdeutsche Landwirtschaft «in den Leistungen der Viehwirtschaft je Hektar landwirtschaftliche Nutzfläche» stets zu überbieten sei.[86] Das sollte die Leistungsfähigkeit sozialistischer Planwirtschaft unter Beweis stellen. Betriebswirtschaftliche Kostenrechnung wurde deshalb in den west- und ostdeutschen Hühnerställen zum neuen Bekenntnis.

Mit 70,4 Prozent schlugen die Futterkosten in der «Kooperationsgemeinschaft Berlstedt» zu Buche. In dieser Unternehmung hatten sich mehrere LPG zusammengeschlossen, um die Produkte ihrer Hühner effizienter in den Verkauf zu bringen. Die Futterkosten hatten einen enormen Abstand zu den nächsten beiden Posten. 11,8 Prozent der Kosten, die jedes Huhn verursachte, entfielen auf den Raum, 9,5 Prozent auf die Vergütung der Mitarbeiterinnen und Mitarbeiter und 7,3 Prozent auf die Anschaffung des Tiers. Das fanden Wissenschaftlerinnen und Wissenschaftler des Instituts für Ökonomik und Preise beim Rat für landwirtschaftliche Produktion und Nahrungsgüterwirtschaft der DDR 1968 heraus.[87] Aus ihrem errechneten «Kosten-Preis-Modell» leiteten die Wissenschaftlerinnen und Wissenschaftler ab, was zu tun sei, um die Rentabilität weiter zu steigern.

Das Berlstedter Hühnerkostendiagramm von 1968 markiert den epistemischen Paradigmenwechsel der Tierhaltung, den dieses Kapitel anhand der Hühnerhaltung plastisch werden lässt. Die Architekten der neuen Haltung begannen beständig zu rechnen, zu planen und zu kalkulieren. Sie fällten ihre Entscheidungen aufgrund finanzieller Kennziffern und nicht länger aufgrund ihres tradierten Wissens über Tiere und deren Körperabläufe. Damit endete ein spezifischer landwirtschaftlicher Umgang mit den Tieren, der vom Wetter, den Jahreszeiten und den organischen Prozessen der Tiere geprägt gewesen war. Zyklische und rhythmische Wirtschaftsabläufe der Hühnerhaltung wurden seriell und linear gemacht. In Lehrbüchern wurde die Geflügelhaltung nicht länger erzählt, sondern berechnet.

Die drei größten Posten des Berlstedter Hühnerkostendiagramms wiesen jene drei Bereiche aus, auf die sich die betriebswirtschaftliche Rentabilitätssteigerung konzentrierte: den Raum, die menschliche Arbeit und die ökonomische Leistungsfähigkeit des Tiers. In dem Maße, in dem sich die Geflügelhaltung von Selbstversorgung und Zubrot emanzipierte und zu einer eigenständigen Unternehmung wurde, lockten skalenökonomische Effekte der Massenproduktion. Die radikale ökonomische Anpassung der Geflügelhaltung macht die Hühner und ihre Produkte zur Metapher für Industrialisierung, Modernisierung und Naturentfremdung. Im *Guardian* war 2018 zu lesen, dass nicht etwa Auto oder Smartphone die aussagekräftigsten Produkte unserer Zeit seien, sondern das Chicken Nugget.[88]

Die räumliche Neukonzeption der Geflügelhaltung war die Vorbedingung aller in den Ställen stattfindenden Arbeit mit den Tieren. Die Tage der im Freien umherlaufenden Hühner gingen ihrem Ende zu. Die traditionelle Raumrechnung der Hühnerhaltung verkehrte sich in ihr Gegenteil. Noch 1949 verkündete der Ratgeber *Nutzbringende Geflügelwirtschaft*, eine Hühnerhaltung sei umso einträglicher, je mehr «kostenloses Freifutter» wie Unkraut oder Würmer sich die Hühner selbst aus dem Boden pickten.[89] Elf Jahre später, 1960, berichtete Erna Edeltraud, die als «Meister der Tierzucht» in der LPG «Fortschritt» in Nobitz bei Altenburg im Bezirk Leipzig arbeitete, dass es die jüngst realisierte «Intensivgeflügelhaltung» zum ersten Mal erlaube, die im Siebenjahrplan vorgesehenen 457 Eier pro Hektar zu liefern.[90] Die Mitglieder der LPG hatten einen leerstehenden Heuboden von einhundert Quadratmetern im ersten Stock für den ganzjährigen Aufenthalt von 500 Hühnern umfunktioniert.

So viele Hühner wären bei der herkömmlichen Auslaufhaltung nicht möglich gewesen. Die Tiere selbst hatten die maximale Herdengröße beschränkt. Jedes einzelne Huhn nämlich entfernte sich nicht weiter als vierzig Meter in eine Richtung von seinem Stall, brauchte aber eine gewisse Quadratmeterzahl, um sich die nötigen Vitamine und Nährstoffe aus dem Boden picken zu können. Die Geometrie der Hühnerforscher errechnete, dass der Grenzwert bei etwa 300 Tieren pro Herde lag und die optimale Herdengröße bei 220 Tieren. Mehr Tiere brachten Nachteile für die gesamte Herde, weil die Nährstoffe im Boden innerhalb der vierzig Meter um den Stall herum zu wenig wurden. Erst nach dem Zweiten Weltkrieg war Hühnerfutter in Deutschland leicht erhältlich, das den gesamten Nahrungsbedarf der Tiere abdeckte. Erst jetzt zeigten nur im Stall gehaltene Hühner keine Mangelerkrankungen mehr und erst jetzt war die Größe einer Hühnerherde nicht länger durch die Entfernung, welche die einzelnen Tiere freiwillig zurücklegten, beschränkt. Neues Wissen zur Geflügelernährung war die eine entscheidende Vorbedingung der räumlichen Skalierung. Wegen ihrer wirtschaftlichen Bedeutung hielt die Forschung zur Geflügelernährung das gesamte weitere 20. Jahrhundert auf so hohem Niveau an, dass um die Jahrtausendwende galt: «Our understanding of chicken nutrition now exceeds that of any other domestic animal including humans.»[91]

Die zweite Vorbedingung waren Ställe, die den Hühnern ganzjährig vorgaukelten, es wäre Frühjahr. Mehr Tiere im gleichen Raum senkten den Herstellungspreis dieser Ställe, weil sich die Kosten der Unterbringung auf mehr Hühnerrücken verteilten, berechneten Diplomlandwirte in der Bundesrepublik 1959. Doch noch würde bei Hühnerställen zu sehr gespart. Nur Gebäude mit speziellen Vorrichtungen garantierten die Vorteile der ganzjährigen Stallhaltung. Der Hauptvorteil einer all-year-indoor-Hennenhaltung war das Ende der Saisonalität der Eier. Bisher sank das Legeverhalten mit den kürzer werdenden Tagen. Einzelne Rassen unterschieden sich, doch Eier waren im Winter schwieriger und teurer zu beschaffen. Im nächsten Frühling dann, pünktlich zu Ostern, war die nächste Eierschwemme garantiert. Diese Schwankung verkleinerte sich seit Mitte der 1950er Jahre und war um 1970 dabei zu verschwinden.

Die Zutaten für ganzjährig legefreudige Hühner waren eine Lichtanlage mit Zeitschaltuhr und die ausreichende Isolierung des Stalls im Winter. In den Hühnerställen der LPG «Fortschritt» sorgten seit 1959 «Neonleuchten, die mit einer Schaltuhr verbunden sind», ganz automatisch dafür, dass «die Tiere einen 15stündigen Arbeitstag haben». Drei Watt pro Quadratmeter, etwa 14 Lux, seien ausreichend, um den Eierstock der Hühner über deren Hirnanhangdrüse auszutricksen und somit die gewünschte Eierproduktion anzuregen, zeigten Experimente in Krefeld.[92]

Die technischen Veränderungen im Stall trugen zur Kompetenzverschiebung zwischen den Geschlechtern bei. Gesellschaftliche Annahmen über technische Kompetenzen booteten das weibliche Erfahrungswissen im Hühnerstall aus. Selbst in der um die Gerechtigkeit der Geschlechter stärker bemühten DDR wurde hervorgehoben, als wäre es etwas Besonderes, dank zwei Lehrgängen verstünden sogar Frauen «selbstständig», «das Lichtprogramm für den jeweiligen Tierbestand einzustellen».[93] Bundesdeutsche Agrarexperten setzten sich Ende der 1950er Jahre dafür ein, dass Männer ihre Befangenheit

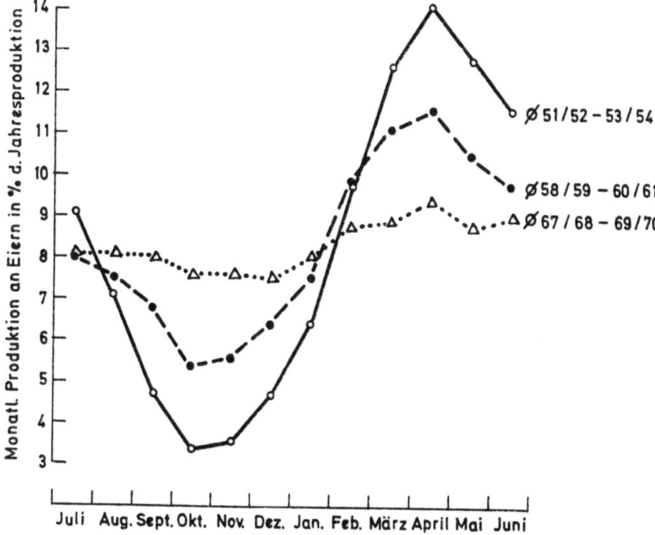

Jahreszeitliche Schwankung der Eiererzeugung der Bundesrepublik 1951/54, 1958/61 und 1967/70.

gegenüber der Hühnerhaltung abbauten und zu erfolgreichen Hühnermanagern werden konnten. Um der Auffassung, echte Männer hielten keine Hühner, entgegenzuwirken, betitelte die landwirtschaftliche Presse hühnerhaltende Männer als «absolut bodenständige Leute», die sich schlicht «eine Beweglichkeit erhalten» hätten, die «manchem Berufskollegen fehlt».[94]

Zwei Entwicklungen bedingten sich gegenseitig und beförderten die Herrschaft der Zahlen in ost- und westdeutschen Hühnerställen seit 1950: die Herauslösung der Geflügelhaltung aus ihrer Einbettung in den landwirtschaftlichen Betrieb und die ökonomische Neukonzeption als eigene Unternehmung. Die neuen Haltungsmethoden zu realisieren erforderte einen hohen Kapitaleinsatz. Dieses Kapital konnte nicht aus Rücklagen oder laufenden Einnahmen aufgebracht werden, sondern wurde per Kredit beschafft. Das Einzughalten des Kredits in die Produktionssphäre landwirtschaftlicher Tierhaltung war das wichtigste Movens der Rentabilisierung. Zuvor war die Geflügelhaltung praktisch ohne Investitionen betrieben worden.

Hühnerhalterinnen und -halter nahmen Kredite für die Einrichtung der neuen Ställe auf, und diese Kredite erzeugten einen neuartigen Kostendruck. Sie sollten daher zuvorderst «über die Fähigkeit verfügen, mit Geld genau umgehen zu können».[95] Die «rationale Kapitalrechnung» zwinge in Konkurrenz stehende Unternehmen «bei Strafe ihres Untergangs» zur Ausschöpfung von Potentialen zur Kostensenkung, wusste schon Karl Marx.[96] Dies beschreibt auch die systemische Ursache der Produkt-, Prozess- und Verfahrensinnovationen der nun auf Fremdkapital basierenden Hühnerhaltung in der Bundesrepublik der 1960er Jahre. In dem Maße, in dem Geflügelhaltung in der Bundesrepublik zu einer eigenen und auf Fremdkapital beruhenden Unternehmung wurde, wurden Rechnen und Kalkulieren zu den wichtigsten Fähigkeiten im Stall. Langfristige Kredite vertrugen keine unkontrollierbaren Variablen. Die Ausschaltung saisonaler Schwankungen durch ein ganzjährig gleiches Licht- und Temperaturprogramm im Stall war deshalb ein wichtiger Schritt dafür, die Hühner in die Schablonen betriebswirtschaftlicher Kostenrechnung einzupassen. Mit der ganzjährigen Stallhaltung von Geflügel auf Basis zugekauften Futters waren die biologischen Faktoren, die Kostenrechnung in der Tierhaltung bisher erschwert hatten, ausgeschaltet. Das große Rechnen konnte beginnen. Nun waren verschiedene Kostengruppen isolierbar und Zahlen wiesen schwarz auf weiß darauf hin, wo eine weitere Steigerung der Rentabilität zu holen war. Nicht nur der Arbeitstag der Hühner war durch das künstliche Lichtprogramm länger geworden. Ihre Halterinnen und Halter arbeiteten nun ebenfalls noch nach Einbruch der Dunkelheit – am Schreibtisch über der Buchführung sitzend.

Beim Raum war die grundlegende Rechnung nicht allzu schwer: Je mehr Tiere im gleichen Raum untergebracht werden konnten, desto günstiger wurde das Produkt. Aus diesem Grund geisterte das Thema «Batteriehaltung» seit 1962 durch viele Gespräche, berichtete der Landwirt Ludwig Schmidt aus Breitbrunn am oberbayerischen Chiemsee im Jahr darauf.[97] Die Möglichkeiten der Bodenhaltung, bei der Hühner inzwischen auch schon zu 500 oder 1000 Stück auf dem Boden lebten, wurden von dem neuen Trend bei weitem übertroffen. Nutzte man die volle Dreidimensionalität des Raumes, multiplizierten sich die Einsparungsmöglichkeiten. Die Batteriehaltung verhieß nun, Legehennen in Käfigen so eng neben- und übereinander zu stapeln wie Stromzellen einer Batterie. In den ersten Käfigen konnten pro Quadratmeter auf einen Schlag zwanzig und damit mehr als doppelt so viele Tiere gehalten werden wie bei der Bodenhaltung. Zwar waren die Abschreibungen hoch, weil die Käfige zunächst teuer angeschafft werden mussten und anschließend höchstens acht bis zehn Jahre hielten. Doch die Skalierbarkeit der besseren Raumausnutzung durch Käfige mit mehreren Etagen machte die teurere Anschaffung wett. In den 15 Jahren zwischen 1963 und 1978, so Rose-Marie Wegner, die seit 1976 als erste Frau der Bundesforschungsanstalt für Kleintierzucht in Celle vorstand, setzten sich Käfige in verschiedensten Ausführungen als «übliche» Haltungsform für Legehennen durch.[98] Alle Käfigtypen einte Ende der 1970er Jahre eine drei- bis viermal höhere Tierzahl pro Quadratmeter Stallbodenfläche als bei Bodenhaltung.

Auch in der DDR löste der Käfig den Boden als bevorzugte Haltungsform von Hennen, die Eier zu legen hatten, ab. Die verdichtete Raumnutzung in der Geflügelhaltung zur Rentabilitätssteigerung war eine gesamtdeutsche Konvergenz. Speerspitze dieser Entwicklung in der DDR waren die Geflügelstaatsbetriebe. Im Kombinat Industrielle Mast (KIM) «Hermsdorfer Kreuz», das den Bezirk Gera mit täglich 115 000 Eiern versorgte, wurde die «Tierbesatzdichte» Anfang der 1970er Jahre gar in Kubikmetern gemessen. Die Entscheidung zugunsten von Staatsbetrieben für die Erzeugung von Eiern und Geflügelfleisch war 1964 gefallen, nachdem die Sowjetunion eine Reduzierung ihrer Lebensmittellieferungen angekündigt hatte. Der Unmut der DDR-Bürgerinnen und -Bürger der Jahre 1960 und 1961, als die Versorgungslage wegen der Zwangskollektivierung eingebrochen war, stand den ostdeutschen Agrarpolitikern noch vor Augen. Um in der Nähe von Großstädten, Industriezentren und Erholungsgebieten die Versorgung mit tierischen «Frischprodukten» zu garantieren, wurden deshalb zwischen 1965 und 1972 1,7 Milliarden Mark in den Aufbau von elf KIM sowie weiteren Staatsgütern gesteckt. Dem SED-Politbüro war der Aufbau einer staatlichen, leistungsfähigen Hühnerhaltung so dringlich, dass es dafür eine Lizenznahme von holländischen, westdeutschen und britischen Technologien über Jugoslawien einfädelte.[99]

Die wichtigste Ausstattung der «Produktion Frisch-Ei» des KIM Königs Wusterhausen, das zusammen mit Möckern als erstes KIM 1965 gebaut worden war, waren «Flachkäfige». Sie garantierten, zu drei Etagen übereinandergestapelt, die «optimale Ausnutzung der Grundfläche der Halle mit 23 Hennen pro Quadratmeter».[100] Populärwissenschaftliche Bücher und Filme hielten fest, wie es im KIM zuging. Das unterschied die in neuer räumlicher Dichte gehaltenen Hennen von ihren westdeutschen Kolleginnen. In der DDR galten die industrialisierten Betriebe als Aushängeschild der Leistungskraft des Sozialismus, auch wenn ihre kapitalintensiven Produktionsmethoden in der Mangelwirtschaft der DDR zu keinem Zeitpunkt zum flächendeckenden Standard wurden. In der Bundesrepublik hingegen wurden die neuen «Eier-Fabriken» tendenziell als unlautere Unternehmungen wahrgenommen.

Ostdeutsche Geflügelhalterinnen und -halter waren von der Rentabilitätssteigerung durch Raumverdichtung so begeistert, dass sie auch dort Innovationen entwickelten, wo keine importierten Metallkäfige bereitstanden. Karl Brauer, der Geflü-

Eine dreistöckige Käfigbatterie als «Schlaraffenland der Tiere» in der zeitgenössischen DDR-Publizistik, 1976.

gelzuchtmeister der zwischengenossenschaftlichen Einrichtung (ZGE) des Kreises Halberstadt im nördlichen Harzvorland, hatte in den fünf Jahren zwischen 1964 und 1969 aus 6000 Hennen «im ersten und zweiten Stock eines ehemaligen Speichers» 108 000 Hennen gemacht, die in Hallen zu je knapp 9000 gehalten wurden.[101] Statt auf dem Boden waren die Hennen in selbst konstruierten und produzierten «Plastbatterien» untergebracht, in Käfigen zu dritt, nachdem die Halberstädter Tüftler festgestellt hatten, dass trotz der Dichte weder die Leistungen der Tiere sanken noch ihre Verluste stiegen.

Wie stark die Wirtschaftlichkeit der Hühnerhaltung erst zu steigern war, wenn Kapital im größeren Stil bereitstand, zeigten westdeutsche Unternehmer. Sie entdeckten seit den 1960er Jahren Hühnerställe als lohnendes Investment und konnten die kostendegressiven Effekte von Raum und Arbeitskraft bei steigenden Beständen stärker nutzen, als das im herkömmlichen bäuerlichen Zusammenhang möglich war. Die Hühnerherde von Fritz-Karl Schulte erwirtschaftete jährlich 400 000 DM «pro Mann Belegschaft».[102] Schulte, eigentlich deutscher «Strumpfkönig», investierte den Gewinn seiner führenden deutschen Strumpfstrickerei seit 1963 in große Hühnerställe. 1968 war er mit 500 000 Hennen bei Rheine nördlich von Münster zum größten westdeutschen Hühnerhalter geworden. Sein neues Investment bereitete ihm große Freude – wobei er persönlich nur mittags die Tages-Eierpreise studierte. «Kein Risiko, keine Sorgen wie in der launischen Textilbranche», sagte er 1966 gegenüber der *ZEIT* und erzählte strahlend, wie viele hunderttausend Eier ihm «seine Hühner» jeden Tag bescherten.[103] Schulte konnte die Gewinne und Verluste seines Hühnergeschäfts in die Gesamtproduktion einkalkulieren und war dadurch weniger anfällig gegenüber Schwankungen der Eier- und Schlachtpreise. Vor allem aber konnte er durch seine beträchtliche Investitionskraft jene Bedingungen schaffen, die die Arbeitskraft günstiger werden ließen. Dies kam industriellen Hühnerhaltern wie Schulte oder dem Bertelsmann-Verlag, der Ende der 1960er Jahre eine Million Hennen erwarb, zupass.

Die Bonner Agrarpolitik war schizophren. Sie befreite «kleine» Hühnerherden, 1970 definiert als maximal 10 000 Legehennen und 52 000 Masthühner pro vierzig Hektar Fläche, von der Gewerbesteuer, um bäuerliche Betriebe gegenüber industriellen zu bevorzugen. Gleichzeitig dominierte in Bonn die Ansicht, jede konzentrationshemmende Regelung sei eine «selbstgeschaffene Wettbewerbsbeschränkung».[104] Das geschaffene Agrarpreissystem schuf deshalb für alle Produzenten von Eiern und Geflügelfleisch Anreize zur Kostenoptimierung im Stall durch eine verbesserte Nutzung von Raum und Arbeitskraft. Ungeachtet ihrer Kritik an der industriellen Konkurrenz arbeiteten auch bäuerliche Hühnerhalterinnen und -halter beständig daran, ihre Hühner durch größere Bestände günstiger werden zu lassen.

Ihre Rechnungen wurden kleinteilig. Die Lehr- und Versuchsanstalt für Kleintierzucht im fränkischen Kitzingen rechnete Geflügelhaltern vor, wie viel Zeit sie auf ein Huhn verwenden durften. Bei Mastgeflügel veranschlagten die Experten 0,11 Minuten pro Tier in dessen erster Lebenswoche, die auf 0,009 Minuten pro Tier in seiner achten und letzten Lebenswoche sanken, wobei in der letzten Woche 0,24 Minuten pro Tier für das Einfangen hinzukamen. Abhängig vom Stundenlohn im Hühnerstall, der 1971 zwischen drei und sechs DM variierte, war das Hähnchen mit Arbeitskosten zwischen 6,5 und 13 Pfennigen «belastet». Betriebe, deren Hähnchen teurer waren, hatten «energisch nach den Fehlerquellen zu suchen, um bei diesem im härtesten Wettbewerb stehenden Geschäft noch am Ball zu bleiben».[105] Richtig oder falsch war in der Tierhaltung zu einer Frage der Zahlen geworden. Hierin liegt der qualitative ökonomische Unterschied zu früherem Wirtschaften im Stall. Rechnen in der Landwirtschaft war als aufklärerisches Projekt an der Wende zum 19. Jahrhundert entstanden und maßgeblich von Albrecht Thaer vorangebracht worden. Doch eine konsequente Buchführung und Kostenrechnung spielte in der Tierhaltung jenseits staatlicher Forschungsgüter bis in die Nachkriegsjahrzehnte keine Rolle. Das änderte sich nun, indem die Tiere, ihre Körperprozesse und die menschliche Arbeit im Stall zu jedem Zeitpunkt numerisch fassbar gemacht wurden.

Erstaunlich ist, dass in der DDR zur selben Zeit dieselben Tendenzen beobachtbar sind. Bis auf die zweite Stelle hinter dem Komma legten Geflügelforscher die «Zeitnormative» für die verschiedenen Arbeiten in der Geflügelhaltung fest. Im Stalltyp «Radebeul» R20/88 mit 12 670 Tieren je Stall in Flachkäfigen waren beispielsweise für die Fütterung pro Tag 0,25 Minuten einer Arbeitskraft je einhundert Tiere veranschlagt. Die Sensibilisierung einer jeden Genossenschaftsbäuerin und eines jeden Genossenschaftsbauers, jeder Arbeiterin und jedes Arbeiters in Geflügelstaatsbetrieben für die betriebswirtschaftliche Bedeutung ihrer Mitwirkung war politisches Programm. Die Methoden waren mitunter kreativ: «Mir hilft niemand bei der Arbeit, ich mach' das allein», lacht die junge Frau Brigitte auf die verdutzte Frage des Reporters, wo denn ihre Kollegen steckten. Schon 1960 hatte die DEFA, die ostdeutsche Deutsche Film AG, den Streifen *Flora, Jolanthe und 4000 Hühner* produziert.[106] Flora und Jolanthe waren eine Kuh und ein Schwein, die auf filmischen Erkundungstouren Möglichkeiten zur Rentabilitätsverbesserung in der Tierhaltung aufspürten. In der LPG «August Bebel» in Wallwitz bei Halle zeigte ihnen Brigitte, wie sie 4000 Hühner in Eigenregie betreute und die wirtschaftliche Leistungsfähigkeit ihrer Herde überdies stetig verbesserte. Neben derlei kreativer BWL-Werbung vergrößerte der «ökonomische Hebel der persönlichen materiellen Interessiertheit» das Kostenbewusstsein im Stall. Er imitierte den Leistung-Geld-Zusammenhang eines Marktes und trug so zur «Selbstkostensenkung» der Menschen im Stall bei. Die Geflügelbetriebe der DDR bedienten sich der gleichen wirtschaftlichen Stellschrauben im Stall wie die Hühnerhalterinnen und -halter der Bundesrepublik. Grundlage hierfür war das auf dem VI. Parteitag der SED eingeführte «Neue Ökonomische System der Planung und Leitung», das die Spielräume der einzelnen Betriebsleitungen vergrößerte. Seit 1965 kam es in der Landwirtschaft zum Zuge und erlaubte fortan, betriebliche Abläufe anhand ökonomischer Kriterien festzulegen – was in heutigen Ohren skurril klingen mag. Der Aufbau der Geflügelhaltung fiel in der DDR mit einer Renaissance betriebswirtschaftlichen Denkens zusammen. Der tatsächliche ökonomische Leistungsgrad blieb mitunter hinter den Geflügelbetrieben der Bundesrepublik zurück. Die Anreize eines imaginierten Marktes zur Kostenoptimierung waren schwächer als die eines tatsächlichen, wenn auch gesteuerten. Doch die Entwicklungsrichtung im Hühnerstall war dieselbe. West- und ostdeutsche Hühnerhaltung teilten die Geschichte wirtschaftlicher Rentabilisierung.

Die Hühnerhaltung entwickelte sich noch in einer weiteren Hinsicht als deutsch-deutsche Konvergenzgeschichte: In den 1960er Jahren begannen westdeutsche Geflügelhalter, Erzeugergemeinschaften zu bilden, um im Zusammenschluss leistungsfähiger zu werden. Das ist in keiner Weise mit der gewaltvollen Kollektivierung der DDR-Landwirtschaft gleichzusetzen. Dennoch ähnelte die freiwillige Unternehmung von 43 Geflügelmästern in der bayerischen Oberpfalz dem Aufbau genossenschaftlicher Geflügelställe in der DDR. Mit gemeinsam beschafftem Kapital errichteten sie sechs Ställe à 100 000 Masthähnchen, um die Vorteile eines großen Maßstabs und einer vertikal integrierten Haltung auszuschöpfen.[107] Sie nutzten die geografische Nähe zur Geflügelschlachterei Nittenau bei Schwandorf, der großen Kraftfutterwerke in Regensburg und der Brüterei Süd in Regenstauf. Brüterei und Schlachterei waren selbst Mitglieder der Unternehmung und alle waren mit langfristigen Verträgen aneinander gebunden. Der Kooperationsverband Broiler des Bezirks Magdeburg funktionierte ähnlich.[108] Sechs LPG bildeten gemeinsam mit dem KIM Möckern eine Kette sich kontinuierlich wiederholender Produktionsschritte. Brutbetriebe lieferten Küken, die ihr Leben in den Mastbetrieben an verschiedenen Orten verbrachten, bevor sie alle im KIM Möckern zu verkaufsfertigen Hähnchen verarbeitet wurden.

Doch in beiden deutschen Staaten verhinderte das Verhalten der Tiere, dass die neuen Haltungsformen ihre verheißene Wirtschaftlichkeit voll entfalteten. Eine simplere Rechnung ergab, dass der Käfig rentabler war als die Bodenhaltung, weil Hühner, die sich kaum bewegen konnten, acht bis zehn Gramm Futter weniger fraßen als jene, die auf dem Boden herumliefen und dadurch Kalorien verbrauchten. Das machte Mitte der 1970er Jahre einen Pfennig Preisunterschied der Erzeugungskosten zwischen Bodenhaltungsei und Käfigei aus. Die Bodenhaltung unterlag den rentableren Käfigen noch in anderer Hinsicht. Auf dem Boden wurden kranke Tiere «von ihren Artgenossen nicht selten zu Tode getreten», und auch gesunde erstickten regelmäßig unter ihren vielen Artgenossen, wenn sich die Herde aufgeschreckt übereinander drängte.[109] Die Änderungen der Verhaltensweisen der Hühner in der neuen Massenhaltung waren jedoch weitreichender. Wenn «die Kopfzahl einer Herde 40 überschreitet», fand die Geflügelverhaltensforschung 1967 heraus, dann erkannten sich die Hühner nicht mehr gegenseitig. Das war problematisch, weil sie sich jedes Mal aufs Neue um die hierarchische Rangordnung balgten. Rangkämpfe traten dann auf, wenn eine Henne näher als fünf bis zehn Zentimeter an eine andere herantrat und keine der Hennen von sich aus floh, weil sie die eigene Rangstellung als ohnehin niedriger einschätzte. Die gegenseitigen Abwehrversuche waren anstrengend und kosteten Energie – und den Tierhalter Geld, weil mit ihnen die Produktivität der Tiere abnahm. Abhängig von der «genetisch bedingten Aggressivität» unterschiedlicher Hühnerrassen und dem Klima in ihren Herkunftsställen wurde die Rangordnung unter «heftigen Kämpfen, bei denen Blut fließt und die Federn fliegen», ausgefochten.[110]

Befürworter der Käfighaltung veranlassten diese Zusammenhänge zu romantischen Beschreibungen des Käfiglebens: «Streitereien treten kaum auf», weswegen die Käfighaltung «eindeutig humaner» sei. Die «schützenden Gitterstäbe» liebe das Huhn außerdem, weil sie «dem Gewirr von Zweigen und Blättern in den unteren Schichten des Urwaldes» glichen, aus denen die «Stammutter unserer Legehennen» kam.[111] Dass die verdichtete Hühnerhaltung, die diese Probleme erst hatte entstehen lassen, ein Produkt menschlicher Entscheidungen war, fand keine Beachtung. Rentabilitätssteigerung als per se gute Sache wurde in der agrarwissenschaftlichen Diskussion der 1960er Jahre nicht hinterfragt.

Doch uneingeschränkt rosig war auch die Wirtschaftlichkeit des Käfigs nicht. Dort, im Käfig, legten die Hennen Eier im vollen Rampenlicht. Dabei kam rotes Gewebe zum Vorschein, was im bisherigen Verhaltensinventar der Hühner nicht vorgesehen war. Rot fungiert in der Vogelwelt als Schlüsselreiz zum Angriff, wurde von der Nachbarhenne sofort wahrgenommen und war der Auftakt zum grässlichsten Kannibalismus, der die Wirtschaftlichkeit in Frage stellte, indem er die Mortalitätsrate ansteigen ließ.

Kannibalismus und Federpicken waren auch gelegentliche Begleiterscheinungen früherer Haltung gewesen. In dicht belegten Räumen großmaßstäblicher Haltung nahmen Vorfälle, bei denen sich die Hennen bei lebendigem Leibe zerfleischten, jedoch derart zu, dass staatliche Forschungsgelder Geflügelforscherinnen und -forscher in den 1960er Jahren dazu brachten, sich verstärkt mit dem Verhalten des Huhnes zu beschäftigen. Heraus kam, dass die nötige Fläche im Käfig bei steigender Hennenzahl nicht linear, sondern exponentiell anstieg. Zwei Tiere klärten die Rangordnung rasch und arrangierten sich, bei drei Hennen auf wenig Raum gab es bereits acht Möglichkeiten der Rangordnung, worunter zwei problematisch waren, dann nämlich, wenn zwar Huhn A über Huhn B stand, und Huhn B über Huhn C, Huhn C aber über Huhn A. Bei vier Tieren im Käfig waren 40 der 64 möglichen Rangordnungen nicht linear. Sie brachten die Hennen in ständige Unruhe, wer nun wen hacken darf, wer den Kopf einzuziehen hat und wer am Futtertrog den Vortritt erhält. Die Reaktion im Stall auf dieses Hühnerverhalten war keine Ursachenbeseitigung durch Reduktion der Dichte, sondern die Unterdrückung der Symptome. Im Irrglauben, «daß das Stutzen eines Hühnerschnabels dem Schneiden eines menschlichen Fingernagels entspreche», wurde begonnen, die Schnäbel der Tiere standardmäßig abzuschneiden, damit sie sich nicht mehr gegenseitig verletzen konnten – ungeachtet dessen, dass damit das normale Verhaltensrepertoire der eigenen Gefiederpflege und die Tastempfindung beim Fressen ebenso unmöglich wurden.[112] Außerdem wurde mit der Farbe des Lichts im Stall, roten Brillen und roten Kontaktlinsen für Hühner experimentiert, weil in rötlichem Licht die zum Picken einladenden roten Körperstellen weniger gut zu erkennen waren. Dadurch verringerten sie den Kannibalismus und damit die Sterblichkeit und trugen so zur Rentabilitätssteigerung bei. Sie setzten sich jedoch, im Gegensatz zum Schnabelabschneiden, nicht flächendeckend durch.

Wie verlief die weitere Entwicklung der Geflügelhaltung in Bundesrepublik und DDR? Sie war um 1970 zu derjenigen Sparte landwirtschaftlicher Tierhaltung geworden, die «den Sprung in die Zukunft bereits vollzogen» hatte.[113] Daran hatten auch Kritiker wie der weltweit rezipierte Zukunftsforscher Robert Jungk, der bereits 1952 vor der Entmenschlichung der «Maschine Tier» gewarnt hatte, nichts geändert.[114] Auch war von der anfänglichen Skepsis gegenüber der Geflügelhaltung als eigenständiger Unternehmung nichts mehr übrig geblieben. Geflügelhalter waren neben Rinder- und Schweinebauern getreten und galten als Experten für die betriebswirtschaftliche Komponente der Tierhaltung. Der «Geflügelproduzent» mit «seiner Erfahrung in der Massentierhaltung» sei «aufgrund seiner kommerziellen Fähigkeiten geradezu prädestiniert», auch größere Schweinebestände «erfolgreich zu managen», ließ die DLG auf ihrer ersten «Internationalen Veredelungsausstellung Huhn und Schwein» 1973 verlauten.[115] Schnell rotierende große Herden gleicher Hühner gaben die Richtschnur vor, weil sie es erlaubten, jene skalenökonomischen Effekte zu nutzen, welche die Tierhaltung rentabilisierten und ihre Produkte günstiger werden ließen. Das in der Geflügelhaltung angewandte Wissen war ein anderes geworden. Ökonomische Theoriemodelle veränderten die Tierhaltung praktisch. Rechenfähigkeiten, zukunftsorientierte Planung und eine neue Zahlensprache kennzeichneten die beschleunigte Massenhaltung. Hühner waren zu kollektiven Kennziffern geworden. Ihre Haltung wurde an isolierten ökonomischen Überlegungen ausgerichtet. Mensch, Tier und Raum fanden sich zur optimalen Betriebsorganisation zusammen. Während herkömmlicherweise der Arbeitskräftebesatz, die zur Verfügung stehende landwirtschaftliche Fläche und die Zahl der Tiere sich mal rentabler und mal unrentabler ergänzten, wurden ökonomische Faktoren nun zunehmend strategisch, entlang vorgefertigter Musterrechnungen, aufeinander abgestimmt.

Zu Betriebsziffern gewordene Tiere in engen Käfigen stellten für einen Teil der Gesellschaft der 1970er Jahre einen ethischen Bruch dar. Die veränderte Geflügelhaltung führe zu einer Neujustierung des Verhältnisses zwischen landwirtschaftlich genutztem Tier und den Konsumentinnen und Konsumenten. Der innerlandwirtschaftliche Fokus auf die Rentabilität als Bewertungskriterium von Tierhaltung erwies sich als fruchtbarer Boden für eine Kritik, die jene Kosten in ihr Zentrum stellte, welche die Zahlenfixierung verdeckte.

Die Gesellschaft schlägt zurück

«Ja ja, und man hat uns ja sehr sehr viel und auch sehr sehr brutal beschimpft», erinnerte sich eine ehemalige Geflügelmeisterin in den 1990er Jahren, als sie zu ihrer Tätigkeit in einem KIM-Betrieb befragt wurde. Dass man die Tiere «eben so in Massen hält», sei ihren Zeitgenossinnen und Zeitgenossen aufgestoßen. «Wir war'n ja denn Hühner-KZ, und ach wat hab'n sie zu uns alles denn gesagt damals», fuhr sie fort.[116] Allerdings hätte sich die schlimmste Kritik gelegt, als einerseits immer mehr Frauen aus der Umgebung im KIM zu arbeiten begannen und dort überdurchschnittlich verdienten. Andererseits hätte der regelmäßige Verzehr knuspriger Brathähnchen die Anfeindungen weniger werden lassen. In der Erinnerung der KIM-Geflügelmeisterin haben Geld und Genuss die ostdeutsche Ablehnung der industrialisierten Geflügelhaltung neutralisiert. Mindestens ebenso wichtig aber dürfte das Fehlen einer freien Medienöffentlichkeit gewesen sein. Die staatlich kontrollierte Presse verhinderte die überregionale Wahrnehmung und Organisation kritischer Stimmen.

Für diese These spricht, dass die Kritik an der ostdeutschen Massentierhaltung umso lauter wurde, je schwächer die DDR wurde. In der ersten freien Ausgabe der Umweltzeitschrift *Arche Nova* des Grün-ökologischen Netzwerks Arche nach dem Mauerfall war die Geflügelkäfighaltung zur Metapher für die in ihrer Freizügigkeit beschränkten DDR-Bürgerinnen und -Bürger gemacht worden. Auf der Rückseite der Zeitschrift blickt man auf ein gezeichnetes Huhn, das gerade so auf den karierten Untergrund passt, der seinen Käfig darstellen soll. Auf dem Rücken des Huhns steht «Käfighuhn in seinem Lebensraum – Originalgröße» und außerdem der Hinweis «Dieses Huhn legt Ihr Frühstücksei». In die linke untere Ecke des Käfigs ragt der Umriss der ebenso karierten Landkarte der DDR. Daneben steht: «Lebensraum für DDR-BürgerInnen 13.8.1961 bis 9.11.1989».[117] Die Kritik an der beschränkten Reisefreiheit mit einer Kritik am geringen Bewegungsradius von Käfighühnern zu verknüpfen, war knappe zwanzig Jahre früher undenkbar. Obwohl die Kritik an der Käfighaltung in der Luft lag, erwuchs aus skeptischen Meinungen ohne freie Medienöffentlichkeit keine Debatte. Der Direktor des Berliner Tierparks, Heinrich Dathe, konnte unwidersprochen verkünden: «KIM-Tiere kennen keinen Kummer».[118] Dathe war einem breiten Radio- und Fernsehpublikum durch seine Sendungen «Im Tierpark belauscht» und «Tierparkteletreff» bekannt und galt als populärer Experte für die Belange von Tieren. Im Jahr 1972 schrieb er, es könne «gar nichts» geschehen, «was humanistischen Forderungen an optimale Tierhaltung zuwider[liefe]». Denn das würde «vom Tier sofort mit geminderter Leistung quittiert» werden. In seiner Lesart hatte das Tier ein körperliches Vetorecht. Fühlte es sich nicht wohl, sank die Produktivität. Weil die Menschen an einer möglichst ertragreichen Nutzung des Tiers interessiert seien, würden sie die Tiere automatisch bestmöglich halten. Doch so einfach war es nicht mehr. Seit den 1960er Jahren forderte die Verhaltensbiologie Dathes Ansicht heraus und machte sie zur Meinung von Menschen, deren Interesse in erster Linie einer einträglichen Tiernutzung galt. Weil in der DDR keine freie öffentliche Diskussion möglich war, konnte der agrarpolitische Mainstream Ostdeutschlands jedoch unbehelligt weiter seiner produktivitätssteigernden Wege gehen.

Das war in der Bundesrepublik anders. Agrarpolitiker, Tierhalter und Verbandsfunktionäre, die eine möglichst rentable Tierwirtschaft im Käfig befürworteten, bekamen seit den späten 1960er Jahren neuen Gegenwind. Die «Legeleistung der Käfighennen» allein dürfe «nicht als Kriterium für Wohlbefinden und Beschwerdefreiheit der Tiere angeführt werden», hielten Verhaltensbiologinnen und -biologen fest. Das markierte den entscheidenden Paradigmenwechsel der ethischen Legitimität der Tierhaltung. Glarita Martin, Paul Leyhausen und Jürgen Nicolai forschten am Max-Planck-Institut für Verhaltensphysiologie in Seewiesen zum Wohlbefinden von Hühnern in Käfigen. Seit Ende der 1960er Jahre lieferten sie sich in einem Expertengremium des Bonner Bundeslandwirtschaftsministeriums Duelle mit den Befürwortern einer möglichst rentablen Käfighaltung. Der Grund war die Novellierung des westdeutschen Tierschutzgesetzes.

Anders als man vielleicht vermuten würde, war es die Landwirtschaft, welche die Novellierung vorantrieb, und zwar wegen ihrer neuen Tierhaltungsmethoden. Dietrich Rollmann, der für die CDU im Bundestag saß, beklagte im Oktober 1966, als er den Gesetzentwurf im Bundestag präsentierte, eine Zwickmühle: Tierhalterinnen und Tierhalter könnten sich derzeit nicht der neuen Produktionsmethoden bedienen, ohne zu befürchten, dass sich ihre Investitionen nachträglich als unzulässig erweisen könnten. Tierhaltung war kapitalintensiv geworden, und investiertes Kapital vertrug keine Rechtsunsicherheit. Stand die Gefahr im Raum, der Unternehmung könnte aus Tierschutzgründen nachträglich der Garaus gemacht werden, hemmte das die Investitionsbereitschaft und damit die Rentabilitätssteigerung der westdeutschen Geflügelhaltung.

Weil sich nicht nur die Tierhaltung selbst, sondern auch das Wissen über die Tiere veränderte, gerieten Agrarpolitik, Wirtschaft und Wissenschaft in einen langwierigen Konflikt. Sie stritten darüber, was die Paragrafen des Tierschutzgesetzes für die Tiere im Stall bedeuteten. Das war kein exklusiv deutsches Phänomen. In England hatte die Autorin Ruth Harrison die landwirtschaftlichen Eliten zwei Jahre zuvor aufgescheucht. In ihrem Buch *Animal Machines* behauptete sie, die industriellen Methoden seien unvereinbar mit dem Wohlbefinden der Tiere. Damit griff sie den Konsens der Tierhaltung an, nach dem es produktiven Tieren qua ihrer körperlichen Leistung gut gehe. 1952 etwa hatte es im Lehrbuch *Das Was und Wie beim Federvieh* als Antwort auf die Frage «Batteriehaltung: Ist das gut, ist es keine Tierquälerei?» geheißen: «Das Huhn fühlt sich in der Batterie durchaus wohl, ja vielleicht wohler als zum Teil in der Freiheit.» Denn: «Es würde nicht derart legen, wenn kein Wohlbefinden vorläge.»[119] 1965 nun war Harrisons Buch, welches das Gegenteil behauptete, unter dem Titel *Tiermaschinen* auf Deutsch erschienen und wurde in allen größeren Zeitungen besprochen. Die Gewissheit, wonach es rentablen Tieren automatisch gut gehe und erfolgreich wirtschaftende Tierhalter automatisch gute Tierschützer waren, löste sich auf. Die Branche wollte diesen Wahrnehmungswandel mit einer Novellierung des Tierschutzgesetzes ausbremsen, bevor er die rentable Geflügelhaltung behindern konnte.

Doch der Konflikt um die Ausführungsbestimmungen des Gesetzes zeigte, dass der gesellschaftliche Wahrnehmungswandel schon zu weit fortgeschritten war, als dass diese Strategie noch aufgehen konnte. Das im Auftrag des Bundeslandwirtschaftsministers Hermann Höcherl versammelte Expertengremium mit Wissenschaftlerinnen und Wissenschaftlern der Veterinärmedizin, der Tierzucht, der Tieranatomie und -physiologie und der Tiergesundheitsämter stritten sich sieben Jahre lang um Empfehlungen «zur Durchführung der ausschließlichen Stallhaltung von Wirtschaftsgeflügel unter Berücksichtigung der Erfordernisse des Tierschutzes», bevor all ihre Ergebnisse wirkungslos verpufften.[120] Heinrich Havermann vom Institut für Tierzucht und Tierfütterung der Rheinischen Friedrich-Wilhelm-Universität und Siegfried Scholtyssek, Privatdozent am Institut für Tierzucht der Landwirtschaftlichen Hochschule Hohenheim, stießen sich an der vorgesehenen «Mindestbodenfläche von 550 cm^2 pro Tier leichten Legetyps» und zudem daran, dass «bei schwereren Legerassen höchstens drei Tiere je Käfig bei einer Mindestbodenfläche von 730 cm^2» gehalten werden sollten. Stattdessen forderten sie 450 cm^2 pro Einzelkäfig, keine Beschränkung auf drei Hennen und außerdem einen geringeren Drahtdurchmesser des Gitters, auf dem die Tiere standen. Alfred Mehner und Hans-Christoph Löliger von der Bundesforschungsanstalt für Kleintierzucht in Celle lehnten diese Änderungsvorschläge rundum ab, weil es nicht darum gehe, «betriebswirtschaftlich mögliche und rentable Haltungsformen des Geflügels» zu beschreiben, sondern «ein Mindestmaß an Lebens- und Bewegungsraum [...] für die zeitlebens in derartige Ställe eingesperrten Tiere sicherzustellen».[121]

Während sich die Experten stritten, wuchs der gesellschaftliche Unmut. Seit der Fertigstellung des zehnstöckigen «Berliner Hühnerhochhauses» in Neukölln 1966 rief der Berliner Tierschutzverein Hausfrauen dazu auf, beim Einkaufen zwischen Eiern von «freien» und Eiern von «eingekerkerten» Hühnern zu unterscheiden.

Als der Deutsche Bundestag am 21. Juni 1972 einstimmig und

unter Zustimmung aller Parteien das neue Tierschutzgesetz verabschiedete, war das Gremium so zerstritten, dass eine Formulierung von Leitlinien für die Umsetzung des Gesetzes im Stall illusorisch geworden war. Wie ratlos, aber emotional beide Seiten um die Hühner im Käfig stritten, zeigten verquere Vergleiche. Irmgard Gylstorff, Inhaberin des Lehrstuhls für Geflügelkunde an der Münchner Tierärztlichen Fakultät, wies darauf hin, die Tiere hätten sich «genau so an das Käfigdasein gewöhnt, wie der Mensch an die moderne Großstadtintensivhaltung».[122] Die Geflügelverhaltensforscher des Seewiesener MPI entgegneten, in dieser Logik wäre der «Kinderreichtum vieler Frauen in Notunterkünften unserer Städte als Beweis besonderen Wohlbefindens und geglückter Sozialpolitik» anzuführen.[122]

So war die Ausgangssituation, als im Herbst 1973 eine neue Öffentlichkeit in der Bundesrepublik entstand, die den Konflikt um die richtige Dosis Tierschutz im Stall anheizte. Am Abend des 13. November 1973 zeigte das Tierschutzgewissen der Nation, der fernsehbekannte Direktor des Frankfurter Zoos, Bernhard Grzimek, in seiner Sendung «Ein Platz für Tiere» nicht wie gewöhnlich afrikanische Tiere in freier Natur, sondern deutsche Hühner in ihren Käfigen. Daraufhin klingelte am MPI für Verhaltensphysiologie in Seewiesen «tagelang das Telefon», weil unzähligen Verbrauchern erst durch diese Sendung klar geworden war, auf welche Weise ihr Frühstücksei inzwischen erzeugt wurde. Die Debatte schlug hohe Wellen. Unterschriftenaktionen gegen die Geflügelkäfighaltungen wurden gestartet. Die Diskussion nahm von Jahr zu Jahr an Fahrt auf, und Grzimek heizte weiter gehörig ein. Am 13. Juni 1975 schickte er den «Damen und Herren Abgeordneten des Deutschen Bundestages» einen Vorabdruck seines Editorials der Zeitschrift *Das Tier*, die am 7. Juli erscheinen sollte. Die ersten Sätze lauteten: «Die Batteriehennenhaltung, die KZ-Haltung von zusammengepferchten Legehennen in winzigen Drahtkäfigen und auf schrägen Drahtstäben als Untergrund ist eine grobe Tierquälerei.»[124] Das hätten «angesehene Verhaltensforscher [...] immer wieder bestätigt», wohingegen das Bundesernährungsministerium weiter «‹Gutachten› gegenteiligen Inhalts von Fachleuten und Wissenschaftlern sammelt, die meist von ihm selbst oder der Industrie mittelbar abhängig sind».

Die Verunglimpfung als «KZ-Haltung» veranlasste einen niederrheinischen Geflügelmeister Anklage vor der 12. Zivilkammer des Landgerichts Düsseldorf zu erheben. Das Gericht urteilte jedoch nicht im Sinne des Klägers: Grzimek dürfe «KZ-Haltung», «KZ-Hühner» und «KZ-Eier» sagen, weil es als bewusst provokative persönliche Einstellung von der Meinungsfreiheit des Grundgesetzes gedeckt sei, weil es keinen persönlichen Angriff auf einzelne Geflügelhalter darstelle und auch weil der Verdacht naheliege, diese Art der Tierhaltung sei «tatsächlich tierunwürdig, wenn auch nicht gesetzlich verboten».[125] Nach diesem Urteil bat Hans Schlütter, der Präsident des Zentralverbandes der Deutschen Geflügelwirtschaft, ehemalige KZ-Häftlinge um deren Stellungnahme zum KZ-Vergleich in der Hühnerhaltung. Zwei davon, der evangelische Theologe Martin Niemöller und Felix Wankel, der Erfinder des Wankelmotors, pflichteten jedoch Grzimek bei. Ihre Briefe gerieten in die Hände des Vereins gegen tierquälerische Massentierhaltung, der sie freudig verbreitete.

Wankel verglich die aktuelle Debatte mit jener zur Kinderarbeit in England «zu Beginn der Dampfmaschinenzeit», als ebenfalls Wissenschaftler beauftragt worden waren, herauszufinden, «ob eine 10- bis 14-stündige Arbeitszeit in Fabriken und sogar in Bergwerken gesundheitsschädlich sei».[126] Ihm «als Motorenerfinder» sei «schwerlich Gefühlsduselei oder eine antitechnische bzw. fortschrittsfeindliche Einstellung» anzulasten, aber «die Geschichte der Naturwissenschaften» hätte gezeigt, «daß auch größte Gelehrsamkeit [...] allzu leicht fachblind» würde.

Niemöller, der im Rahmen des Kirchenkampfes von 1937 bis

1945 in den Konzentrationslagern Sachsenhausen und Dachau inhaftiert war, und damit stärker verfolgt als Wankel, der 1933 sieben Monate im Amtsgefängnis Lahr saß, weil er als Gauleiter der Hitlerjugend in Baden in parteiliche Ungnade gefallen war, hatte sich «aufrichtig und von Herzen gefreut» über Grzimeks Veröffentlichung. Seit er das erste Mal eine Hühnerfabrik gesehen hatte, begleitete ihn selbst der KZ-Vergleich.[127]

Die Kontroverse um die Rechtmäßigkeit des KZ-Vergleichs reihte sich ein in die bisherige Lagerbildung des Konflikts. Zugleich verweist sie auf die spezifische Historisierung der nationalsozialistischen Verbrechen in den 1970er Jahren, vor der US-amerikanischen Fernsehserie *Holocaust*, die 1979 in der Bundesrepublik ausgestrahlt wurde, und Claude Lanzmanns Dokumentarfilm *Shoah* von 1985. Heutige Gerichte halten den KZ-Vergleich, ungeachtet der Ächtung der Geflügelkäfighaltung, für illegitim. 2012 bestätigte der Europäische Gerichtshof für Menschenrechte ein Urteil deutscher Gerichte und gab damit einer Klage des Zentralrats der Juden statt, wonach die Tierschutzorganisation PETA keine Bilder von Schlachttieren neben Fotos von KZ-Insassen zeigen dürfe. Die Kampagne «Der Holocaust auf Ihrem Teller» wurde verboten, weil die deutsche Geschichte in diesem Fall eine Einschränkung des Grundrechts auf freie Meinungsäußerung verlange.[128]

Gerichte wurden zu den Streitschlichtern in Sachen Geflügel. Sie beurteilten auf Grundlage des Tierschutzgesetzes von 1972 bis 1987 die Käfighaltung in der praktizierten Form als strafbare Tierquälerei, weil weiterhin keine verbindliche Durchführungsverordnung vorlag. 1974 war das Expertengremium zwar formal zu einem Abschluss gekommen, mit diesem war aber nichts anzufangen gewesen. Das Gutachten bestand aus zwei Teilen, die nicht miteinander vereinbar waren, und einer «Schlußfolgerung» des Bundeslandwirtschaftsministeriums. Laut dieser sei die als Minimum angesehene Grundfläche pro Tier auf 600 cm^2 zu erweitern, sollte der Käfig hinten 45 und nicht nur 40 Zentimeter hoch sein, und sollten außerdem nur mehr drei und nicht vier Käfigetagen übereinandergestapelt werden. Die Herleitung dieser Zahlen blieb unklar. Der Vorsitzende des Ausschusses für Ernährung, Landwirtschaft und Forsten des Deutschen Bundestages, «SPD-Bauer» Martin Schmidt Gellersen, ließ die Öffentlichkeit per tendenziöser Pressemitteilung unmittelbar wissen, dass «keine Existenzgefährdung der deutschen Geflügelwirtschaft durch übertriebenen Tierschutz» bestünde, weil die veröffentlichten «Richtlinien [...] keinesfalls Bindungswirkung für Gerichte oder Verwaltungsbehörden in der Bundesrepublik haben könnten und schon garnicht [sic!] eine Vorwegnahme der Durchführungsverordnungen zum Tierschutzgesetz seien». Das Bundeslandwirtschaftsministerium bestätigte diese Nachricht mit einem Erlass Ende Mai 1975, wonach sowohl die Gutachtenteile I und II als auch die vom Ministerium gezogene Schlussfolgerung allein «informativen Charakter» hätten.[129] Der Chef der Geflügelwirtschaft Schlütter frohlockte, dass sie nun «wenigstens in den nächsten Jahren über Tierschutzfragen – soweit es das Geflügel betrifft – keine Diskussionen mehr führen brauchen».[130] Das wurde im Bundeslandwirtschaftsministerium mit «welche Arroganz!» kommentiert. Damit endete der politische Versuch, das Tierschutzgesetz mit konkreter Bedeutung für die sich industrialisierende Tierhaltung zu versehen, ergebnislos. Die Geflügelkäfighaltung existierte in einem juristischen Vakuum vor sich hin.

Nachdem 1987 erneut ein Verfahren um die Rechtmäßigkeit der Geflügelkäfighaltung den Bundesgerichtshof erreicht hatte, erließ CSU-Bundeslandwirtschaftsminister Ignaz Kiechle noch im selben Jahr die sogenannte Hennenhaltungsverordnung, um die Rechtsunsicherheit der westdeutschen Geflügelhalter zu beenden. Sie legte sich im strittigsten Punkt der Käfiggröße auf die kleinste im Raum stehende Zahl, 450 cm² pro Tier, fest. Kiechle hatte diese Kompetenz, weil er durch eine Änderung des Tierschutzgesetzes im Jahr zuvor die «Verordnungsermächtigung für die landwirtschaftliche Massentierhaltung» erhalten hatte. Doch damit entstanden nur neue juristische Probleme. Weil laut Grundgesetz ein Gesetz und seine dazugehörige Verordnung nichts Unterschiedliches bestimmen dürfen, landeten die Hühner im Käfig gut zehn Jahre später beim Bundesverfassungsgericht in Karlsruhe. 1999 stellte dieses schließlich entsprechend einer Klage des Bundeslandes Nordrhein-Westfalen fest, dass Legebatterien gemäß der 1987er-Verordnung gegen das Tierschutzgesetz verstießen, und verbot diese Haltungsform. Den für 2007 festgelegten Ausstieg aus der Käfighaltung machte im April 2006 der Bundesrat rückgängig, indem etwas vergrößerte Käfige unter dem Namen «Kleingruppenkäfige» eingeführt wurden. 2012 untersagte das Bundesverfassungsgericht dann auch diese Kleingruppenkäfige und seit 2015 gilt 2025 als Ausstiegsdatum für diese Haltungsform, mit einer dreijährigen Verlängerung für Härtefälle. Seit 2012 ist die Haltung von Legehennen in konventionellen Käfigen außerdem europaweit verboten.

Die Geflügelkäfighaltung war eine doppelte Vorreiterin. Die Hühner im Käfig waren die Pioniere der industrialisierten Massenhaltung und zugleich die ersten Protagonisten ihrer Kritik. Im Hühnerstall wurden Rentabilitätsrechnungen zum ersten Mal losgelöst von den herkömmlichen Rhythmen des Landwirtschaftens verwirklicht. Daraus resultierten enorm sinkende Herstellungskosten von Eiern und Geflügelfleisch, aber ebenso neue Spannungen. Die ausschließlich ökonomische Semantik passte nicht länger mit der weiterhin vorherrschenden Vorstellung von Tierhaltung zusammen, nach welcher der Mensch gegenüber den Tieren, die er nutzt, eine Verantwortung jenseits der Profitorientierung hat. Die Neuaushandlung ethischer Legitimität der Tierhaltung fiel zeitlich zusammen mit dem abnehmenden Kontakt der meisten Menschen zu Tier und Landwirtschaft. Wie dieser Prozess des abnehmenden Kontakts zwischen der Bevölkerungsmehrheit und landwirtschaftlichen Tieren mit neuen Arbeitstechniken im Stall zusammenhängt, untersucht der nun folgende dritte Teil der «Revolution im Stall» anhand der technisch-organisatorischen Umgestaltung der Schweinehaltung.

3. Schweine/Technik
Neue Ställe mit neuen Problemen

Schweine sind die weltweit wichtigsten Fleischlieferanten. Mit einem knappen Viertel der Produktion des europäischen Schweinefleisches ist Deutschland zu einem der weltweit größten Produzenten geworden, und ebenso, hinter Spanien und den USA, zu einem der größten Exporteure von Schweinefleisch. Seit einem guten Jahrzehnt produziert Deutschland mehr Schweinefleisch, als es verbraucht, inzwischen etwa ein Fünftel mehr.[131] Die ausländische Erfolgsgeschichte des deutschen Schweinefleischs erklärt, warum die Zahl der in Deutschland gehaltenen Schweine nicht sank, obwohl der Pro-Kopf-Verbrauch an Schweinefleisch seit 1999 rückläufig ist, zugunsten von Rind- und Geflügelfleisch. Als im September 2020 die ersten Fälle der sogenannten Afrikanischen Schweinepest in Brandenburg bekannt wurden, galt die größte Sorge denn auch einem Einbruch der Exporte. Mit dem ersten infizierten Wildschwein verhängten Südkorea, Japan, Argentinien, Brasilien und auch China einen Importstopp für deutsches Schweinefleisch. Die Ausfuhren nach China hatten sich in den letzten zehn Jahren verdreißigfacht. Die Nachfrage der Chinesinnen und Chinesen, die zunehmend als Arbeiterinnen und Arbeiter in die Städte ziehen, ist gigantisch. China produziert mit etwa 55 Millionen Tonnen die Hälfte des weltweiten Schweineflesches und ist zugleich für mehr als die Hälfte des globalen Schweinefleischhandels verantwortlich.[132]

Dabei hatten Schweine aus China zweieinhalb Jahrhunderte zuvor die europäischen Schweine erst zu üppigen Fleischlieferanten gemacht. Sie waren als Proviant seit dem 17. Jahrhundert an Bord von Handelsschiffen nach Europa gereist. Manche von ihnen hatten die englischen Häfen lebend erreicht und waren zunächst zufällig und seit dem 18. Jahrhundert strategisch in die dortigen Rassen eingekreuzt worden. Die chinesischen Schweine wuchsen schneller als die europäischen und hatten mehr Nachkommen. Damit stellten sie Abhilfe für die wachsende Fleischnachfrage der urbanisierten Bevölkerung in Aussicht.[133] In Ställen gehalten, mit Getreide und Hülsenfrüchten gefüttert, wurden die neuen Schweine zum globalen Nahrungsfundament der Industrialisierung. Als die zunehmende Bevölkerungsdichte an der US-Ostküste Anfang des 19. Jahrhunderts für steigende Fleischnachfrage sorgte, wurde diese ebenfalls von importierten chinesischen Schweinen gestillt.

Neue Gene allein erklären jedoch weder, wie aus über das Land verteilten Schweinekoben konzentrierte, spezialisierte und in globalisierte Wirtschaftsströme eingebundene Großanlagen wurden, noch warum sich diese Entwicklung in der zweiten Hälfte des 20. Jahrhunderts plötzlich vollzog. Ungeachtet der langen Vorgeschichte der Zucht war erst der Übergang zur Massentierhaltung als «Verdinglichung des Lebendigen» ein «wirklich revolutionärer Wandel».[134] Zwischen 1950 und 1990 wurde die Schweinehaltung zur Schweineproduktion. Dieser semantische Wandel fand seine materielle Entsprechung in der Veränderung des Schweinestalls. Das Mehrsprachen-Bildwörterbuch *Tierfütterung und Tierhaltung* erschien 1962 zum ersten Mal in der Bundesrepublik. In jeder der fünf weiteren bis 1993 folgenden Auflagen kamen detailliertere technische Finessen der Schweinehaltung hinzu. Auf Deutsch, Englisch, Französisch, Italienisch, Spanisch und Niederländisch waren als neu entstandene Aufenthaltsorte der Tiere Ferkelcontainer, Sauenkäfige, eine Etagenferkelbatterie oder ein Läuferkäfig ausgewiesen. Ebenso wurden neue Apparaturen vorgestellt, die die Tiere versorgten, etwa ein Dosierfutterautomat mit Zeitschalter, ein Vertikalfutterverteiler mit Volumendosierung oder eine automatische Nassfütterungsanlage.[135] Derlei Techniken der Schweineproduktion ermöglichten die vormals nicht umsetzbare Konzentration vieler Tiere in einem Stall. Doch stärker als Rinder oder Hühner riefen die in großen Ställen außerhalb der Dörfer unsichtbar gewordenen Schweine in Erinnerung, dass ihr Verschwinden eine Illusion war. Der gerade realisierten Massentierhaltung folgten in der Zeit erwachenden Ökologiebewusstseins Sorgen um Luft und Boden auf dem Fuße. Sie führten zu einer zweiten Politisierung großmaßstäblicher Tierhaltung, die neben die Sorge um die Lebensbedingungen der Tiere trat und die Geschichte der Massentierhaltung seither begleitet.

Vorindustrieller Schweineauslauf, fehlende Arbeitskräfte und tote Ferkel

«Geradezu erbärmliche» Umstände in den verstaatlichten Schweinehaltungen waren ein Dauerthema der 1950er Jahre in der DDR.[136] Aus Dresden-Dölzschen berichtete «Kollege Wiese» 1955, dass der Stall zu schmal sei und so in der Entwicklung zurückgebliebene Tiere entstünden, weil die stärkeren Tiere die schwächeren abdrängten und nicht alle Tiere an den Trog konnten.[137] Aus Plauen informierte ein tierärztlicher Kollege über Lungenentzündungen, weil die Buchten zu nass waren; auch in Erfurt wurden «die Tiere andauernd krank», weil die Backsteine des Stallbodens zu viel Wasser aus dem sumpfigen Boden aufnahmen; in Potsdam trafen zu viele Tiere auf zu wenig Stroh und in Rostock starben die Tiere durch «Magen- und Darmentzündungen» reihenweise weg. Die Zuweisung ungeeigneter Arbeiterinnen und Arbeiter verschlimmerte die missliche Situation. Je unwirtlicher die Lebensverhältnisse der Tiere waren, desto wichtiger wurde eine umsichtige Betreuung. Personalmangel kennzeichnete das Geschehen der 1950er Jahre in Ost- und Westdeutschland. In Westdeutschland aber stand das Gedeihen der Schweine in engerem Zusammenhang mit dem eigenen Auskommen. Die Volkseigenen Betriebe (VEB) für Mastschweine beklagten sich 1955, das ihnen «geschickte» Personal sei «hohnspottend»– «Vorbestrafte, Kriminelle, geschlechtskranke Mädchen» wären etwa in den Potsdamer Schweineställen angekommen, mit denen jegliche Planerfüllung aussichtslos sei. Auch in Dresden wurden die «Arbeitskräfte von Sozialheimen, Schwererziehbare usw.» als zusätzliche Ursache des jämmerlichen Zustands der Tiere gesehen.[138]

Selbst mit gewissenhaftem Personal waren manche Probleme der Schweinehaltung der 1950er Jahre nicht in den Griff zu bekommen. Das Erdrücken der kleinen Ferkel durch die schwere Muttersau war ein solches. Allenthalben beklagten Schweinehalter, dass insbesondere «unruhige Erstlingssauen» nach der Geburt «beim Hinlegen die noch unbeholfenen jungen Ferkel» erdrückten.[139] Carl-Dieter Felber aus Dollern, einer niedersächsischen Gemeinde zwischen Stade und Buxtehude, hatte sich 1950 eine selbstgezimmerte Lösung für dieses Problem einfallen lassen: einen hölzernen «Abferkelkasten», «den sich jeder aus Brettern und Latten selbst herstellen kann». Der Kasten würde «[e]inige Stunden vor dem Abferkeln» in die Bucht gebracht, die Sau wurde hineingetrieben und verblieb während der Geburt und zwei bis drei Wochen danach in dem Kasten, bis die Ferkel groß und flink genug wurden, um der sich niederlegenden Sau auszuweichen.

Felber entwickelte mit diesem Kasten den Prototyp dessen, was ein gutes Jahrzehnt später zum Standard in der Sauenhaltung werden sollte. Doch 1950 erntete er Gegenwind. Die Redaktion der Zeitschrift, in der er seine Lösung vorgestellt hatte,

Westdeutschland 1960: Vorstellung von Abferkelbuchten als eine aus Versuchshaltungen bekannte Neuheit.

qualifizierte seine Erfindung als «notdürftigen Behelf» ab und versah den Leserbrief mit einer doppelt so langen kritischen Einordnung. «Laufen wir nicht in Gefahr», fragten die Redakteure, «mit derartigen Zwangsmaßnahmen die letzten Reste eines mütterlichen Instinktes dem Tier abzugewöhnen?» Geradezu gegenteilig empfahlen die Schweineexperten stattdessen, den Sauen genügend Auslauf zu gewähren, anstatt sie einzusperren, weil speziell «fette Sauen» schwerfällig auf ihre fragilen Ferkel plumpsten und diese so töteten. Außerdem gäbe es immer noch die Möglichkeit, Sau und Ferkel in den ersten Tagen, wenn die Gefahr des Erdrückens besonders hoch war, händisch zu trennen.

Genau damit schmückte sich Walburga Ammler noch zehn Jahre später. Im April 1960 hatte sie die Prüfung zum «Schweinezuchtmeister» abgelegt und seither betreute sie als Mitglied der Brigade II Libehna der LPG «Thomas Münzer» in Prosigk im Kreis Köthen 45 «Gebrauchssauen». Ihrem Plansoll, pro Jahr und Sau 16 Ferkel aufzuziehen, käme sie nach, weil sie selbst die wichtigste Bedingung für eine verlustarme Ferkelaufzucht sei.[140] Ammler legte die neugeborenen Ferkel unmittelbar nach der Geburt in einen mit Stroh ausgelegten Korb und setzte sie «4 Tage lang [...] alle 2 Stunden» zum Säugen bei den Sauen an. Diese Technik war in personalknappen und schweinefleischhungrigen Zeiten nicht zukunftsweisend. Die Skepsis gegenüber der Fixierung der Muttersau verschwand um 1960 in dem Maße aus der landwirtschaftlichen Diskussion, in dem die Arbeitszeit im Schweinestall kostbarer wurde und die erdrückten Ferkel stärker als Verlustgeschäft gebrandmarkt wurden.

Dazu trugen Publikationen wie die Berechnungen von Diplomlandwirt Jürgen Damm aus Hamburg bei. Damm beklagte, dass erst dem Mastschwein, dessen Verbindung zu Speck und Schinken unmittelbarer war, Aufmerksamkeit geschenkt würde, obwohl doch die Ferkelaufzucht die Grundlage aller späteren Fleischproduktion sei.[141] Jedes dritte bis fünfte Ferkel stürbe während der Geburt oder in den Wochen danach und fast die Hälfte dieser Ferkel waren «totgelegen von der Sau». Daraufhin stellte er verschiedene Vorrichtungen vor, die alle, wie Herr Felbers hölzerner Kasten, auf eine räumliche Barriere zwischen Sau und Ferkeln hinausliefen.

Sauen zu fixieren war 1960 weniger verwerflich geworden als zehn Jahre zuvor. Allerdings waren die Tiere immer noch mehrmals täglich herauszulassen, so der Bedienungshinweis. Außerhalb der Wochen um die Geburt galten Auslauf und Bewegung 1960 noch ebenso wie 1950 als entscheidende Zutaten für eine erfolgreiche Schweinezucht ohne Beinschäden, schwere Geburten und «schwerfällige, tapsige und unbewegliche Sauen».[142] Zeitungsartikel berichteten über Unfälle mit durch Löcher im Zaun in den Straßenverkehr geratenen Schweinen, die Motorradfahrer zu Fall brachten. Diese Präsenz der Schweine außerhalb der Ställe nahm in den nächsten Jahren ab, weil Auslauf nicht mehr als notwendige Bedingung erfolgreicher Schweinehaltung galt.

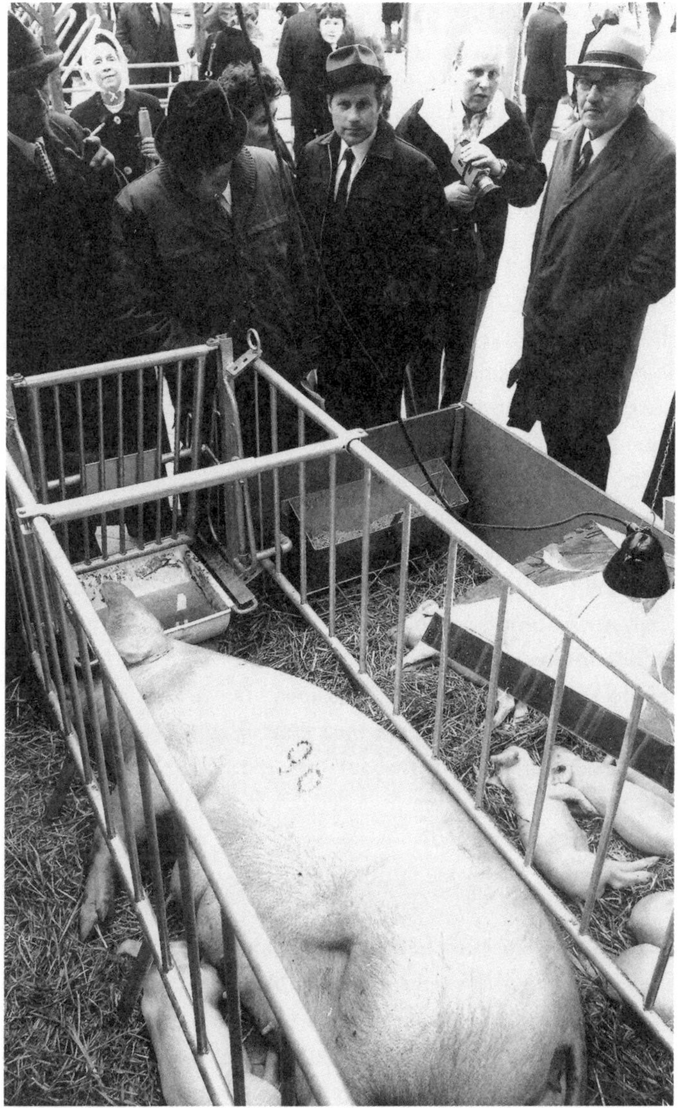

Besucher der Sonderschau «Moderne Schweineproduktion» auf der 1. DLG-Ausstellung «Huhn & Schwein» 1975 betrachten eine im Kastenstand liegende Sau mit ihren unter einer Wärmelampe versammelten Ferkeln.

Bemerkenswert ist erneut die deutsch-deutsche Parallelität, mit der Kastenstände – so wurden Vorrichtungen zur Fixierung der Muttersau inzwischen genannt – aus Eisen in der zweiten Hälfte der 1960er Jahre Praxisreife erlangten. Das ostdeutsche Institut für Tierzuchtforschung Dummerstorf wurde 1966 um die Abteilung «Ökonomik und Produktionsverfahren der Schweineproduktion» erweitert, deren Größe sich in den folgenden zwanzig Jahren verzehnfachte. 1968 stellten die Dummerstorfer Agrartechniker Zwangsstände für ferkelnde Sauen als ihr erstes Ergebnis vor. Die «neue Technologie» war aus Stahl oder galvanisiertem Eisen, gehörte zur festen Stalleinrichtung und sollte eine höchstmögliche Zahl lebender Ferkel ohne Nachtwachen garantieren. Auf der Messe agra, dem ostdeutschen Kulminationspunkt landwirtschaftlicher Innovationen, wurden im selben Jahr die ersten Kastenstände samt Sauen und Ferkeln als Neuheiten für die industriemäßige Produktion ausgestellt. Auch auf den westdeutschen Ausstellungen zur Schweinehaltung stießen sie seit den späten 1960er Jahren auf großes Interesse der Besucher. Überhaupt waren die Kastenstände ein internationales Phänomen. Die US-amerikanische Iowa State University hatte 1962 eine «Pigneyland» genannte Musterschweinefarm aufgebaut, um die Schweinebauern des mittleren Westens an den Puls der Zeit heranzuführen.[143] Auch hier galten Kastenstände, «farrowing stalls», als Rezept für eine verlustärmere Schweinehaltung.

Technikdeterminismus als Selffulfilling Prophecy

Die zunehmende Spezialisierung der Stalleinrichtung hatte Folgen. Ihre Rationalisierungsvorteile waren nur zum Preis einer geringeren Flexibilität der Ställe zu haben. Albrecht Mehlhose gründete Anfang der 1970er Jahre die Porstendorfer Sauenzuchtanlage in Ostthüringen als eine Geburts- und Besamungsstation für Schweine aus «Herkunftsställen» der umliegenden Ortschaften. Ein Transport brachte die Sauen hochtragend, zwei, drei oder vier Tage vor der Geburt, nach Porstendorf, wo sie einen der 150 Abferkelplätze bezogen. Dort brachten sie ihre Ferkel zur Welt und säugten sie anschließend für einige Wochen an diesem Platz. Während dieser Zeit kontrollierten ein Tierarzt und seine Assistentin, die täglich vor Ort waren, den Gesundheitszustand der Tiere. Nach dem Absetzen der Ferkel bezogen die Sauen einen anderen Stall in Porstendorf, in dem sie, einzeln nebeneinander aufgereiht und angekettet, künstlich besamt wurden. Erneut trächtig verließen sie die Anlage und kehrten in ihre Herkunftsställe zurück, «wo sie 110 Tage» blieben, bevor sie wiederum in Porstendorf abferkelten. So genannte Tierumsetzer, wie die neu entstandenen Chauffeure der Schweine hießen, lieferten über 6000 Ferkel pro Jahr aus Porstendorf ins Nachbardorf Geroda, wo sie in wiederum speziell darauf ausgelegten Ställen zu Läufern, wie junge Mastschweine zwischen dreißig und fünfzig Kilogramm hießen, heranwuchsen. Von Geroda ging es weiter zur ZBE Ebersdorf, der letzten Masteinrichtung vor dem Schlachthof.[144]

Die Konzentration gleichförmiger Schweinegruppen erlaubte es, Stalleinrichtung und menschliche Arbeitskraft zu rationalisieren. In der Vorstellung der zeitgenössischen agrarischen Diskussion verlangten die spezialisierten Ställe genauso wie das dortige Arbeitskräftepotential nach einer kontinuierlichen Nutzung, um kostspielige Leerstände zu vermeiden. Die ökonomischen Auswirkungen spezialisierter Stalleinrichtung nährten die Vorstellung eines vorgegebenen Entwicklungspfades. Die technische Rationalisierung der Tierhaltung wurde zu einer sich selbst erfüllenden Prophezeiung. Die «Einführung industriemäßiger Produktionsverfahren bei der Schlachtschweineproduktion» sei ein «gesetzmäßiger Prozess», kommentierte die *Zeitschrift für die sozialistische Landwirtschaft und Nahrungsgüterwirtschaft* 1972 anhand der neuartig spezialisierten ZGE Schweinemast in Hoyerswerda. «Nur so» sei der Bedarf an Schweinefleisch zu decken, «nur so» könnten die Lebensbedingungen der Genossenschaftsmitglieder verbessert und «nur so» Jugendliche als neue Arbeitskräfte gewonnen werden.[145]

Auch westdeutsche Agrarexperten imaginierten sich als Ausführende ökonomischer Gesetzmäßigkeiten, die die neuen Techniken – erfreulicherweise – mit sich brächten. Das Bonner Bundeslandwirtschaftsministerium ließ ebenfalls 1972 verlauten: «Der ‹Ein-Mann-Stall› ist unsozial! Auch Schweinehalter haben Anspruch auf Freizeit, Erholung und Urlaub», um westdeutsche Schweinehalter zum gemeinschaftlichen Bau spezialisierter Anlagen anzuregen.[146] Vorreiter gemeinschaftlicher Schweinehaltung wurden finanziell gefördert und zum Gegenstand politischer Werbekampagnen. Im saarländischen Wolfersweiler etwa, gute zehn Kilometer nördlich von der Kreisstadt St. Wendel, hatten 1964 zwanzig «junge und tüchtige Bauern» die «Fleischerzeugungs- und Vermarktungsgemeinschaft Wolfersweiler» ins Leben gerufen. Gemeinschaftlich entflohen 35 «tatkräftige Landwirte mit gutem technischen Wissen» den beengten Höfen und errichteten auf der grünen Wiese eine Gemeinschaftsmastanstalt für 2000 Mastschweine, untergebracht in fünf Einzelställen zu je 400 Tieren. Die gemeinschaftliche Bewirtschaftung ermöglichte ihnen Vertretungen im Krankheitsfall und die Aussicht auf freie Wochenenden und Urlaub.[147] In ihren herkömmlichen Ställen hielten die Wolfersweiler Schweinehalter weiterhin Sauen mit Ferkeln, «durchschnittlich 15 Muttersauen pro Betrieb», und sicherten so den kontinuierlichen Nachschub an jungen Mastschweinen für die neu gebauten Großställe.[148] Der Trend in Wolfersweiler war derselbe wie in Porstendorf: Spezialisierte Ställe, in denen Tiere in homogenem Körperstadium konzentriert wurden und die möglichst wenige Tage unbesetzt blieben, verdrängten die Saisonalität in den 1960er Jahren aus der Schweinehaltung. Kontinuierlich aufgezogene Tiere lieferten kontinuierlich Fleisch. Der traditionelle Höhepunkt der Schweineschlachtungen zwischen Dezember und Februar nivellierte sich.[149]

Hans Schlütter, der Präsident des Zentralverbandes der deutschen Geflügelindustrie, betonte 1973, es gehöre «keine Prophetie» dazu, dass sich die Haltung von Schweinen den technischen Methoden «der modernen Geflügelhaltung» angleichen würde, und arbeitete selbst tatkräftig darauf hin.[150] Er wirkte mit an der Institutionalisierung einer internationalen «Veredelungs-Ausstellung» für technische Neuheiten der Geflügel- und Schweinehaltung, die seit 1975 alle zwei Jahre unter dem Namen «Huhn und Schwein» von der DLG ausgerichtet wurde. Seine Tätigkeit imaginierte er als einem vorgegebenen, naturgesetzlichen Entwicklungspfad folgend. Damit war er nicht allein. Das Institut für Tierproduktion der Technischen Universität Berlin erklärte zur selben Zeit, die Kombination von Biologie «mit dem bereits jetzt hohen Niveau der Produktionstechnik» münde zwangsläufig in einen Industrialisierungsprozess.

Die Schweinehalterinnen und -halter folgten dem diskursiven Determinismus. Nachdem sie spezialisierte Ställe gebaut hatten, synchronisierten sie in einem nächsten Schritt die Körper der Tiere. Per «biotechnischer Fortpflanzungssteuerung» versuchten sie, die ideale Auslastung der neu eingerichteten Ställe zu erreichen. Entsprechend der Kapazität der Abferkelplätze eines Stalls wurde drei Monate, drei Wochen und drei Tage vor dem anvisierten Geburtstermin – so lange dauert die Trächtigkeit beim Schwein etwa – eine entsprechende Kohorte an Tieren künstlich besamt. Damit dieser Schritt erfolgversprechend war, stellten Tierärztinnen und Tierärzte zuvor hormonell sicher, dass zum Besamungszeitpunkt befruchtungsfähige Eizellen herangereift waren. «Produktionszyklogramm» hieß der Stallplan der Bedeckungen, Trächtigkeiten und Säugezeiten in der DDR. Die kalendarischen Aufzeichnungen veränderten das Zeitbewusstsein im Stall. Schweinepflegerinnen und -pfleger einer LPG im Kreis Erfurt, die 1978 den Lehrgang zur Qualifikation als «Mechanisator der Tierproduktion» absolvierten, lernten anhand des Kalenders, wie der Prozess der rotierenden

Tiere beschleunigt werden konnte. Denn je mehr Tiere auf einem neuen Stallpatz erzeugt wurden, desto schneller rentierte sich dessen Investition. Das Produktionszyklogramm der DDR war die Sauenuhr in der Bundesrepublik. Je früher die Ferkel von der Sau, die sie säugte, abgesetzt wurden, desto schneller konnte sich die Uhr drehen und die Sau erneut bedeckt werden. Die Beschleunigung der Sauenuhr verlangte wiederum nach neuen Stalltechniken. Bevor die nun früher von ihren Muttersauen getrennten Ferkel zu Läufern wurden, waren sie in einem neu entstehenden Zwischenschritt auf etwa dreißig Kilogramm zu bringen. Nach vier statt wie bisher nach acht Wochen abgesetzte Ferkel brauchten eine die Wärme ihrer Muttersau imitierende Umweltgestaltung. Beheizbare Ferkelkäfige, die übereinandergestapelt den Raum umso besser nutzten, etablierten sich als gesonderter Zwischenschritt zwischen Zucht und Mast. Die «Gruppenaufzuchtkäfigbatterien Typ Dummerstorf», die der VEB Landtechnischer Anlagenbau Rostock fertigte, sparten gegenüber der Bodenhaltung von Ferkeln bis zu 40 Prozent des Platzes ein und bedienten sich damit derselben Argumente wie die Geflügelkäfighaltung zehn Jahre zuvor.[151] Die neuen Stalleinrichtungen erreichten in der DDR aufgrund des Materialmangels nie auch nur die Mehrzahl aller Schweinehaltungen. Doch größere Um- und Neubauten verliefen nun nach dem Muster einer Fabrikhalle: «Stallhülle» plus spezialisierte, andernorts industriell gefertigte Inneneinrichtung.

Auch in der Bundesrepublik, in der mit skeptischem Unterton über die neuen Techniken der Ferkelaufzucht berichtet wurde, schaffte es jeder neue Größenrekord in die Fachpresse. Die «Ferkelfabrik» von Heinrich Biehl in Mildstedt bei Husum etwa, die Ende der 1960er Jahre 120 000 Ferkel pro Jahr in 19 Hallen und vier Aufzuchtstufen zu Läufern heranzog, wurde im Detail porträtiert.[152] Die dortigen Techniken versprachen ebenso wie Kastenstand oder Sauenuhr eine «maximale Arbeitsersparnis bei gleichzeitig hohem Arbeitskomfort». Ferkelfabrik

Waldmast von 20 000 Mastschweinen des Schweinezucht- und Mastkombinats Eberswalde im Sommer 1974.

war nicht das einzige neue Wort, das Schweinehalterinnen und -halter lernten. Die Haltung von Muttersauen wurde zur Ferkelerzeugung und die Menschen, die diese Unternehmung betrieben, wurden zu Ferkelerzeugern. 1976 war unter einem Bild, auf dem zwei Männer zu sehen sind, die ein auf dem Arm gehaltenes Ferkel begutachten, zu lesen: «Ferkelerzeuger Ludwig Eisenmann [...] hat mit der Qualität seiner Produkte keine allzugroßen Probleme».[153] Die neue Sprache der Schweinehaltung vergrößerte die Distanz zwischen der Branche der Tierhalterinnen und -halter und der Öffentlichkeit. Letztere sprach weiterhin von Bauern, Bauernhöfen und Schweineställen und nicht von Ferkelerzeugern, Mastprodukten und Käfigbatterien.

Die wachsende Distanz war nicht allein sprachlicher Natur. Die Rationalisierungsvorteile der neuen Schweinehallen verlagerten die Schweine in die Ställe hinein und die Ställe aus den Dörfern hinaus. Auch dort, wo die Schweine weiterhin an der frischen Luft waren, gab es keine Berührungspunkte mehr. Die DDR versuchte in den Sommern der 1970er Jahre zusätzliches Schweinefleisch durch die sogenannte Sommer- oder Waldmast zu erzeugen. Dafür wurden tausende Schweine, in Gehegen für 2000 bis 3000 Tiere gruppiert, in Waldbestände gebracht, die ein oder zwei Jahre vor ihrer Rodung standen, weil sie bei dieser Nutzung ohnehin in wenigen Jahren abstarben. Auch die 120000 Mastschweine, die den Sommer 1974 in den Wäldern der Bezirke Cottbus, Frankfurt, Rostock, Neubrandenburg und Halle verbrachten, bekam kaum jemand zu Gesicht. Wegen Seuchengefahr waren die Wälder «für Betriebsfremde vorübergehend gesperrt».[154]

Nichts tragen, was fließen kann!

Die technische Veränderung der beiden Hauptaufgaben im Schweinestall war das Kernstück seiner Revolution. Jahrhundertelang bedeutete Schweinehaltung, den Tieren Futter per Hand heran- und ebenso manuell ihre Exkremente aus dem Stall herauszuschaffen. Die Instrumente dafür, Schaufel, Eimer und Schubkarre, waren bemerkenswert unverändert durch die Zeit gekommen. Seit den 1960er Jahren wurde unter dem Stichwort «Innenmechanisierung» dem Geschehen im Stall jener Rationalisierungssprung beschert, der bei Feldarbeiten bereits seit einhundert Jahren zu beobachten war. Vor diesem Hintergrund wirken die technischen Veränderungen in der zweiten Hälfte des 20. Jahrhunderts noch einschneidender. Zwischen 1960 und 1990 erlebten die beiden Arbeitsschritte Füttern und Misten ihren entscheidenden Automatisierungsschub. Dieser war weder flächendeckend noch allumfassend, wie eine Aufnahme der LPG Globig in der Nähe von Wittenberg im Jahr 1989 zeigt. Dort schüttete die Schweinebäuerin Vera Pfund noch kurz vor ihrer Rente den Schweinen Futter mit einem Eimer in den Trog.[155] Frau Pfund wurde genau deshalb in der landwirtschaftlichen Presse abgelichtet: Ihre Handarbeit war inzwischen zum

Ostdeutschland 1989: «Unter schwierigen Bedingungen muß Vera Pfund noch Schweine mästen. Im nächsten Jahr erreicht die Bäuerin das Rentenalter. Ihre Nachfolge im Stall ist bislang offen.»

Problem geworden. 1989 waren technische Alternativen entstanden, die aufgrund der Mangelwirtschaft nur noch nicht überall Realität geworden waren. Bis zum Jahr 2000, so sahen es die ostdeutschen Schweinestallplaner drei Jahre vor dem Ende der DDR vor, sollten «die herkömmlichen Verfahren mit hohem Arbeitszeitaufwand, ungünstigen Arbeitsbedingungen und schlechter Gesamteffektivität» durch Automatisierung ersetzt worden sein.[156]

Weil sich die Verhältnisse der Schweineställe von Hof zu Hof stark unterschieden, standen zunächst keine industriell vorgefertigten Nahrungs- und Abflussvorrichtungen bereit. Schweinebauern konstruierten selbst für ihre Ställe passende Apparate, um die Fütterungsarbeit zu vereinfachen. Die Automatisierung der Schweinefütterung war eine Bottom-up-Bewegung. Den Anfang bildete seit etwa 1960 ein nach unten trichterförmig zulaufender Holzkasten. Futterautomat nannten ihn die zeitgenössischen Schweinehalter, doch mit heutigen Vorstellungen eines Automaten hatte er wenig gemein. Er war ein hochkantiger Quader, dessen unterster halber Meter zugleich als Futtertrog diente, ohne Elektrik, ohne weitere technische Vorrichtungen. Sein Vorteil lag darin, das Futter nicht mehr zu jeder Futterzeit erneut herbeischaffen zu müssen. In seinem nach oben geöffneten Schacht lagerte Futter für mehrere Tage, das zu Fütterungszeiten durch einen händisch zu öffnenden Schlitz nach unten in den Trog rieselte. Vier Männer einer Baubrigade montierten diese Art Futterautomaten um 1960 zum Beispiel in der LPG Kremmen, westlich von Oranienburg in Brandenburg, für 1400 Schweine.

Ähnlich der Baubrigade in Kremmen waren auch in der Bundesrepublik die Schweinehalter selbst die ersten Konstrukteure von Futterautomaten. Bauer Josef Gail aus Unterwittelsbach hielt unweit des als «Sisi-Schloss» bekannt gewordenen ehemaligen Jagdhauses von Herzog Max in Bayern 1965 etwa 180 Mastschweine. In die Fachpresse schaffte es Gail, nachdem er die Handkurbel an der schmalen Seite seines kastenförmigen Vorratsbehälters durch eine «hydraulisch-vollautomatische Lösung» ersetzt hatte. Nun war zum einen nicht länger Muskelkraft zum Kurbeln notwendig, um das trockene Futter aus dem Vorratsschacht in den Trog rieseln zu lassen. Zum anderen aber, und das war das eigentlich Revolutionäre, konnte die hydraulische Öffnung mit einer Relaisschaltung verbunden werden und die elektromechanischen Steuerungselemente wiederum mit einer Zeitschaltuhr. Alle Schweine bekamen nun, wenn der Strom nicht ausfiel, ohne weiteres Zutun zur vorprogrammierten Zeit ihr Futter. Eine ungekannte Flexibilität erfasste die Arbeit im Schweinestall. Bisher waren regelmäßige Fütterungszeiten unverhandelbar gewesen. Schweinehalterinnen und -halter frohlockten:

«Es ist schon eine Pfundssache! Während der Betriebsleiter irgendeine Arbeit im Hof verrichtet oder auch draußen auf dem Feld (oder manchmal auch noch im Bett liegt): Die Schweine bekommen ihr Futter, den

Stall betritt er nur mehr zur Kontrolle […] oder zum Auffüllen der Vorratsbehälter.»[157]

Schweine bekamen nicht nur trockenes, geschrotetes Getreide zu fressen, das per Förderschnecke oder Schwerkraft zu ihnen rieselte. Sie fraßen vieles, und diese Tatsache war nicht selten der Charme ihrer Bewirtschaftung. Der Verwertung menschlicher Abfallprodukte im Schweinestall kam insbesondere dann Bedeutung zu, wenn mehr Schweinefleisch erzeugt werden sollte, als Getreide oder Hackfrüchte für die Schweinemast vorhanden waren. Was Ende der 1940er Jahre akuten Futtermangel in der sowjetischen Besatzungszone lindern sollte, wurde in den 1950er Jahren eine feste Einrichtung der ostdeutschen Schweinehaltung: die sogenannte Speckitonne. Eine der ersten Sammelaktionen von Küchenabfällen privater Haushalte, die in den Schweineställen in Schinken verwandelt werden sollten, fand im Oktober 1951 im Ostberliner Bezirk Pankow statt. Treptow folgte im Februar 1952. Die Schweine leisteten ganze Arbeit: 1981 lieferten ostdeutsche Schweine 32 000 Tonnen zusätzliches Fleisch aus in der gesamten DDR gesammelten 961 200 Tonnen Küchenabfällen.[158] Einerlei, ob diese Zahlen stimmten: Die staatliche Sammlung von privaten Küchenabfällen war ein Strukturmerkmal ostdeutscher Schweinehaltung. Genossenschaften, die besonders umfangreich auf Speiseabfälle zurückgriffen, wie die LPG Langenhessen westlich von Zwickau, wurden noch 1989 dafür gerühmt. Dorthin lieferte der Stadtwirtschaftsbetrieb Crimmitschau 2300 Tonnen Küchenabfälle im Jahr, die «nach einem festen Tourenplan, insbesondere in den Wohngebieten» eingesammelt und täglich vor 22:00 Uhr bei der LPG abgeliefert wurden.[159]

Die gesammelten Küchenabfälle der Speckitonnen waren, speziell im Sommer, flüssig. Für sie eignete sich keiner der für trockenes Futter ertüftelten Automaten. Zudem blieb die Erschließung zusätzlicher Futterreserven «das Thema Nummer

Eins» der ostdeutschen Schweinehaltung.[160] Neben Küchenabfällen mobilisierten Schweinehalterinnen und -halter Schlachtabfälle oder Abfallprodukte aus der Lebensmittelindustrie. All diese Futtermittel waren nicht trocken. Den schweren und übelriechenden Futterbrei in die Tröge zu befördern, war keine angenehme Tätigkeit. Gottfried Drechsel, der Vorsitzende der LPG «Vorwärts» im Erzgebirge, mahnte auf dem XII. Bauernkongress 1982 die Notwendigkeit von Arbeitserleichterungen an, weil die Nutzung von Schäl-, Küchen- und Haushaltsabfällen «nicht gerade immer mit angenehmen Arbeitsbedingungen verbunden» sei.[161] Die Automatisierung der Nass- und Flüssigfütterung beschäftigte Schweinehalterinnen und -halter sowie Techniker deshalb unabhängig von bereits praxisreifen Automatisierungsmöglichkeiten der Trockenfütterung. Obwohl die Weisheit der Arbeitsvereinfachung «Nichts tragen, was fließen kann!» nahelegt, flüssiges Futter sei einfacher als trockenes in Bewegung zu setzen, erreichten Nassfutterautomaten erst etwa zehn Jahre nach ihrem Pendant für Trockenfutter die west- und ostdeutschen Schweineställe.

Eine Beschreibung der automatisierten Schweinefütterung mit Flüssigfutter 1976 in der Bundesrepublik klingt nicht nach Natur, Tier oder Landwirtschaft, sondern nach unspezifischer mechanischer Verfahrenstechnik. Kreiseltauchpumpen wurden qua ihrer Pumpenrotorumdrehung Exzenterschneckenpumpen gegenübergestellt; Reibungsverluste, Impulszählwerk, Mengenmerkscheibe und Durchflussmesser wurden eingeführt, um aus der halbautomatischen Flüssigfütterungsanlage, bei der eine Person händisch die Ventile an jeder Bucht öffnete, eine vollautomatische werden zu lassen. Nur vollautomatische Systeme, die die Schweine elektrotechnisch gesteuert selbstständig mit den richtigen Mengen fütterten, brachten die ersehnte Arbeitszeitflexibilisierung. Fasziniert berichtete *Der Spiegel* 1977, die Bauern hätten «in ihrem Automatisierungsdrang» inzwischen sogar die Industrie überholt.[162] Zur Illustration dieses Befundes

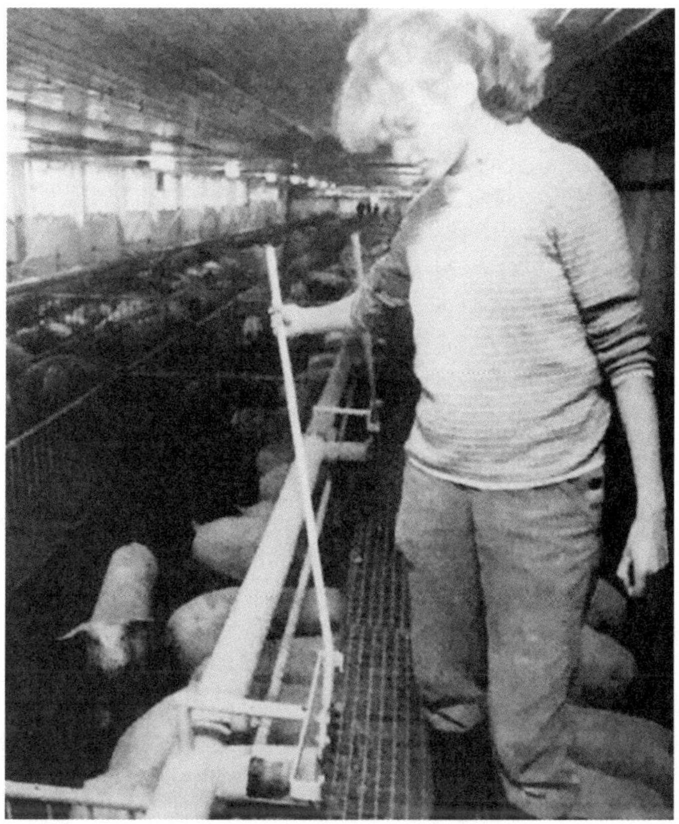

Martina Schäpel öffnet die Trogventile eines Flüssigfütterungsautomaten, ZGE Hoyerswerda 1987.

wurde ein «Computer-Hof» in Schleswig-Holstein vorgestellt, dessen Kernstück die Nassfütterungsanlage im Schweinestall war. Sie rührte die Getreideernte zusammen mit Eiweiß und Molkereirückständen vollautomatisch zu einer «bräunlichen Brühe», um dieses «Fließfutter» über ein Rohrsystem zu 800 Schweinen strömen zu lassen. Nur mehr «[z]weimal eine halbe Stunde am Tag» verbrachte der dortige Schweinewirt im Schnitt in seinem Stall. Der hatte 280000 DM gekostet und damit mehr als doppelt so viel wie ein durchschnittlicher Arbeitsplatz in der industriellen Produktion.

Fütterungsautomaten für Nassfutter blieben bis zum Ende der DDR die Speerspitze technologischer Entwicklung im Schweinestall, selbst wenn ihr Brei weiterhin per Handventil in die Tröge floss. Die Schweinebäuerin Martina Schäpel ließ in der ZGE Hoyerswerda 1987 das Futter per Hebel in die Tröge fließen, während sie gleichzeitig «an einer großen Anzeige an der Stallwand» ablas, wie viel Brei bereits geflossen war.[163] Zubereitet worden war die flüssige Futtermischung rechnergestützt und vollautomatisch. Der «neue Mischer L 411 A» holte sich die Rationen des für jede Tiergruppe individuell zusammengestellten Futters selbst aus den einzelnen Vorratsbehältern.

Die Automaten, ob sie nun nasses oder trockenes Futter zu den Schweinen beförderten, veränderten die Rolle des Menschen im Stall. Seine Arbeitskraft war kein die Schweinehaltung begrenzender Faktor mehr – und bekam gleichzeitig eine neue Bedeutung. Nicht länger war Krankheit und Arbeitsunfähigkeit der Menschen das Schreckgespenst der Schweinehaltung, sondern Defekte und Störungen der Stalltechnik. Gerade deshalb aber trifft ein eindimensionales Bild des Bedeutungsrückgangs des Menschen nicht zu. Neue Akteure begannen zum Stallpersonal zu gehören. «Schlosser Hans-Peter Rubbel» etwa war «beinahe täglich» in den Ställen des VEB Schweinemast Rostock-Rövershagen zu finden, damit «die Ergebnisse der Mäster nicht durch technische Pannen geschmälert werden».[164]

Nicht nur dem Futter wurde beigebracht, selbstständig zu den Schweinen zu rieseln, auch die Exkremente lernten, selbstständig aus dem Stall zu fließen. Um zu fließen, durften die Exkremente nicht länger mit eingestreutem Stroh vermengt werden. Stattdessen traten sie die Schweine selbst durch einen spaltenförmigen Buchtenboden, den sogenannten Spaltenboden, hinunter in eine Grube unterhalb des Stalls, in der die flüssigen Exkremente entweder – qua Gefälle – von allein zur

Sammelstelle flossen oder per elektrischer Pumpe oder mechanischer Schleppschaufel dorthin befördert wurden.

Die skandinavischen Länder waren Vorbilder für die westdeutschen Schweineställe. Norwegische Schweinehalterinnen und -halter statteten – im «Land mit der größten Verbreitung von Spaltenbodenställen» – 1963 bereits 80 Prozent ihrer Stallneubauten mit Spaltenböden aus.[165] Die Idee klang rundum genial: Die abstoßendste Stallarbeit würde entfallen und zudem könnte die ganze Fläche des Buchtenbodens als Liegefläche der Schweine Verwendung finden, weil keine gesonderten Mistplätze mehr notwendig waren. Dadurch wiederum halbierte sich, so rechnete ein österreichischer Spaltenbodenentwickler 1963 vor, der Platzbedarf für ein Mastschwein im Durchschnitt aller Altersgruppen von einem Quadratmeter auf einen halben.

Die Praxis sah zunächst weniger genial aus. Am Donnerstag, dem 25. November 1965, ereilte einen bayerischen Spaltenboden-Neubesitzer im mittelfränkischen Gunzenhausen der Schock. Er wälzte den Inhalt der Jauchegrube unter den Spalten um, indem er ihn einmal absaugte und zurückpumpte, um ihn anschließend auszufahren. Als er nach einer Stunde zurück in seinen Stall kam, waren «alle 20 Schweine tot».[166] Die Schweine waren an Bauch und Hals «blaurot verfärbt» und hatten Schaum vor dem Mund. Ihre Obduktion am Folgetag ergab «einheitlich das Bild einer toxischen Herzschädigung [...] und Lungenödem»; sie waren durch die Abgase aus der Flüssigmistgrube vergiftet worden.

Die ungewöhnlich vielen Schweine auf gleichem Raum zusammen mit der Sammlung ihrer flüssigen Exkremente unmittelbar unter ihnen verschlechterten die Stallluft in einem Ausmaß, das die Vorteile der Platz- und Arbeitsersparnis zunächst in den Schatten stellte. Im Winter «war die Geruchsbelästigung noch tragbar», so das Ergebnis eines Testberichts aus der Versuchs- und Lehranstalt Forchheim. Dort wurden die Spaltenställe seit 1966 genau untersucht. Allerdings war der Geruch auch im Winter bereits «stärker, stechender und fauliger als in einem herkömmlichen Stall». An «warmen Herbsttagen» jedoch, ganz zu schweigen von Sommertagen, «war die Geruchsbelästigung sehr stark, so daß niemand längere Zeit in diesen Stallungen tätig sein wollte». Zudem sei mit zunehmendem Gestank «eine nachlassende Freßlust bei den Tieren festzustellen» gewesen, was deren Wachstum und damit den Sinn des gesamten Unterfangens gefährdete.[167]

Drei Jahre später, 1969, beruhigte sich die innerlandwirtschaftliche Debatte um «gute Luft» im Schweinestall. Das Geruchsproblem war nicht kleiner geworden. Doch es zeichnete sich eine wiederum technische Lösung ab, die sogenannte «Unterflurlüftung». Ventilatoren wurden dort angebracht, wo die Ammoniak- und Schwefelwasserstoffluft sich staute. Stallkonstrukteure planten nun einen Luftraum zwischen der «Flüssigkeits-Obergrenze» und dem Spaltenboden ein. Dort stauten sich die schädlichsten Gase, um dann mit den Ventilatoren abgesaugt zu werden. Es entstand ein Luftkreislauf, der die gefährliche Luft nach draußen und zugleich frische Außenluft in den Stall zog. Die «Zwangslüftung» wurde zum unverzichtbaren Bestandteil der Schweinehaltung auf Spaltenböden. Ohne eine wiederum technische Hilfeleistung hätte sich das System der verdichteten Tiere selbst abgeschafft. Die technische Verwandlung der Schweineställe war eine Geschichte von *trial and error*. Komplikationen förderten die weitere Entwicklung früherer Techniken. Eine technikdeterministische Lesart automatisierter Tierhaltung erweist sich als Fiktion. Dies wird umso deutlicher mit Blick auf neue Verhaltensweisen, welche die Schweine in ihrer technisch veränderten Umwelt an den Tag legten.

Nebenwirkungen im Stall: Kannibalismus, Hygiene und Stress

Das Verhalten der Tiere beeinflusste die Geschichte ihrer Haltung vor allem dann, wenn es Auswirkungen auf den finanziellen Erlös hatte. Ohne Stroh, dichter beieinander und bei ungenügender Luftumwälzung verstärkte sich die Tendenz zum «Kannibalismus». Die Schweine fraßen sich untereinander an, insbesondere am abstehenden Schwänzchen. In einem Spaltenboden-Versuch mit 120 Schweinen war «ein Viertel der Tiere [...] durch Verbiß schwanzlos» und ein Teil der Tiere musste vorzeitig geschlachtet werden, weil der Schwanzstummel nicht mehr ausheilte.[168] 1965 empfahlen Fachleute deshalb neben ausreichender Ventilation des Stalles, den Tieren «Gelegenheit zum Spielen zu geben (Ketten, die von der Decke hängen, Papiersäcke in der Bucht, reichlich Einstreu etc.)», damit sie sich nicht gegenseitig die Ringelschwänzchen abbissen.[169]

Das gegenseitige «Schwänzeabbeißen» beschäftigte gerade innovationsfreudige Landwirte, die in einen Stallneubau oder -umbau mit Spaltenboden investiert hatten. Die kannibalischen Schweine gefährdeten den durch die Investition dringender notwendig gewordenen Erlös. Die Bisswunden entzündeten sich im schmutzigen Stall rasch und die Tiere wuchsen nicht so wie vorgesehen. Schweinehalterinnen und -halter vor Ort stellten jedoch wie Agrarwissenschaftlerinnen und -wissenschaftler in Forschungsinstituten vorerst nur fest, dass der Kannibalismus durch strohlose Haltungsverfahren gefördert wird. Das Problem aller Gegenmaßnahmen, wie Spielsachen, dem Einpinseln der angefressenen «Schwanzstümpfe» mit stark riechenden Präparaten oder einem neuerdings empfohlenen «Pulver gegen Kannibalismus», war: «Einmal hilft's, einmal nicht». Mit diesen Methoden ließen sich die «Sünder» nicht zuverlässig von ihrer «Untugend» ablenken – so beschrieb die innerlandwirtschaftliche Diskussion den anhaltenden Kannibalismus.[170] Damit bedienten sich die zeitgenössischen Schweinebäuerinnen und -bauern derselben sprachlichen Strategie wie Rinder- und Hühnerhalterinnen und -halter: Erfolge der Tierhaltung schrieben sie sich selbst zu. Misserfolge und Komplikationen hingegen lasteten sie in einem ersten Schritt den Tieren an. In einem zweiten Schritt rechtfertigte das den Tieren unterstellte absichtliche Fehlverhalten Gegenmaßnahmen, die ansonsten nicht zustimmungsfähig gewesen wären, da das Wohlergehen der Tiere auch unter zunehmend industrialisierten Haltungsumständen eine moralische Bezugsgröße für Tierhalterinnen und -halter blieb.

Weil die bisherigen Maßnahmen keine zuverlässige Abhilfe schufen, wurden die Mittel brachialer. In den Niederlanden zog man «verdächtigen Tieren Plastikplatten in die Rüsselscheibe ein», die diese daran hinderten, auf den Schwänzen ihrer Stallgenossen zu kauen, aber ebenso jegliches Wühlen mit dem Rüssel verunmöglichten. Josef Reindl, ein Landwirt aus Oberbayern, der 1966 bereits 500 Mastschweine in seinem Spaltenbodenbetrieb hielt und enorme Probleme mit den «Schwanzbeißern» hatte, konstruierte eine Klammer aus verzinntem Eisenblech, an die er «Abwehrstacheln aus Draht aufgeschweißt hatte». Dieser «Biß-Schutz» wurde mit einer ebenfalls dafür angefertigten «Spezial-Zange» auf einen angenagten Schwanz, dessen schlimm beschädigte Stücke davor kupiert worden waren, «aufgedrückt».[171] Diese Maßnahmen waren zu aufwändig für die breite Praxis, aber sie zeigten die gewünschte Wirkung und wiesen dadurch den körperinvasiven Weg, der bald flächendeckend eingeschlagen wurde. In den Schweineställen beider deutscher Staaten begannen Schweinehalterinnen und -halter, allen Schweinen im Ferkelstadium mit einem heißen Messer ihre Schwänze abzuschneiden, damit diese gar nicht erst angefressen werden konnten. Der Ringelschwanz der Schweine wurde in dem Maße zu einem Symbol vergangener Zeiten, wie die fließenden Exkremente zu einem Symbol industrieller Methoden der Schweinehaltung wurden. Der seit 1968 bestehende

Kooperationsverband Fleischschwein Karl-Marx-Stadt, in dem 31 Zucht- und Mastbetriebe mit einem Schlachtbetrieb, zwei Mischfutterwerken, Tierzucht, Handel und Tiergesundheitsamt zusammenarbeiteten, warb 1976: «Schneiden wir unseren Schweinen auch die Ringelschwänzchen weg – bei der Qualität jedoch lassen wir nicht den geringsten Abstrich zu.»[172]

Obwohl der Kannibalismus unter Schweinen als Verhaltensstörung galt, die auf «angestaute Aggressionen der Tiere» hinwies und somit als veterinärmedizinisches «Alarmsignal dafür [...], daß etwas nicht stimmt», bekannt war, wurden die Tiere an die neue Technik angepasst und nicht andersherum.[173] Der Spaltenboden geriet nicht in Misskredit. Ende der 1960er Jahre stand für die Agrarpolitik fest, dass niemand mehr bereit war, die schweren und schmutzigen Arbeiten zu den verfügbaren Löhnen von Hand zu erledigen. Dieses Prinzip wurde seit den 1970er Jahren stilbildend für den Aufbau der Massentierhaltung. Die spezialisiertere, konzentriertere, beschleunigte und arbeitsärmere Haltung der Schweine hatte neue Nebenwirkungen entstehen lassen. Die Körper der Tiere stellten sich einer unbegrenzten linearen Produktivitätssteigerung in den Weg.

Schweine bissen sich nicht nur gegenseitig die Schwänze ab, sondern wurden in der Massenhaltung zu einem neuartigen gegenseitigen Infektionsrisiko. So wenig Fenster und Türen inzwischen zum Lüften der neuen Ställe genügten, so wenig reichten Besen und Schrubber zum Putzen. Zunächst sollte der Hochdruckreiniger das Hygieneproblem im verdichteten Schweinestall lösen. Ein solches Gerät, 1975 für 3000 bis 4000 DM in der Bundesrepublik in Kaltwasserausführung zu haben und für etwa 7000 DM mit Heißwasserfunktion, konnte mit chemischen Mitteln befüllt werden, ohne die den Hochdruckreiniger bedienende Person mit diesen in Berührung zu bringen. Das war insbesondere bei Desinfektionsmitteln, die gegen «Bakterien, Pilze, Viren und Parasiten» wirkten, von

Vorteil – und diese waren immer häufiger nötig. Ein Hersteller von Desinfektionsmitteln für die Schweinehaltung warb 1970 unverblümt:

> «Das Problem: Massentierhaltung ist wirtschaftlicher. Und gefährlicher. Weil sie den Tieren ihre natürlichen Lebensbedingungen entzieht. Und ihrem Organismus gleichzeitig Hochleistung abfordert. Das macht empfindlich. Und begünstigt die epidemische Ausbreitung von Krankheiten, die Tiere, die auf engem Raum zusammenleben, schlagartig verseuchen können. Und die Lösung: Vorbeugen heißt Risiko vermindern. Und den Gewinn erhöhen. Vorbeugen heißt Desinfektion.»[174]

Ein neues Hygieneregime eroberte den Schweinestall. Krankheiten bedeuteten den Kollaps des gesamten Systems, nicht bloß den – ebenfalls schmerzhaften, aber wirtschaftlich verkraftbaren – Verlust eines einzelnen Tieres. Entsprechend versessen bemühten sich Tierärztinnen und -ärzte sowie Schweinehalterinnen und -halter um möglichst ungefährliche Stallbedingungen für die vielen Tiere, deren große Zahl und Dichte die Gefahr erst hervorbrachte. Regelmäßig alle Schweine aus einer Stallabteilung zu holen und diese bis zur «Entfernung der letzten Kotkrume» zu reinigen, galt als sicherste Lösung. Das «Rein-Raus-System» machte die Runde. Obwohl der Stall «bei dieser Methode [...] nicht bis zum ‹letzten Schwanz› genutzt» würde, wie Mitglieder der Erzeugergemeinschaft Niederbayern einräumten, lohne sich die aufwändige Stallreinigung und -desinfektion. Sie bringe «30 bis 50 Gramm tägliche Mehrzunahmen pro Mastschwein» in der Massenhaltung.[175]

Während sich die Praktikerinnen und Praktiker vor Ort mit der Anschaffung eines Hochdruckreinigers und der Auswahl des passenden Desinfektionsmittels beschäftigten, begann Anfang der 1970er Jahre eine kontroverse Diskussion in der Agrarwissenschaft. Kurt Meinhold, seit 1968 Präsident der Forschungsanstalt für Landwirtschaft in Braunschweig-Völkenrode, resümierte das kritische Ergebnis einer Tagung im Herbst 1973 und damit pünktlich zur ersten Ölkrise, die geschichtswissenschaftlich als Zäsur für die «Grenzen des Wachstums» etabliert ist. Man könne «das an sich erstrebenswerte Wachstum der Viehbestände» nicht länger nur «an dem, was technisch möglich» ist, messen.[176] Neue Kräfte seien aufgetaucht, «die häufig begrenzende Faktoren darstellen». Westdeutsche Schweineexperten rangen darum, den Wachstumspfad durch strengere Hygienevorschriften in einer «Massentierhaltungsverordnung – Schweine» zu retten. So kontrovers wie während der Aushandlung dieser Verordnung war die Debatte um die Legitimität großer Schweinebestände bis in die 2010er Jahre nicht wieder. Gegner der entstandenen Großbetriebe waren überzeugt, die Massentierhaltung würde schöngerechnet, ihre wirtschaftliche Überlegenheit sei Augenwischerei und die wirklichen Kosten blieben verdeckt. Für die Bundesrepublik, aber ebenso für Dänemark und Belgien, lägen «einschlägige Berichte über Leistungsminderungen und wirtschaftliche Schäden infolge zunehmender Krankheitsprobleme in massierten Tierhaltungen» vor.[177] Sie würden die tiermedizinische Weisheit, wonach es ein biologisches Gesetz sei, «daß mit steigenden Tierzahlen je Bestand die gesundheitlichen Schwierigkeiten größer werden», in ungekanntem Umfang validieren, ohne bisher ein Umdenken ausgelöst zu haben. Das Schwein sei «schon allein aufgrund seiner artbedingten Gesundheitsverfassung» nicht für die Massentierhaltung geeignet und dieser «eindeutige[n] Tatsache» würde wegen «der nun fortlaufenden Technisierung [...] zu wenig Beachtung geschenkt». Allein eine «Begrenzung der Bestandsgrößen» würde sämtliche Hygiene- und Desinfektionsprobleme verhindern, bevor sie entstünden.

Doch die Verheißung weiterer Produktivitätssteigerung und das Vertrauen in technische Lösungen auch für die neu aufgetretenen Probleme blieben stärker als die mahnenden Zweifel. Visionen, die die weitere Vergrößerung der Bestände hinterfragten, waren nicht mehrheitsfähig. Stattdessen einigten sich die an der Entstehung der westdeutschen Massentierhaltungsverordnung beteiligten Akteure auf Hygienevorschriften, die wie die einer klinischen Intensivstation anmuteten. Stallarbeit begann fortan, bevor man den Schweinestall betrat. Zudem änderte sich, wer den Stall überhaupt betreten durfte. Paragraf drei der neuen Verordnung schrieb vor, dass der Betrieb so «durch verschließbare Tore [...] eingefriedigt» sein muss, «daß Unbefugte [...] nicht hineingelangen» können. Die zur Minimierung der Seuchengefahr erlassenen Vorschriften vergrößerten die Distanz zwischen Schwein und Gesellschaft weiter. Das Betreten von Schweineställen mit mehr als 1250 Tieren war fortan eine aufwändige Zeremonie. «Personen, die einen Betrieb betreten wollen», hatten laut Paragraf 14 der neuen Verordnung «desinfizierbares Schuhzeug anzuziehen». Wurden mehr als 1250 Schweine in einem Betrieb gehalten, war dieser in Abteilungen zu wiederum je maximal 1250 Tieren zu unterteilen, und diese Abteilungen waren nur in zusätzlicher «Schutzkleidung» zu betreten, die ebenfalls vor Verlassen des Stalls abzulegen und «regelmäßig in kurzen Abständen zu reinigen und zu desinfizieren» war. Nicht nur menschliche Füße, auch die Räder aller Fahrzeuge waren fortan zu desinfizieren, bevor sie in die Nähe der Schweine kamen. Zu diesem Zweck hatten die Schweinehalter «Durchfahrbecken» so in die Hofanlage zu integrieren, dass sie nicht umfahren werden konnten.

Beständige Reinigung und Desinfektion von Menschen, Fahrzeugen und Stalleinrichtung wurde zur Standardpraxis in den großen Schweineställen. Statt der Heilung einzelner hustender Schweine aufgrund nasser Böden, wie es in den frühen 1950er Jahren der Fall gewesen war, stand nun für den großen Gesamtbestand die Prävention von einer unsichtbaren Gesundheitsgefahr ganz oben auf der Agenda. Die Gefahr der Verseuchung verkehrte die Hygieneidee des Schweinestalls in ihr Gegenteil. Obwohl es dort weiterhin nach vielen Tieren auf wenig Raum, nach deren Exkrementen und nach mitunter stinkenden Futtermitteln roch, wurde das Innere des Schweinestalls zum mit Desinfektionsschleusen geschützten reinen «Weißteil». Seine Umgebung, das Außen, war der bedrohliche «Schwarzteil». Eine Dusche mit Seife und Warmwasser trennte die beiden Zonen auch in der DDR. Die Männer und Frauen, die im Inneren des Schweinestalls arbeiteten, legten ihre Kleidung im Vorraum der Dusche ab, betraten sie nackt, duschten und zogen auf der anderen Seite der Duschschleuse «betriebseigene Hygienekleidung» an. Das Duschen vor Beginn der Stallarbeit wurde wichtiger als jenes danach. Letzteres war Privatsache geblieben, ebenfalls empfohlen, um wieder sozialverträglich zu riechen. Ersteres jedoch war systemrelevant für die neue Art, Tiere zu halten. Schwarz-Weiß-Schleusen und Rein-Raus-Verfahren erregten in der DDR etwa fünf Jahre vor der westdeutschen Debatte im Kontext der Massentierhaltungsverordnung Aufsehen. Ulrich Speitel, Satiriker, Drehbuchautor und Autor im monatlich erscheinenden Humormagazin *Eulenspiegel*, schrieb bereits 1969 eine Groteske darüber, dass ausgerechnet der Schweinestall zum neuen Sinnbild für Reinlichkeit geworden war.[178]

Der zweiten Herausforderung der neuen Massenhaltung war durch neue Reinigungsverfahren nicht beizukommen. Ohne die Gesamtrichtung der Entwicklung in ostdeutschen Schweineställen zu verändern, traten seit Mitte der 1970er Jahre neue Stimmen auf, die den bisherigen Wachstumspfad hinterfragten. Die Gründe waren Mängel «am Produkt», verursacht durch Stress. Helleres Schweinefleisch mit «schlechtere[m] Safthaltvermögen» verkomplizierte die Verarbeitung zu Wurst und sei, so beispielsweise Anita Nowak vom Forschungszentrum für Tierproduktion in Dummerstorf 1976, für «hohe volkswirtschaftliche Verluste» verantwortlich.[179] Geduldig erklärte sie den Schweinehalterinnen und -haltern, warum sie besonnener mit ihren Tieren umzugehen hatten. Schweine neigten aufgrund ihrer Speckschicht und eines geringen Schwitzvermögens «stark zur Herz-Kreislaufschwäche» und gerieten außerdem schnell «in Panik, die leicht zur Gruppenhysterie führen kann». Die Schweine kollabierten reihenweise, wenn sie transportiert wurden, wie es in der spezialisierten Haltung üblich geworden war. Bereits einige Meter zu gehen sei für die untrainierten Schweine aus den Massenställen zur Herausforderung geworden. Die herkömmlich verwendeten «Elektrotreiber», die den Schweinen gewaltvoll Beine machten, vergrößerten den Stress und führten zu «Rötung, Hecheln und Hinlegen» und in der Folge zu minderwertigem Fleisch. Mittlerweile hätte sich gezeigt, so der Paradigmenwechsel unter Schweineexpertinnen und -experten, dass «einige Eigenarten» der «Technologien [...] Konzentration und Spezialisierung im Widerspruch zu den Anforderungen der Tiere stehen».[180] Es ist kein Zufall, dass Nowaks kritische Stimme erst im Zusammenhang mit dem schlechteren Fleisch Gehör fand. Grundsätzlich waren veterinärmedizinische «Bedenken gegen die Bildung erheblicher Tierkonzentrationen» in der DDR systematisch ausgeschaltet worden.[181] Während des Aufbaus der neuen Massenställe waren Universitätseinrichtungen in den ersten Jahren völlig ferngehalten worden; einzelne kritische Meinungen seien zielgerichtet zum Schweigen gebracht worden, berichteten ostdeutsche Tiermedizinerinnen und Tiermediziner nach der Wende.

Die Aufforderung, «belastenden Streß» zu verringern, gewann seit Mitte der 1970er Jahre auch in der westdeutschen Diskussion an Terrain. Sie hatte jedoch, anders als in der DDR, eine veränderte genetische Ausstattung der Schweine als Schuldige im Visier und nicht in erster Linie ungeduldige Tierpflegerinnen und Tierpfleger. Süffisant berichtete *Der Spiegel* 1981 in einem Artikel über schlechte Qualität und zu geringen Fettanteil von Schweinefleisch aus Massentierhaltung, dass es dem Deutschen Veredelten Landschwein «bei seiner herbeigezüchteten Abmagerung» zur Mehrproduktion mageren Schinkens wie «vielen fetten Menschen bei der Hungerkur» ergangen wäre: Es hätte sein behäbiges Gemüt verloren – «die Supersauen sind hypersensibel».[182] Unter «Dauerstreß» lebten «die zartbesaiteten Dickwänste» inzwischen. Trotz ständiger Medikalisierung – Kreislaufmittel, Beta-Blocker und Tranquilizer – «flippen die Mastschweine häufig aus. [...] wenn jemand die Stalltür heftig schließt, fällt schon mal ein Schwein vor Schreck tot um – Herzinfarkt». Heribert Blendl, DLG-Sachverständiger für Schweinehaltung, hatte zwei Jahre lang an den Ursachen der neuen Schweineschwächen geforscht. Er resümierte: «‹Das moderne Fleischschwein hat durch die mangelnde Belastbarkeit erhebliche Anpassungsschwierigkeiten an die ihm zugemuteten Umweltverhältnisse›.»[183]

Auch in der Bundesrepublik war vor allem der Transport der Tiere, von einem Stall zum nächsten oder zum Schlachthaus, zu einer lebensbedrohlichen Herausforderung für die Tiere geworden. Das war außerordentlich beunruhigend, weil die bundesdeutsche Reisewelle inzwischen auch die Schweine erfasst hatte. Die Tiere legten ein Vielfaches an motorisierten Kilometern früherer Generationen zurück. Viehtransporter waren zum Bestandteil des Verkehrs quer durch die Republik geworden. Westdeutsche Schweinehalter bräuchten zumindest eine Transportversicherung, empfahl die Fachpresse, die zugleich vor deren von den steigenden Verlusten in die Höhe getriebenen Beiträgen warnte.[184] «Schnelles Anfahren, starkes Bremsen, stoßweises Rangieren und zu schnelles Fahren in Kurven führen zu tödlichen Angstzuständen der Tiere»; nur durch die «strikte Beachtung» dieser Regeln könne ein weiterer Anstieg der Totalverlustraten verhindert werden. Anders als in der sich zuspitzenden ostdeutschen Mangelwirtschaft der 1980er Jahre wurden die den Schweinen «zugemuteten Umweltverhältnisse» nicht als veränderbare Variablen diskutiert. Stattdessen sollte gezielte Umzüchtung Stressresistenzen hervorbringen. «Fleischqualität» wurde zu einer naturwissenschaftlich messbaren Größe gemacht. Unter dem Schlagwort PSE – *pale, soft, exudative*, also blass, weich und wässrig – arbeitete eine transnationale Gemeinschaft von Fleischforscherinnen und -forschern seit den späten 1970er Jahren daran, Schweinefleisch wieder besser zu machen. Ihre Forschung war zusätzlich dadurch motiviert, dass die Apparate der inzwischen mechanisierten Abläufe von Fleisch- und Wurstherstellung, konkret beispielsweise Füll- oder Portionierautomaten, nach gleichbleibenden Eigenschaften der geschlachteten Tiere verlangten.

Die drei Nebenwirkungen – Schwanzbeißen, potenzierte Seuchengefahr und der Stress der Tiere – verdeutlichen: Das Bild einer geradlinigen Industrialisierung trifft entgegen allen derartigen zeitgenössischen und retrospektiven Deutungen nicht zu. Schweine würden «längst vom Fließband produziert, wie VW-Käfer und Transistorradios», war etwa 1971 zu lesen, doch weder Autos noch Radios wurden durch Stress unbrauchbar, wenn der LKW, der sie geladen hatte, zu ruppig rangierte.[185] Obwohl sich in den Ställen automatisierte und mechanisierte Verfahrenstechniken ähnlich einer Fabrik etablierten, blieb auch die technisierte Schweinehaltung von der fragilen Lebendigkeit der Tiere abhängig.

Stall im Raum: Mehr Schweine, als Luft und Boden vertrugen

Im technisierten Massenstall brauchten nicht nur die Schweine im Stall eine funktionierende Lüftung, um die Gerüche ihrer Konzentration zu ertragen. Ihr Gestank verschlechterte auch die Stimmung zwischen Schweinebauern und -bäuerinnen und ihren Nachbarn. Einhundert Jahre nachdem die menschlichen Fäkalien als urbanes Geruchsproblem in Wasserklosetts und Schwemmkanalisation verschwunden waren, rückte in ländlichen Regionen die Abluft großer Schweinebetriebe auf die Agenda. Wie im vorrevolutionären Paris des späten 18. Jahrhunderts, der «Hauptstadt des Gestanks», war jedoch nicht allein die tatsächliche Intensität des Gestanks der Schweineställe verantwortlich für die Empörung, sondern ebenso veränderte Toleranzschwellen der Wahrnehmung.[186] Der Geruch von Exkrementen fungierte längst als Zeichen sozialer Unverträglichkeit. Mehr noch: Die Art und Weise, wie der Fäkaliengestank zum Verschwinden gebracht worden war, dürfte mitverantwortlich dafür sein, warum der Geruch konzentrierter Schweinehaltung im letzten Drittel des 20. Jahrhunderts als untragbar wahrgenommen wurde. Von oben nach unten war der Fäkaliengeruch seit Ende des 18. Jahrhunderts aus der Gesellschaft verschwunden: zunächst nur aus der Oberschicht, während das Volk weiterhin mit seinen Fäkalien lebte und danach roch. Die «Elenden vom Kot befreien» war deshalb zum Motto hygienebewegter Sozialreformer des 19. Jahrhunderts geworden und der Geruch seither ein Marker der sozialen Position. Die aus dem Schweinestall dringenden Düfte gefährdeten nicht nur das momentane Wohlbefinden der Anwohner. Roch deren auf Balkon oder Terrasse getrocknete Kleidung nach Schweineexkrementen, war ihre Position in der Gesellschaft durch spöttelnde Klassenkameradinnen und -kameraden ebenso bedroht wie durch den gesunkenen Wert ihrer Immobilie.

Das gesellschaftliche Ansehen der Schweinehalterinnen und -halter hing im Gegenzug vom Erfolg ihrer Bemühungen ab, die Geruchsbelästigung gering zu halten. Branchenintern warnten sie sich seit Ende der 1960er Jahre gegenseitig, dass es immer öfter Unmut gebe, «wenn es stinkt».[187] Um allzu teure Investitionen zu vermeiden, rieten sie, den Abluftschacht oben am Stalldach anzubringen und die schlechte Luft zumindest nicht «in der Ebene des Wohnbereichs» gegen benachbarte Wohnhäuser zu blasen. Doch der Wind machte mit den üblen Düften im Anschluss, was ihm gefiel. Die «Ableitung in höhere Luftschichten» funktionierte nicht, weswegen sich vielerorts nun nicht mehr nur unmittelbare Nachbarn, sondern auch diejenigen ein paar hundert Meter weiter weg beschwerten. Der Handlungsdruck wuchs. Von Bayerisch-Schwaben bis Schleswig-Holstein rückte der Geruch der konzentrierten Schweine ins Zentrum handfester Konflikte.

In Zusamaltheim, einem 700-Seelen-Dorf im Landkreis Wertingen, etwa vierzig Kilometer nordwestlich von Augsburg, bedrohte der «Duft aus dem Saustall» 1972 den Dorffrieden.[188] Im Februar des Vorjahres hatten Anneliese und Georg Deisenhofer ihren 120000 DM teuren Mastschweinestall in Betrieb genommen. Damit, so wurden sie nicht müde zu betonen, hätten sie die Empfehlungen vom Bauernverband und den «Meisterplanern in Brüssel» hinsichtlich Spezialisierung und Bestandsvergrößerung mustergültig umgesetzt. Doch keine zwei Monate später begannen die Scherereien, die sich mit jedem Grad, das es im Sommer wärmer wurde, verschlimmerten. Schulkindern würde es «über das normale Maß hinaus» so übel werden, dass sie sich immer wieder erbrachen, beschwerte sich Eugen Dirr. Er war der Schuldirektor der Dorfschule, die samt seiner Wohnung nur denkbar ungünstige 150 Meter vom neuen Schweinestall entfernt lag. Die Schulbehörde war deshalb ebenso alarmiert wie das Landratsamt Wertingen. Der zuständige Staatsbeamte, Hans-Peter März, versuchte – ergebnislos – zu klären, ob die Duftwolken des Schweinestalls «ortsüblich» rochen oder nicht. Nur bei ortsunüblichem Gestank konnten juristische Konsequenzen folgen. Messverfahren jenseits der eigenen Nase standen nicht zur Verfügung, was nicht nur in Zusamaltheim zu Ortsbegehungen führte, die retrospektiv humoristisch anmuten. Auf einem anderen Hof in Bayerisch-Schwaben fanden zur selben Zeit Gerichtstermine dreier Instanzen statt, um zu klären, ob sechzig Sauen ortsüblich rochen. Jede Instanz erschien mit mehrköpfiger Kommission vor Ort. Zuletzt prüften drei Richter, zwei Rechtsanwälte und ein Gerichtsprotokollant mit ihren Nasen, ob sie dieselben «bestialischen Gerüche» feststellten wie der klagende Anwohner.[189]

Schweinebauer Deisenhofer in Zusamaltheim ergriff selbst Gegenmaßnahmen, deren Erfolg aber verhalten war. Er reduzierte die Fäulnisgase, indem er das Rohr verlängerte, durch das die Fäkalien zur Dungsammelstelle flossen, damit diese nicht unter Luftaufwallung vor sich hinplätscherten. Doch viele Schweine, einstreulos auf Spaltenböden gehalten, vertrugen sich nicht mit nahen menschlichen Nachbarn. Die Lösung lag außerhalb der Dörfer. Möglichst «weit vom Schuß» wurde zur Devise für neue Schweineställe. Jene Schweine, die noch nicht wegen der besseren Technisierbarkeit neuer Stallbauten außerhalb der Dörfer verschwunden waren, traten diesen Umzug nun zunehmend wegen ihrer unbeliebt gewordenen Gerüche an. Die Distanz zur Bevölkerung ohne Landwirtschaftsbezug wuchs weiter.

Das früher in den Ställen verteilte Stroh hatte mehr Arbeit gemacht, gleichzeitig aber Kot und Harn vor schlimmerem Gestank bewahrt. Fließende Fäkalien waren eine olfaktorische Herausforderung neuer Größenordnung – zumal in Zeiten «allgemein erhöhter Ansprüche der Menschen an die hygienischen Verhältnisse».[190] Schweinehalter und geruchsgeplagte Anwohnerinnen gleichermaßen riefen die Wissenschaft als Heilsbringerin herbei. Sie sollte die Emissionen aus dem Schweinestall wieder sozialverträglich riechen lassen, und zwar ohne dass die fließenden Exkremente wieder geschaufelt werden mussten. Agraringenieure experimentierten in alle Richtungen. Manche rieten, jede unnötige Bewegung des «Kot-Harn-Gemisches» zu vermeiden, weil die Konzentration von Schwefelwasserstoff und Ammoniak dabei innerhalb von sechs Minuten auf ihr dreißig- bzw. dreifaches Niveau ansteige. Andere empfahlen gegensätzlich gerade eine Dauerbewegung der Gülle, weil der permanente Sauerstoffkontakt die Entstehung der Gärungsgase verlangsame. Auf diese Weise versuchte etwa ein dreistöckiger Schweinemaststall mit insgesamt 3000 Schweinen am Rand der slowakischen Stadt Komárno seine Gerüche sozialverträglich zu machen. Die westdeutsche Delegation, die die dortige Gülletechnik besah, notierte dennoch eine «Geruchsschwelle der Stallabluft» von 300 bis 400 Metern – und zwar bei -1 Grad Celsius. Der dicht besetzte Schweinestall wurde zum Aufgabengebiet von Strömungslehre und angewandter Chemie. Die Art und Weise, wie Praxis, Wissenschaft und Agrarpolitik dem Geruchsproblem der Schweine begegneten, zeigt: Technik brachte mehr Technik hervor. Agraringenieure entwickelten neue Verfahren, um den unerhörten Geruch der Schweinekonzentration wieder erträglich zu machen. Überwachung und Behandlung der Abluft aus dem Stall wurden zu den nächsten Bausteinen der technisierten Schweinehaltung.

Der unerhörte Geruch der neuen Schweineställe sorgte dafür, dass die Schweine bereits Teil des ersten Aktes der «umweltpolitischen Wende» der Bundesrepublik, des Bundes-Immissionsschutzgesetzes von 1974, wurden.[191] Das Gesetz machte aus dem «Schweinegestank» eine «schädliche Umwelteinwirkung». Alle Betriebe hatten ihre Ställe nun so zu betreiben, dass sie «schädliche Umwelteinwirkungen, die nach dem Stand der Technik vermeidbar sind» (§ 22,1,1), auch vermieden. Anlagen, wie Schweineställe inzwischen hießen, mit mehr als 700 Mastschweineplätzen oder 280 Sauenplätzen mit Fließmistverfahren waren fortan genehmigungspflichtig und solche mit mehr als 900 Mastschweineplätzen oder 360 Sauenplätzen selbst dann, wenn ihre Entmistungsmethode Stroh beinhaltete. Genehmigt wurden sie nur mehr mit einem Konzept für die Abluftbehandlung.

Das Problem all dieser Maßnahmen war aus Sicht der Schweinebäuerinnen und -bauern: Sie kosteten Geld, das «nicht im Preis weitergegeben werden» konnte.[192] Dafür war die politisch gewollte Informationslage der Schweinefleischkonsumentinnen und -konsumenten verantwortlich. Agrarwissenschaftlerinnen und -wissenschaftler beobachteten Mitte der 1980er Jahre, dass sich «seit den ersten Geruchsbeschwerden Ende der 1960er Jahre […] Unbehagen hinsichtlich der modernen, technisierten Massentierhaltung unzweifelhaft in breiten Bevölkerungsschichten» verbreitete.[193] 1984 schlugen sie deshalb vor, dieses Unbehagen wirtschaftlich zu nutzen und dem Verbraucher gezielt Schweine aus umweltverträglicheren Betrieben «‹schmackhaft› zu machen, so daß er bereit ist, dafür einen höheren Preis zu zahlen». Die bundesdeutsche Agrarpolitik entschied sich gegen diesen Weg, weil er den vorgesehenen Entwicklungspfad «preisgünstiger Durchschnittsprodukte» bedrohte, mittels derer die rationell wirtschaftenden Großbetriebe im internationalen Wettbewerb bestehen sollten.

Die Auflagen des Bundes-Immissionsschutzgesetzes milderten die politische Sprengkraft des Unmuts ab. An der Wurzel des Konflikts zwischen Schweinestall und Gesellschaft änderten sie nichts. Die Akzeptanz für die Perspektive der Tierhalterinnen und -halter schmolz mit dem sinkenden Anteil an in der Landwirtschaft Tätigen dahin. Im schleswig-holsteinischen Rade bei Rendsburg, in dem 1977 neben etwa 300 Einwohnerinnen und Einwohnern 3000 Schweine lebten, begann es zu rumoren, als weitere 2000 Schweine hinzukommen sollten.[194] Der Bürgermeister selbst, Johann Sieh, hatte vor, seine 510 Mastplätze um weitere 400 zu erweitern. Anwohnerinnen und Anwohner, denen es bereits jetzt im Sommer zu sehr stank, schlossen sich nach der Bekanntgabe der Pläne zu einer Bürgerinitiative gegen den Schweineausbau zusammen. Das Ergebnis des Konflikts waren für die Stallbauten geltende ausgefeilte Auflagen rund um die Gülle- und Abluftbehandlung, etwa eine Mindestgeschwindigkeit der Luft, die den Stall verlässt, von im Sommer sieben Metern pro Sekunde und im Winter drei, oder die verpflichtende äußerliche Reinigung der Güllefahrzeuge vor Verlassen der Hofstelle.[195] Den mobilisierten Anwohnern genügten diese Auflagen nicht. Alle weiteren Einwände wurden jedoch mit der Feststellung abgewiesen, dass «nach dem Regionalplan für Rade die Hauptfunktion als Agrarfunktion und nur die Nebenfunktion als Wohnfunktion vorgesehen» sei – olfaktorische Abstriche inklusive.

Die Bewohnerinnen und Bewohner der thüringischen Ortschaften Quaschwitz, Knau, Schöndorf, Volkmannsdorf oder

Ausschnitt aus den 600 Hektar abgestorbenem Fichtenwald im Umkreis der Schweinezucht- und Mastanlage Neustadt/Orla, 1990.

Plothen hätten sich glücklich geschätzt über derartige Auflagen. In ihrer Nachbarschaft wurde zur selben Zeit die zweitgrößte Schweinemastanlage der DDR fertiggestellt, die am 1. Mai 1978 ihren Betrieb aufnahm. 175 000 bis 180 000 Tiere, zur Hochzeit über 200 000, wurden in der Schweinezucht- und Mastanlage (SZM) Neustadt/Orla gehalten, die als Anlage des Typs S110 mit 181 000 Plätzen projektiert worden war, und zwar ohne zuvor eine Strategie gegen Gerüche und Abwässer zu erarbeiten. Entscheidend für die Ortswahl war die nahe Autobahn Berlin–München, denn ein Großteil des thüringischen Schweinefleischs war als bundesdeutscher und westeuropäischer Devisenbringer vorgesehen.[196] Die Konsequenzen waren verheerend. Die vormals dichten Wälder unweit der Schweinemastanlage starben ab und versteppten, in der zeitgenössischen DDR-Presse euphemistisch beschrieben als «Baumartwechsel».

Die dystopische Fäkalienluft und die sterbenden Bäume weckten das Interesse der seit den 1980er Jahren in besonderem Maße um ihre Wälder besorgten Westdeutschen. Besucher vor Ort berichteten bestürzt über die Nebenwirkungen der ostdeutschen Schweinekonzentration, so etwa der Autor und Journalist Dirk Kurbjuweit in der *ZEIT*:

> «Es stinkt nach Gülle, und zwar gewaltig. Pflanzen halten das noch weniger aus als Menschen, und deshalb steht die Schweinefabrik in einer Wüstenei. Ringsum wächst nichts mehr: braune Erde, totes Gestrüpp, gefallene Bäume. Dort, wo nach einigen hundert Metern die Wälder beginnen, sind die ersten Baumreihen gelb und kahl. Wenn sie fallen, stehen die nächsten, noch grünen Fichten schutzlos im güllevergifteten Wind.»[197]

Der Geruch war nicht das einzige Problem, das die konzentrierte Schweinehaltung mit der politisierten Umwelt bekam. Die Exkremente der Schweine in ihrer Materialität selbst riefen Widerstand hervor, seit sie an einzelnen Orten in neuartigen Dimensionen anfielen. Gülle wurde vom kostbaren Pflanzendünger zum umweltpolitischen Skandalon. Zivilgesellschaftliche Gruppierungen spielten dabei in beiden deutschen Staaten eine entscheidende Rolle. Der Kontext aber, in dem sie operierten, war grundverschieden. Während die bundesdeutsche Debatte um die Umweltverträglichkeit konzentrierter Tierhaltung seit den 1970er Jahren in der Öffentlichkeit kontinuierlich an Terrain gewann, wurden landwirtschaftlich bedingte Umweltschäden der ostdeutschen Öffentlichkeit zur selben Zeit systematisch vorenthalten.[198] Die güllebedingte Beeinträchtigung von Boden und Wasser im Umkreis der großen Schweineanlagen spitzte sich daraufhin weiter zu und erwies sich seit Mitte der 1980er Jahre als umso wirkungsvollerer Katalysator der gesellschaftlichen Krise der DDR. Die Exkremente der Schweine entfalteten politische Sprengkraft. In der Bundesrepublik war die Bedrohung der politischen Ordnung abgefedert durch den demokratisch funktionierenden Prozess gesellschaftlichen Protests. In der DDR erwiesen sie sich mangels desselbigen 1989 als tatsächliche Bedrohung.

Die Sorgen um die Lebensqualität der Käfighühner hatten Teile der Bevölkerung ebenfalls mobilisiert, doch unter Agrarwissenschaftlerinnen und Agrarwissenschaftlern galten sie als «eher emotionale Argumente», während sich «die Belastung von Natur und Umwelt» durch Gülle im Laufe der 1980er Jahre zu «objektiven Problemen» auswuchs.[199] Gülle war das entscheidende Moment der Politisierung der Schweinemassenhaltung. Sektorale und regionale Konzentration nennt die Geografie den Prozess, bei dem in immer enger begrenzten «Agrarwirtschaftsräumen» immer größere Anteile von bestimmten agrarischen Produkten von einer immer kleineren Zahl von Betrieben erzeugt wurden.[200] Zur stärksten sektoralen und regionalen Konzentration der Schweinehaltung der Bundesrepublik kam es nach 1950 in den Landkreisen Vechta und Cloppenburg im südlichen Oldenburger Münsterland, was der Gegend den unschmeichelhaften Beinamen «Schweinegürtel» bescherte. Den numerisch größten Sprung machten die dortigen Schweine zwischen 1970 und Mitte der 1980er Jahre, indem sie sich von 832011 auf 1644205 fast verdoppelten. Zunächst, bis etwa Ende der 1960er Jahre, waren die Fäkalien der vielen Schweine kein Problem. Ganz im Gegenteil: Zahlreiche kleine Landwirtschaften freuten sich über den kostenlosen Dünger, den sie neuerdings von den großen Schweinehaltern in ihrer Nachbarschaft angeboten bekamen. Bisher war die Menge des verfügbaren Stallmists der begrenzende Faktor gewesen, weil die Sandböden nur unter hohem Düngereinsatz ertragreich waren. Die vielen Schweine verkehrten diesen Zusammenhang in sein Gegenteil. Nun waren zunehmend gerade jene Pflanzen, die viel organischen Dünger nicht übelnahmen, Mais und Gerste etwa, interessant. Doch die symbiotische Beziehung kippte. Der Brennstoff der Schweinehaltung, das Futter, konnte weiter unbegrenzt eingeführt werden und der Ausbau von Schweinemastanlagen blieb ein lohnendes Geschäft. Die Aufnahmekapazität der Böden war hingegen endlich; irgendwann lehnte auch der letzte Nachbar weiteren kostenlosen Dünger dankend ab. Der Gülleanfall wurde zu groß für die Kompensationsfähigkeit selbst «güllefreundlicher» Pflanzen. In den Jahren 1983 und 1984 erreichte der güllebedingte Unmut um Vechta und Cloppenburg seinen Höhepunkt. Bisher waren die tierischen Exkremente vielfach unkontrolliert ausgebracht worden. Die dadurch entstandene Veränderung von Boden und Grundwasser mobilisierte eine kritische Öffentlichkeit und führte zum niedersächsischen «Gülleerlass» vom 13. April 1983, der über bestehende Verordnungen hinausging. Ungeachtet dessen wurde die Frage der Gülleentsorgung inzwischen als landwirtschaftliche Umweltfrage schlechthin diskutiert. Dazu trugen journalistische Arbeiten wie der Dokumentarfilm *Und ewig stinken die Felder* bei, der 1985 mit einem Adolf-Grimme-Preis ausgezeichnet wurde und zeigte, wie «Zigtausende von Schweinen […] die südoldenburgische Landwirtschaft in eine riesige Latrine verwandelt» hatten.[201]

Chemisch verantwortlich für die gesellschaftliche Unruhe war in erster Linie der Stickstoff in der Gülle, der im Boden zu Nitrat oxidierte. Nitrat konnte gefährlich werden, sofern es nicht von den Pflanzen verbraucht wurde. Es bewegte sich mobil im Boden und gelangte zum einen in Seen, wo es unerwünschtes Pflanzenwachstum anregte, und zum anderen ins Grundwasser. Ein zu hoher Nitratgehalt im Trinkwasser schließlich bedrohte die Gesundheit von insbesondere Säuglingen und Kleinkindern, in deren Körper aus Nitrat rasch das den Sauerstofftransport im Blut behindernde Nitrit wurde. Familien mit Kindern unter sechs Monaten erhielten in den Dörfern im Umkreis der thüringischen Schweinezucht- und Mastanlage Neustadt an der Orla kostenloses Trinkwasser frei Haus, das im Volksmund «Babywasser» genannt wurde.[202]

Im Unterschied zur Bundesrepublik war Schweinegülle in der DDR Mangel- und Überflussprodukt zugleich. Sie war ein ostdeutsches Organisationsproblem. Mineralischer Kunstdünger lag in den 1980er Jahren zunehmend außerhalb des Devisenbudgets der DDR, doch die überschüssige Gülle der Riesenbetriebe gelangte nicht dorthin, wo sie wünschenswertes Pflanzenwachstum angeregt hätte. Millionen Kubikmeter Gülle flossen entweder unmittelbar auf Felder oder wurden in Gruben «notverkippt», weil für sie weder Speicher- noch Klärvorrichtungen vorhanden waren.[203] Die haarsträubenden Entsorgungsprobleme blieben der ostdeutschen Agrar- und Umweltforschung nicht verborgen. Eine «Extremsituation» herrschte bezüglich der Gülle vor, «wie sie kaum in einem anderen Land erreicht wird», befanden die Forscherinnen und Forscher der Akademie der Landwirtschaftswissenschaften.[204] Mangelnde Klär-, Lager- und Transporttechnik machte die dortige Dosis der anfallenden Schweinegülle zum Gift.

Der Gülleanfall der SZM Neustadt an der Orla entsprach einer Großstadt wie Leipzig, doch ihre Klärvorrichtungen kamen in keiner Weise denjenigen der Bezirkshauptstadt gleich.

Drei Stufen sah die Aufbereitung der Gülle vor, um sie anschließend umweltverträglich auf Felder regnen und in die Saale fließen zu lassen: An Tag eins setzten sich im großen Sammelbehälter Feststoffe ab; an Tag zwei und drei wurde die verbliebene Flüssiggülle mit Luft versetzt und der Bioschlamm wiederum abgeschöpft; anschließend wurde die verbliebene Gülle in acht Teichen bei Plothen – das ironischerweise «Land der tausend Teiche» genannt wurde und als Naherholungsgebiet gegolten hatte – für 365 Tage gelagert.[205] Das immer noch ordentlich nach Ammoniak riechende «Wasser» wurde dann über fest installierte Anlagen in Bucha, Tausa, Plothen, Schöndorf und Volkmannsdorf verregnet und über Bäche in die Saale eingeleitet. Das Teichsystem genügte nicht, um Gülle fachgerecht zu entsorgen. Die zuständigen Behörden tolerierten die Überschreitungen von Grenzwerten und vertuschten zusätzlich die Konsequenzen der Überschreitungen.

Diese Ausbringung der Schweinegülle wurde für Anwohnerinnen und Anwohner in den 1980er Jahren zu einem unzumutbaren Skandal, gegen den sie sich zur Wehr setzten. An Weihnachten 1986 traf sich erstmals eine Gruppe Bürgerinnen und Bürger bei Reinhard Weidner, einem evangelischen Pfarrer, der seit Mitte der 1970er Jahre in Dittersdorf und damit gute zehn Kilometer von der SZM entfernt lebte. Zusammen mit seiner Frau Sybille und seinem Pfarrerkollegen Peter Taeger aus Knau wurde er seit dem Winter 1986/87, als Gülle trotz Verbot auf Schnee und gefrorenen Boden ausgebracht worden war «und munter in Brunnen, Bäche und in die Saale» lief, zum Zentrum der ökologischen Opposition gegen die SZM Neustadt.[206]

Das eklige Gefühl, «ausgerechnet in Schweinedreck zu ertrinken», sei verantwortlich für die «Stinkwut» gewesen, mit der Anwohnerinnen und Anwohner gegen die Anlage vorgingen, diagnostizierte Kurbjuweit 1990.[207] Ebenso war es die Tatsache, dass ihre Nachfragen und Eingaben unberücksichtigt geblieben waren oder sie offensichtlich unzutreffende Antworten erhalten hatten.[208] Mit der Schöpfungsverantwortung als theologischem Unterbau formierte sich unter dem Dach der evangelischen Kirche zunächst auf innerkirchlichen Umwelttagen und bei Umweltgottesdiensten Widerstand. Spätestens 1988, zur Zeit der 10-Jahr-Feier der SZM, wurde aus der innerkirchlichen Umweltgruppe eine auch außerkirchlich auftretende politische Opposition. Der lokale Widerstand gegen die Gülle der SZM schaffte es im August 1988 in die *Umweltblätter*, die bedeutendste monatlich erscheinende Samisdat-Publikation Ostdeutschlands, und im November desselben Jahres außerdem in den westdeutschen *Stern*.[209] Währenddessen liefen die Güllelager weiterhin ungehindert über, wodurch sich die Auseinandersetzung radikalisierte. Mitte Februar erschien die erste eigene Publikation der ostthüringischen Güllegegnerinnen und -gegner, *Leidplanke* genannt, in der sie die Leiden von Menschen und Tieren, das Sterben der Vegetation und das Versagen der Verantwortlichen anprangerten. Pfarrer Weidner hielt Lichtbildvorträge zur Güllesituation um die SZM auf überregionalen Umwelttreffen. Zur selben Zeit eröffnete das Ministerium für Staatssicherheit den Operativen Vorgang «Drohne», der das Ehepaar Weidner und die Aktivitäten der gesamten Umweltgruppe ins Visier nahm. Beide Seiten verbuchten Erfolge: Familie Weidner stellte aufgrund der staatlichen Repression einen Ausreiseantrag und verließ am 30. August 1989 unter tragischem Verlust von Amt und Würden die DDR; größere Kirchen- und Umweltzeitschriften berichteten im Sommer 1989 über den Zustand von Boden und Wasser im Umkreis der SZM. Auf der Gründungsveranstaltung der ostdeutschen Sozialdemokratie nahm Pfarrer Markus Meckel in einer Grundsatzrede zur Krise der DDR expliziten Bezug auf das Geschehen um die SZM Neustadt: «Natur und Umwelt werden durch unverantwortliche Politik und schlechtes Wirtschaften in großem Ausmaß zerstört. Wir werden zum Müllplatz des Westens. Schweine-

Massiver Protest unmittelbar nach dem Fall der Mauer: Etwa 3500 Demonstrantinnen und Demonstranten protestierten am 19.11.1989 gegen die Schweinezucht- und Mastanlage Neustadt/Orla, die links im Hintergrund zu erkennen ist.

fleisch geht billig in den Westen – Gülleseen bleiben zurück (Quaschwitz, Bezirk Gera).»[210]

Nach dem Mauerfall löste sich die Umweltgruppe von ihren bisherigen kirchlichen Strukturen und wurde eine Bürgerinitiative, wie es sie in der Bundesrepublik seit Beginn der Geruchs- und Gülleprobleme gegeben hatte. Bereits zehn Tage nach dem Fall der Mauer, am 19. November 1989, fand eine erste Demonstration vor der SZM statt. Etwa 3500 Menschen versammelten sich unter dem Megafon von Peter Taeger. Ihre Transparente mit Sprüchen wie «Weg mit der Schweinerei» oder «GÜLLE in Hülle und Fülle NEIN DANKE» verliehen ihrem Unmut Ausdruck. Sie hatten, nach weiteren Demonstrationen und einer Blockade der Anlage am 11. Mai 1990, Erfolg. Mit einem «Besamungsstopp» wurde die Schließung per DDR-Regierungsbeschluss am 26. September 1990 entlang des Rhythmus der Schweinekörper eingeleitet: Am 8. Februar 1991 wurden die letzten Ferkel geboren und am 29. Mai 1991 verließen die letzten Schweine die Anlage.[211]

III. Unmut in der Gesellschaft und Stagnation im Stall, 1990 bis heute

1. Tierhaltung im Kreuzfeuer der Gesellschaft

Ein oberflächlicher Blick in die aktuelle Medienberichterstattung macht deutlich, dass die Geschichte der Massentierhaltung noch nicht an ihrem Ende angelangt ist. An einzelnen Orten sind die Pfadabhängigkeiten zwischen der Gründungszeit der Massenställe und ihrer kritischen Gegenwart mit Händen zu greifen. In Haßleben im Boitzenburger Land hatte der VEB Schweinezucht- und Mastbetrieb «Freundschaft» 1979 seine Arbeit mit etwa 150 000 Tieren aufgenommen. Wegen der auch dort nicht beherrschten Umweltauswirkungen machte die Anlage ihrem Namen wenig Ehre. Sie wurde ebenso wie die ostthüringische Schweinezucht- und Mastanlage Neustadt/Orla seit den 1980er Jahren zum Sinnbild irrational konzentrierter «Tierproduktionsanlagen» der DDR. Der Betrieb wurde ebenfalls 1991 stillgelegt. Doch er mobilisierte noch zwanzig Jahre später die Uckermärkerinnen und Uckermärker. 2003 erwarb der niederländische Investor Harry van Gennip den stillgelegten Betrieb, um ihn erneut mit quiekendem Leben zu füllen. Sogleich formierte sich, unter dem Namen «Kontra Industrieschwein Haßleben», neuer zivilgesellschaftlicher Widerstand. Die Gegnerinnen und Gegner sahen die wiederhergestellte Wasserqualität des Kuhzer Sees in Gefahr, fürchteten Lärm, Gestank und die vielen LKWs, die täglich Futter brächten, Gülle transportierten und Schweine mitnähmen, und lehnten die vorgesehenen Haltungsbedingungen der Tiere ab. Nach jahrelanger Auseinandersetzung samt angezündeter Plakate bewilligte das Brandenburger Landesumweltamt im Juni 2013 den geplanten Stallbau. Daraufhin zog die Bürgerinitiative vor Gericht und bekam vier Jahre später, im Oktober 2017, Recht vor dem Verwaltungsgericht Potsdam, das den Bau wegen Planungsfehlern untersagte. Im Juli 2020 bestätigte das Oberverwaltungsgericht Berlin-Brandenburg das Urteil. Die Konjunkturen des Konflikts in Haßleben verweisen auf die Ambivalenz der Massentierhaltung seit den 1970er Jahren. Die Haßlebener Anlage blieb auch vier Jahrzehnte nach ihrer Konzeption attraktiv für Investoren. Die Ambivalenz von Wirtschaftlichkeit und Unbehagen kennzeichnet Massentierhaltung heute.

Die Körper der Tiere wurden seither durch die auf Ebene der Gene ansetzenden Zuchtmethoden weiter optimiert. Die Kalkulation der Tierhaltung wurde, vor allem nach dem Zusammenbruch der Sowjetunion, global zu einem Anwendungsgebiet standardisierter Betriebswirtschaftslehre. Die technische Ausstattung der Ställe entwickelte sich in den Bahnen mechanisierter Automatisierung weiter, wobei die Digitalisierung auch im Stall derzeit bemerkenswerte Veränderungen hervorbringt. Rinderhalter in Russland und der Türkei setzen ihren Tieren gegenwärtig virtual-reality-Brillen auf. In der Hoffnung auf steigende Milchleistung wollen sie ihre Kühe vom monotonen Stallalltag ablenken und ihnen den Eindruck vermitteln, sie stünden auf einer Sommerwiese und fräßen grünes Gras.

Die Berührungspunkte zwischen Stall und den meisten Menschen nahmen unterdessen weiter ab: Zwischen 1989 und 1996 sanken die Hausschlachtungen von Schweinen in Deutschland zum ersten Mal auf unter eine Million Tiere im Jahr.[1] Diese Zahl reduzierte sich bis 2020 auf unter 60000 Tiere, die der hausgeschlachteten Rinder auf etwa die Hälfte der hausgeschlachteten Schweine (28424).[2] Während die Distanz zwischen Stall und Gesellschaft weiter wuchs, erweiterte das produktive Modell der räumlichen Verdichtung möglichst vieler gleichförmiger Tiere seinen Wirkungskreis. Fischfarmen zeigen das am eindrücklichsten. In Zuchtbecken, Netzgehegen oder Meereskäfigen werden Fische in einer Größenordnung weit jenseits traditioneller Forellenzuchten aufgezogen und gemästet. Aus 7,3 Millionen Tonnen von in Aquakulturen erzeugten Meerestieren 1980 und 16,9 Millionen Tonnen 1990 sind 2015 weltweit 106 Millionen Tonnen geworden.[3] Bis 2030 werden wahrscheinlich zwei Drittel der globalen Fischversorgung aus Fischfarmen stammen, berechneten die Weltbank, die Food and Agriculture Organization of the United Nations (FAO) und das International Food Policy Research Institute, wobei neben Lachs und Garnelen vor allem Buntbarsch, Karpfen und der inzwischen aus jeder Kantine bekannte Pangasius für das rasche Wachstum verantwortlich sein werden.[4] Die Intensivierung der Fischhaltung brachte für Mensch, Tier und Umwelt die aus der Geschichte terrestrischer Massentierhaltung bekannten Folgen mit sich. Große Mengen begehrter Nahrung wurden günstig erzeugt, Tiere fielen durch ein stressgeschwächtes Immunsystem, Parasitenbefall und gegenseitige Verletzungen auf und die Umwelt durch Verschmutzung der Gewässer und Medikamentenrückstände. Andererseits hat die Sorge vor einer Überfischung der Weltmeere und der Ausrottung bestimmter Speisefischarten abgenommen.

Zwar hatten Sorgen um die Umwelt und die Lebensbedingungen der Tiere der Idee unbegrenzter Machbarkeit seit den 1970er Jahren bereits Risse zugefügt. Vor 1990 jedoch hielten Technikgläubigkeit und Fortschrittsoptimismus die negativen Aspekte in Schach. Gegnerinnen und Gegner der Massentierhaltung blieben eine Minderheit. Ihre Argumente waren bekannt, fanden aber nur beschränkte Resonanz. Das änderte sich in den letzten dreißig Jahren. So wie die Jahrzehnte vor 1945 ein diskursives Vorspiel der Revolution im Stall waren, so erfuhr die Realität gewordene Massentierhaltung in den letzten drei Jahrzehnten eine negative diskursive Wendung, die in den 2010er Jahren noch einmal stark an Dynamik gewann. Die Massentierhaltung wurde zum *enfant terrible* der aufgeklärten Wohlstandsgesellschaft. Heute stehen die negativen Aspekte großmaßstäblicher, intensiver Fleischproduktion im Vordergrund. Zwischen Stall und Gesellschaft rumort es gewaltig.

Die neue Realität im Stall verlangte nach einer ethischen Neuaushandlung. Sie war mit dem vorherrschenden Konzept von Tierhaltung als per se «guter», weil Lebensmittel liefernder Praxis nicht länger vereinbar. Die rasche und umfassende Rentabilisierung der verdichteten Tierhaltung weckte Zweifel an der moralischen Qualität dieses Unterfangens. Das Unbehagen gegenüber der Geflügelkäfighaltung in den 1970er und der Gülle in den 1980er Jahren erscheint retrospektiv als Inkubationszeit einer sich nach 1990 vollends entfaltenden Kritik, die von Jahrzehnt zu Jahrzehnt an Schärfe gewann. Der Historiker Yuval Noah Harari schrieb 2015 im *Guardian*, industrielle Landwirtschaft sei «one of the worst crimes in history».[5] In Frankreich wird darüber diskutiert, ob die Massentierhaltung «l'ennemi de l'intérêt général» ist.[6] Und in Kanada wird «factory farming» als zentrale Ursache des Klimawandels angeprangert.[7] Die gesellschaftliche Kritik lässt sich in drei Bereiche gliedern, die sich munter gegenseitig befeuerten: erstens Tierwohl, zweitens Fleischproduktion und drittens Ökologie.

Zunächst zu den Tieren: Das neuartige Engagement für Tiere war angelsächsisch inspiriert. In Großbritannien hatten 1976 etwa dreißig Aktivistinnen und Aktivisten die *Animal Liberation Front* gegründet. Unter dem Akronym ALF wurden mitunter strafrechtlich verfolgte Sabotageaktionen zum weltweiten Phänomen. Ihr Ziel war es, Tiere aus menschlicher Herrschaft zu befreien. Tierbefreiungsfront nannte sich ein Teil der deutschen Tierrechtsbewegung, der in den 1990er Jahren in gleicher Manier begann, Tiere aus deutschen Versuchslaboren und zunehmend auch aus Ställen herauszuholen oder zumindest ihre dortigen Lebensbedingungen zu dokumentieren. In den Vereinigten Staaten war 1981 die Organisation *PETA – People for the Ethical Treatment of Animals* – gegründet worden. Mithilfe von Superstars und Models vermarktete PETA eine tierlose Lebensweise in aufsehenerregenden Kampagnen als Lifestyle. Dem Deutschen Tierschutzbund waren die neuen Ideen zu radikal. Die für die Lage der Tiere in Deutschland zuständige Organisation distanzierte sich Mitte der 1980er Jahre von den Tierrechtlerinnen und -rechtlern. Dazu passte, dass sich der Tierschutzbund des Themas Massentierhaltung nur verhalten annahm. Er rüttelte nicht am grundsätzlichen Recht der Menschen, sich die Tiere untertan zu machen: Gewiss, unnötiges Leiden war zu verurteilen, jegliches Leiden hingegen nicht immer zu vermeiden. Fleisch zu essen jedenfalls stellte der traditionelle Tierschutz nicht infrage. Seine Unentschiedenheit bei den ethischen Fragen der sich zeitgleich weiter industrialisierenden Tierhaltung bescherte radikaleren Ideen Zulauf. Seit 1993 mobilisiert *PETA Deutschland e. V.* hierzulande mit dem Ziel, jede Form der Tiernutzung zu beenden.

Die jüngste Rechtsgeschichte belegt die veränderte Position der Tiere in der Kritik an ihren Haltungsformen. Am 22. Februar 2018 bestätigte das Oberlandesgericht Naumburg ein Urteil des Landgerichts Magdeburg und sprach drei wegen Hausfriedensbruchs angeklagte Tierschützer frei. Die Mitglieder der Organisation *Animal Rights Watch* waren in die Ställe einer Schweinezuchtanlage bei Magdeburg eingedrungen, um den dortigen Tierumgang zu dokumentieren. Anders als in bisherigen Stalleinbruchsverfahren stach der Tierschutz das Hausrecht aus. Wegen untätiger Behörden, die zu kontaktieren ohnehin aussichtslos gewesen sei, war der Hausfriedensbruch der Angeklagten durch den Notstand des verletzten Tierwohls gerechtfertigt, so das Gericht. Die Entscheidung verdeutlicht den Legitimitätsverlust der Massentierhaltung.

Die Sorge um tierquälerische Produktionsbedingungen beherrschte zunehmend die Verbraucherkritik. Ein wachsender Teil der Bevölkerung lehnt inzwischen jede Nutzung von Tieren ab und verleiht dieser Haltung in seiner Ernährungsweise Ausdruck. Doch ist das noch immer eine kleine Minderheit der Bevölkerung, wohl zwischen 2 und 3 Prozent.[8] Immerhin verzehnfachte sich die Zahl vegan lebender Menschen in Deutschland zwischen 2008 und 2017 und nahm seither um weitere etwa 300000 Menschen zu.[9] Die Gruppe hat wortgewandte Mitstreiter, den *ZEIT*-Journalisten Bernd Ulrich etwa, die daran arbeiten, die herkömmliche Rede vom uneingeschränkt legitimen «Selbsterhaltungsinteresse des Menschen» unglaubwürdig zu machen.[10] Schneller noch als die Zahl der Vegetarier und Veganerinnen wächst der Anteil sogenannter Flexitarier. Sie ernähren sich überwiegend vegetarisch und essen nur mehr selten Fleisch. Ihnen ordnen sich inzwischen 10 Prozent in Dänemark, 16 Prozent in Belgien, 18 Prozent in Frankreich und sogar 29 Prozent in Deutschland und 32 Prozent in Österreich zu.[11] «Tierquälerei, Zustände bei Tierhaltung / Transport / Schlachtung» sind der Hauptgrund ihrer Entscheidung.[12] Eine andere Studie präzisierte, die «Berichterstattung über Massentierhaltung» sei ausschlaggebend für eine fleischreduzierte Ernährung, da die wenigsten Menschen diese Zustände mit eigenen Augen zu sehen bekommen.[13] Der Wertewandel bei der Ernährung beschert dem Veganismus erfreuliche Aussichten. Was der 2021 verstorbene US-amerikanische Politikwissenschaftler Ronald Inglehart in den 1970er Jahren diagnostizierte, brach sich in Bezug auf die Ernährung in den letzten dreißig Jahren mit voller Wucht Bahn.[14] Eine an Besitz und Vermögen orientierte materialistische Werthaltung verlor in den Wohlstandsgesellschaften des Globalen Nordens Terrain an einen emanzipativen Postmaterialismus. Der Shitstorm, den der Discounter Aldi Süd 2017 auf Facebook erntete, nachdem er 600 Gramm Nackensteak für 1,99 Euro anbot, macht den Wandel plastisch. «Verantwortungslos» oder gar «zum Kotzen» sei dieses Verkaufsangebot, so schimpften Gegnerinnen und Gegner des günstigen Fleisches.[15] Dieser Wandel lässt die Kosten einer veganen Lebensweise in allen von Pierre Bourdieu ausgemachten drei Währungen der Gesellschaft sinken: Ökonomisch wird eine vegane Ernährung mit wachsenden Marktanteilen günstiger. Jahr für Jahr erobern Regale mit Fleischersatzprodukten mehr Platz in den Supermärkten. Sozial und kulturell vollzieht sich in manchen urbanen Milieus bereits eine Werteumkehr der Ernährung. Dort hat das vegane Spargelrisotto oder das Couscous nach Ottolenghi-Rezept den ehemals prestigeträchtigen Sonntagsbraten als das «Gute» in der Ernährung inzwischen abgelöst. Die Verteilung von Vegetarierinnen und Vegetariern über die verschiedenen Alterskohorten der deutschen Gesellschaft hinweg verheißt dem Fleisch eine schlechte Zukunft. Unter den unter Vierzigjährigen ernähren sich überproportional viele Menschen weitgehend fleischlos. Am auffälligsten ist die Diskrepanz bei den 20- bis 29-Jährigen. Von ihnen bezeichnen sich 20,5 Prozent als Vegetarierinnen oder Vegetarier, während ihr Anteil an der Gesamtbevölkerung nur bei 13,4 Prozent liegt.[16] Je älter die Menschen jenseits der Vierzig sind, desto stärker verkehrt sich der Befund in sein Gegenteil; desto mehr Fleisch essen sie.

Eindimensional ist der Trend dennoch nicht. Berlins einflussreichster Food-Influencer Per Meurling fotografiert sich gerne mit großen Fleischportionen, weil Fleisch auf Instagram «einfach besser performt».[17] Meurling aka *berlinfoodstories* braucht nur mehr einen Post abzusetzen, um ein Restaurant wochenlang vollzumachen. Aus der Mode gekommen ist Fleisch noch lange nicht. Im Januar 2019 reiste der französische Fußballspieler Franck Ribéry nach Dubai, um in einer Filiale des Steakhauskettenbesitzers Nusret Gökçe ein mit Blattgold überzogenes Tomahawksteak zu essen. Auch Edel-Metzger Gökçe ist mit 41,9 Millionen Followern bei Instagram enorm populär und bewirtet in seinen Restaurants reihenweise bekannte Männer. Cristiano Ronaldo, Lionel Messi, Justin Bieber, Roger Federer oder Leonardo DiCaprio waren alle schon da. Nachdem Gökçe ein Video mit sich, Ribéry und dem goldenen Fleisch auf Instagram veröffentlicht hatte, auf dem er das Steak pathetisch-affektiert tranchierte, bevor Ribéry grobes Salz darüber streute, entstand eine wüste Diskussion. Der Bayern-Spieler Ribéry erntete Kritik für die als dekadent wahrgenommene Aktion. Die Empörung mag der Kombination von Steak, Blattgold und einer Reise nach Dubai geschuldet gewesen sein. Doch es ist schwer vorstellbar, dass ein ähnlicher Aufruhr um vergoldete Baguettes entstünde. Ribéry reagierte jedenfalls derart unflätig auf die Kritik, dass ihn sein Verein mit einer Geldstrafe überzog. Der Fall zeigt: Fleisch polarisiert. Während mehr als zwei Drittel der Menschen, die weitgehend auf Fleisch verzichten, weiblich sind,[18] unterbreitet die Zeitschrift *BEEF!* «Männern mit Geschmack» alle zwei Monate neue Fleischrezepte. Was für die einen – vorwiegend Männer – weiterhin der Inbegriff von Status und höchstem Genuss ist, wurde für andere – vorwiegend Frauen – zu einem in verschiedener Hinsicht illegitimen Produkt.

Die gegenwärtige Diskussion legt die Gretchenfrage der Überflussgesellschaft offen: Wie legitim ist die Nutzung von Tieren zur Lebensmittelgewinnung, wenn man sich auch anders ernähren kann? Fleisch, Eier und Milch haben ihre Unschuld verloren. Das unterstrich die Debatte um die Tötung männlicher Eintagsküken, die mit einem Verbot dieser Praxis durch den Deutschen Bundestag im Mai 2021 zu ihrem vorläufigen Ende kam. Deutschland ist das erste Land der Welt, das ein solches Verbot erließ. Männliche Küken aus Zuchtlinien, die auf eine hohe Legeleistung der weiblichen Tiere getrimmt worden sind, bekommen zu langsam und zu wenige Muskeln, als dass sie wettbewerbsfähige Masthähnchen werden könnten. Deshalb wurden sie bisher an ihrem ersten Lebenstag außerhalb des Eis vergast oder zerhäckselt. Diese Massentötung erregte in den vergangenen Jahren Anstoß – die schiere Zahl der vernichteten Tiere, etwa 45 Millionen jährlich in Deutschland, 500 Millionen in der Europäischen Union und knapp 2,5 Milliarden weltweit, mag dazu beigetragen haben. Mindestens ebenso wichtig war jedoch, dass der Tötung der Küken kein unmittelbarer Nutzwert gegenübergestellt werden konnte. Es war allein die Notwendigkeit rentablen Wirtschaftens im Kapitalismus, die den Tieren ihr Lebensrecht absprach. Das ist an und für sich nicht weiter bemerkenswert. So funktioniert eine Tierhaltung, die mittels möglichst produktiver Lebensmittelproduktion dem Einkommenserwerb dient. Das Lebensrecht sämtlicher Rinder, Schweine und Hühner erlischt, wenn ihre Halterinnen und Halter Tierarztkosten höher als den noch zu erwartenden Ertrag einschätzen. Doch die Systemhaftigkeit, mit der alle männlichen Nachkommen aus der Legehennenproduktion getötet wurden, überstieg die tierethische Toleranzschwelle der deutschen Wohlstandsgesellschaft. 2019 geriet die Praxis in juristischen Konflikt mit dem Tierschutzgesetz, wonach, so dessen erster Paragraf, niemand «einem Tier ohne vernünftigen Grund Schmerzen, Leiden oder Schäden zufügen» dürfe. Der Konflikt brachte den Wertewandel auf den Punkt: Die maximal günstige Produktion von Nahrungsmitteln gilt nicht länger als ein «vernünftiger Grund», Tieren Schmerzen zuzufügen, so das Leipziger Bundesverwaltungsgericht in seiner Urteilsbegründung am 13. Juni 2019.

Das am 1. Januar 2022 in Kraft getretene Verbot der Tötung männlicher Eintagsküken ist Ausdruck einer Melange aus hoher Emotionalisierung und geringem Wissen über die wirtschaftlichen Zusammenhänge der Tierhaltung. Inzwischen wurden in Deutschland zwischen fünf und acht Millionen Mastplätze für die vormals getöteten sogenannten Bruderhähne gebaut – in Nachbarländern, insbesondere in Polen, sogar mehr, weil die dortigen Genehmigungsverfahren für Stallbauten weniger aufwändig sind.[19] Das Problem der aufgezogenen Bruderhähne ist, dass sie niemand essen will. Ihr Fleisch ist dunkler und grobfaseriger. Es taugt bei unserer Verzehrgewohnheit, bei der zarte, weiße Geflügelfilets zum Standard auf dem Fitnesssalat geworden sind, allenfalls zur Verarbeitung in Tortellini-Füllungen oder Hühnerfrikassee. Dafür aber stehen bereits genug ausrangierte Legehennen zur Verfügung. Der Markt ist gesättigt, wie es hier besonders treffend heißt. Die Aufzucht wird deshalb über höhere Eierpreise finanziert. Legehennenhalter bezahlen beim Kauf neuer Hühner nun eine Rechnung, die die Aufzuchtkosten der Bruderhähne enthält. Die Brüterei, die die Hahnenküken bisher getötet hat, gibt dieses Geld weiter an Betriebe, die die Bruderhähne aufziehen – im dunklen Massenstall, weil sich die Tiere bei zu viel Tageslicht stärker bewegen, dadurch noch langsamer zunähmen und sich mitunter gegenseitig erdrückten. Nach einer 95 Tage dauernden Mast werden die dann etwa 1,3 Kilogramm schweren Bruderhähne geschlachtet. Während sie bis zu dieser Schlachtreife etwa zwanzig Kilogramm Futter gefressen haben, brauchen auf rasches Muskelwachstum gezüchtete Masthähnchen nur mehr gut anderthalb Kilogramm Futter, um ein Kilogramm Geflügelfleisch an ihren Körpern wachsen zu lassen. Das Verbot des Kükentötens, gemeinhin als Verbesserung des Tierschutzes verstanden, verschob das Töten dieser Tiere um knappe einhundert Tage – zum Preis von mehr CO_2, mehr Futtermittelimporten, mehr Geflügelmist, einer Hähnchenhaltung außerhalb des Kontrollgebiets deutscher Tierschutzbehörden, steigenden Geflügelfleischexporten vor allem in afrikanische Länder und teureren Eiern.[20]

So viel zu den lebenden Tieren. Die Produktionsbedingungen der Fleischindustrie waren der zweite Bereich, in dem sich Umfang und Ton der Kritik seit 1990 verschärften. Rhythmisch wiederkehrend lenkten Lebensmittelskandale das öffentliche Bewusstsein auf die Schlachthöfe. Nachdem 1993 schleimiges und ekelerregend riechendes Fleisch in den Kühlregalen von Supermärkten aufgetaucht war, ergaben Recherchen, dass in manchen Schlachthöfen, etwa der Norddeutschen Fleischzentrale oder dem Schlachthof Heilbronn, verdorbenes Fleisch verarbeitet wurde. Eine anschließende Überprüfung brachte ans Licht, dass drei Viertel der getesteten deutschen Schlachthöfe Hygienemängel wie Mäuse oder Ratten, Rost oder defekte Kühlkammern aufwiesen. Gut zehn Jahre später, 2005, brach sich ein erneuter «Ekelfleischskandal» Bahn. Zum Teil seit mehreren Jahren abgelaufenes, tiefgekühltes Hackfleisch war umetikettiert in den Handel gelangt. Daraufhin verschärfte Kontrollen fanden immer wieder verdorbenes Fleisch von Rindern, Puten und Hühnern in Kühlräumen, Verarbeitungsbetrieben und im Handel. 2013 schließlich bekräftigte der sogenannte Pferdefleischskandal das Unbehagen gegenüber industrieller Fleischverarbeitung: Lebensmittelkontrolleure entdeckten Pferdefleisch in Fertiggerichten aus britischen und irischen Supermärkten, ohne dass dies aus deren Etiketten hervorgegangen wäre. Bald darauf waren auch in Deutschland versteckte Anteile von Pferdefleisch in Produkten von Aldi, Lidl, Rewe oder Kaiser's Tengelmann medial omnipräsent. Es fand sich in Fertiglasagne und Pasta Bolognese, aber auch in Gulasch und Dosenravioli der jeweiligen Supermarkt-Eigenmarken, außerdem in den «Köttbullar»-Fleischbällchen von IKEA.

Mehr noch als der Vertrieb verdorbenen Fleisches verstärkte die europaweite BSE-Krise den negativen Beigeschmack einer auf Wachstum und Produktivitätssteigerung setzenden Agrarpolitik. In Kinderbüchern und ebenso auf Milch- und Fleischverpackungen stehen Rinder auf grünen Wiesen und fressen

Gras. Wäre dieses Szenario Realität geblieben, wäre die «Kuh 133» in der südenglischen Grafschaft Sussex am 11. Februar 1985 vermutlich nicht gestorben.[21] Sie war das erste offizielle Opfer der Infektionskrankheit Bovine spongiforme Enzephalopathie, bald bekannt als «Rinderwahn» oder BSE. Bereits ein paar Tage zuvor war sie durch merkwürdige torkelnde Bewegungen aufgefallen. Die Kuh randalierte im Stall und demolierte die Milchanlagen, bis sie einige Tage darauf starb. Auch andere Tiere kamen dem herbeigerufenen Tierarzt David Bee gespenstisch vor. Doch weder er noch der Inhaber der Pitsham-Farm ahnten, was hier seinen Ausgang nahm.

Bis Mitte der 1990er Jahre blieb der britischen Bevölkerung verborgen, welche Gefahr vom Fleisch unentdeckt infizierter Tiere ausgehen konnte. Britische Politikerinnen und Politiker strebten an, zumindest die heimischen Marktanteile der Rinderhalter zu retten, nachdem deren ausländischer Absatz durch Importbeschränkungen anderer Länder eingebrochen war. Doch 1996 informierte der britische Gesundheitsminister Steven Dorrel das Londoner Unterhaus, dass BSE die Speziesbarriere überspringen konnte. «We've already eaten 1,000,000 mad cows», titelte der Londoner *Daily Mirror* panisch.[22] Der Verzehr von BSE-Fleisch etliche Jahre zuvor war als Ursache einer merkwürdigen Erkrankung des Gehirns junger Patienten ausgemacht worden. Wie die torkelnden Kühe verloren die mit der Creutzfeld-Jakob-Krankheit infizierten Menschen Seh- und Gleichgewichtssinn, entwickelten eine rapide Demenz und starben anschließend. Spätestens Mitte der 1990er Jahre wurde deshalb aus dem veterinärmedizinischen Problem ein politischer Skandal und eine gesamtgesellschaftliche Bedrohung.

Am 24. November 2000, gut 15 Jahre nach dem ersten BSE-Fall in England, schlug der erste BSE-Test in Deutschland positiv an. Noch unmittelbar davor hatte SPD-Landwirtschaftsminister Karl-Heinz Funke im Chor von Agrarpolitik, Landwirtschaft und Fleischindustrie gerufen: «Deutsches Rindfleisch ist sicher».[23] Der Glaube an nationale Unverwundbarkeit war nicht nur in Deutschland, sondern auch in Frankreich, Italien oder den Niederlanden stärker als die Anerkennung der transnationalen Realität moderner Fleischproduktion.

Der gängigen Theorie nach war das Mehl unzureichend erhitzter Tierkadaver, das die Rinder in ihrem Kraftfutter fraßen, verantwortlich für ihre BSE-Infektion. Knochen, Blut und Innereien wurden hierfür gemahlen und per Druck-Sterilisation gekocht, getrocknet und zu Futterpellets gepresst. Das war eine marktrationale Entscheidung: Für den menschlichen Konsum nicht verwertbare Teile toter Tiere wurden den lebenden ins Futter gemischt, um diese noch schneller und günstiger heranwachsen zu lassen. Obwohl bekannt war, dass der Verzehr von Artgenossen infektiologisch heikel ist, hatten britische Tiermehlfabriken 1972 die Sterilisationstemperatur von 130 auf 80 Grad Celsius reduziert, um Energie zu sparen. Diese Zusammenhänge waren bereits zum Zeitpunkt des Aufkommens von BSE Ende der 1980er Jahre erkannt worden und hatten auch zu ersten politischen Maßnahmen geführt, wie dem Verbot von Tiermehl als Futter für Wiederkäuer in Großbritannien 1988. Das war jedoch erstens nicht kontrollierbar und ließ zweitens den Export von britischem Tiermehl ins EU-Ausland in die Höhe schnellen, bis diese Länder wiederum mit einem Verbot der Einfuhr britischen Tiermehls reagierten. Drittens ließen sich die Mischmaschinen der Futtermittelfabrikanten nicht ausreichend reinigen, nachdem diese zermahlene Rinderkadaver für Schweine-, Hühner- oder Fischfutter verarbeitet hatten. Weder eine Veränderung der Schlachtpraktiken, damit die Bandsägen und Rückenmark-Zertrümmerer, mit denen die Rinder zerteilt wurden, das benachbarte Fleisch nicht länger mit dem potentiell infektiösen Nervengewebe verunreinigen konnten, noch eine getrennte Entsorgung der gefährlicheren Teile wurde in Angriff genommen. Oberstes Ziel auch der deutschen Agrarpolitik war es, den Rindfleischabsatz nicht zu gefährden. Stimmen aus Wissenschaft und Praxis, die für ein Verarbeitungsverbot von Hirn oder Rückenmark eintraten, wurden als alarmistisch abgetan. Die betreffenden Personen, wie die Fleischhygienetierärztin Margrit Herbst, die von 21 BSE-Verdachtsfällen, die ungeachtet ihrer Bedenken verarbeitet wurden, berichtet hatte, wurden entlassen und juristisch verfolgt.[24] In einer Gegenwart, in der sich die Tierhaltung vom Alltag der allermeisten Menschen entfernt hatte, nährte die medial omnipräsente BSE-Krise das Misstrauen gegenüber der unsichtbar gewordenen Tierproduktion.

Auch im dritten Bereich gesellschaftlicher Kritik, der Ökologie, änderte sich die Position der Tierhaltung seit 1990 entscheidend. Tierhaltung spielte vor 1990 kaum eine Rolle in der ökologischen Landwirtschaft. Erst danach wurde sie zu ihrem Zugpferd. Das *organic farming movement* hatte sich seit den 1920er Jahren um Pioniere wie Albert Howard und seine Frauen Gabrielle und Louise im British Empire und Ewald Könemann (biologische Bodenkultur), Wilhelm Büsselberg (natürlicher Landbau) oder Rudolf Steiner (biologisch-dynamische Wirtschaftsweise) in Deutschland formiert, um den Pflanzenbau zu verändern.[25] Ihre Ideen kreisten um sich selbst erhaltende Böden, ums Kompostieren; sie wandten sich gegen tiefes Pflügen und gegen synthetischen Dünger.[26] Graf Carl von Keyserlingk, mit 18 Zuckerrübenbetrieben und der Zuckerfabrik «Vom Rath, Schöller & Skene AG» einer der größten Agrarunternehmer der Weimarer Republik, rief 1924 Rudolf Steiner zu Hilfe. Die Erträge sanken, obwohl er stetig mehr Kunstdünger auf seine Felder ausbrachte. Fadenwürmer parasitierten die monokulturelle Rübenernte. Steiner kam und formulierte auf Keyserlingks Stammsitz Gut Koberwitz in Schlesien im Juni 1924 seine in anthroposophischen Kreisen zum Kult gewordenen *Geisteswissenschaftlichen Grundlagen zum Gedeihen der Landwirtschaft*.[27] Tiere kamen darin vor als Lieferanten von Dünger und als sphärischer Bestandteil des großen Ganzen, nicht aber als landwirtschaftlicher Betriebszweig, der um seiner selbst willen einer ökologischen Reformulierung bedurfte. Das änderte sich weder während der Institutionalisierung der Bio-Landwirtschaft durch Richtlinien in den 1950er Jahren noch durch die ökologische Wende der 1970er Jahre. Bio-Landwirtschaft meinte Pflanzen ohne Pestizidrückstände, gesunde Böden und «besseres» Gemüse.

Erst der Bio-Boom der jüngsten Vergangenheit setzte Tiere auf die agrarpolitische Öko-Agenda. Am 24. August 2000 trat die um den Bereich der tierischen Erzeugung erweiterte EU-Öko-Verordnung 1804/99 in Kraft. Wie diejenige für den Pflanzenbau von 1991 übernahm sie die Richtlinien der Öko-Verbände. Entsprechend regelte die Verordnung ökologische Haltungsbedingungen, die sich durch mehr Platz, weniger Bewegungseinschränkung (keine Anbindungs-, keine Käfighaltung), andere Bodenbeschaffenheit (keine Vollspaltenböden, Einstreu), mehr Zeit (verlängerte Säugezeit), eine Fütterung ohne synthetische Aminosäuren und mit täglichem Raufutter und einen beschränkten Medikamenteneinsatz (keine präventiven Antibiotika) auszeichneten.

Die zahlenmäßige Entwicklung der Bio-Landwirtschaft ist eine Erfolgsgeschichte. Der Anteil von Öko-Betrieben an sämtlichen landwirtschaftlichen Betrieben in Deutschland stieg von einem Prozent im Jahr 1994 auf 12,9 Prozent 2019 und die ökologisch bewirtschaftete Fläche von 1,6 Prozent auf 9,7 Prozent an der insgesamt landwirtschaftlich genutzten Fläche.[28] Die Tiere reihten sich in diesen Trend ein, jedoch unterschiedlich nach ihrer Art. Ökologisch gehaltene Ziegen führten mit 33 Prozent aller Ziegen die Tabelle an und Bio-Schafe folgten mit 13 Prozent. Allerdings gab es 2020 nur 154 900 Ziegen in Deutschland, aber über 26 Millionen Schweine. Von Letzteren lebte weniger als ein Prozent (0,8) unter als ökologisch klassifizierten Bedingungen. Auch die beiden anderen wichtigsten Branchen der Tierhaltung, Rinder und Hühner, blieben mit einem Öko-Anteil von 7,8 und 5,2 Prozent deutlich hinter den Ziegen zurück.[29]

Diese Zahlen lassen bereits erahnen: Bio wächst im Diskurs üppiger als in der Realität. Die Tiere sind zum Zugpferd der Bio-Landwirtschaft geworden, allein zu ihrem rhetorischen Zugpferd. Eine «artgerechte Tierhaltung» ist der meistgenannte Verbrauchergrund, im Supermarkt zu Bio-Produkten zu greifen, dicht gefolgt von «Umwelt- und Klimaschutz».[30] Das wachsende Bewusstsein um die Zuspitzung der Klimakrise lässt eine fleischreduzierte Ernährung inzwischen auch aus Umweltgründen vernünftig erscheinen. «Klimatarier» wollen qua Ernährung Klimagase reduzieren. Ein mit CO_2-Werten des Instituts für Energie- und Umweltforschung Heidelberg gefütterter Rechner gibt per Mausklick Aufschluss über die CO_2-Bilanz des eigenen Wurstbrots.[31] Die ist, wenig überraschend, nicht erfreulich. Butter und Fleisch, speziell rotes Fleisch, verursachen mehr CO_2 als pflanzliche Lebensmittel. Die ungünstige Ökobilanz des Fleisches ist nichts Neues. Auf sie hatten bereits Lebensreformer Anfang des 20. Jahrhunderts hingewiesen und ebenso um die Welternährung besorgte Aktivistinnen und Aktivisten der 1970er Jahre. Unnötig verschwenderisch und höchst unproduktiv sei es, Pflanzen erst nach ihrer sogenannten Veredelung in Tieren der menschlichen Ernährung zuzuführen.

Im aktuellen Klimadiskurs ergänzen Rinder und andere Wiederkäuer diese unglückliche Gemengelage durch das während ihres Verdauungsprozesses freigesetzte Treibhausgas Methan. Klimaaktivistinnen und -aktivisten und Veganerinnen und Veganer verstärken denselben Trend. Die Sorgen um die Lebensbedingungen der Tiere, Skepsis gegenüber den Produktionsmethoden der Fleischindustrie und ökologische Bedenken gegenüber Ressourcennutzung und Klimawandel befruchten sich gegenseitig. Immer heftiger rütteln sie an der Legitimation der industriellen Haltung von Tieren zur Nahrungsmittelherstellung. Jüngst erschien die aktivistisch motivierte Studie «Milliarden für die Tierindustrie: Wie der Staat öffentliche Gelder in eine zerstörerische Branche leitet», deren Berechnungen von wissenschaftlicher Seite jedoch für plausibel gehalten werden. Sie ist ein gutes Beispiel für die neue Mischung des Akzeptanzverlusts der Tierhaltung. Sie richtet sich zugleich gegen die tierethischen und die ökologischen Implikationen der Tierhaltung sowie die Produktionsbedingungen der Fleischindustrie.[32]

Gleichzeitig hat die Ernährung auch im satten Deutschland des 21. Jahrhunderts eine sozioökonomische Dimension. Teurere Preise für tierische Produkte, wie sie Bundeslandwirtschaftsminister Cem Özdemir im Dezember 2021 zugunsten von Landwirtschaft und Umwelt forderte, verstärken die soziale Ungleichheit. Haushalte mit niedrigem Einkommen bekommen sie überproportional zu spüren. Sie wenden einen größeren Teil ihres Einkommens für Nahrungsmittel auf als reichere Haushalte.[33] Der Hartz-IV-Regelsatz für eine alleinstehende Person liegt 2022 bei 449 Euro und sieht 5,19 Euro pro Tag für die Ernährung vor. Damit sind in Armut lebende Menschen nicht nur von regelmäßigen Restaurantbesuchen und der damit verbundenen soziokulturellen Teilhabe ausgeschlossen. Preissteigerungen für tierische Produkte schränken, auch 140 Jahre nachdem August Bebel vom «gezwungenen» Vegetarismus der Arbeiterschaft sprach, die Ernährungssouveränität ärmerer Menschen stärker ein als diejenige reicherer.[34]

2. Realität im Stall: It's the economy, stupid!

Gemessen an dem gesellschaftlichen Umbruch der letzten Jahrzehnte verwundert die Ruhe im Stall. Massentierhaltung wurde zum unappetitlichen Bürgerschreck, während in weiterhin weniger, aber größer werdenden Ställen davon unbeeindruckt mehr Tiere schneller Milch, Eier und Fleisch liefern. Wie kann das sein? Zwei Entwicklungen sind für diesen Widerspruch verantwortlich. Zum einen drifteten inner- und außerlandwirtschaftliche Öffentlichkeit auseinander. Zum anderen blieb die ökonomische Organisation der Tierhaltung unverändert.

Die Kluft ist groß geworden zwischen Menschen, die Tiere bewirtschaften, und solchen, die sie konsumieren – oder auch nicht mehr konsumieren. Die landwirtschaftliche und die außerlandwirtschaftliche Sphäre sind auseinandergebrochen. Sie sind verschiedene *emotional communities* geworden.[35] Normen, Werte und emotionaler Ausdruck hinsichtlich der Tiere im Stall unterscheiden sich bei Tierhalterinnen und Tierhaltern einerseits, Konsumentinnen und Konsumenten andererseits. Anhand einer Mediengeschichte der Tierhaltung lässt sich die Entstehung zweier Paralleluniversen nachzeichnen. Während die Skandalisierungsdynamiken der Massenmedien intensive Tierhaltung als absatzförderndes Thema in einer zunehmend postmaterialistisch eingestellten Wohlstandsgesellschaft entdeckten, berichteten landwirtschaftliche Fachzeitschriften weiterhin in erster Linie über finanzielle Optimierungsmöglichkeiten im Stall.

In der Mehrheitsgesellschaft wurde die Lesart zunehmend illegitimer Tierhaltung durch die gesellschaftliche Position der Akteure, die sie äußerten, zur hegemonialen Deutung. Nachdem Tierschutzvereine Rinder, Hühner und Schweine seit den 1970er Jahren mit Breitenwirkung zu Lebewesen gemacht hatten, mit denen man Mitleid zumindest haben kann und besser haben sollte, wurde die Fähigkeit zu diesen verfeinerten Gefühlen zum Ausweis von Kultur. Urbane, akademisch gebildete, sozioökonomisch erfolgreiche Milieus machten die Kritik an der Massentierhaltung tonangebend. Sie wähnten sich an der Spitze einer zivilisatorischen Entwicklung, die für einen sorgsameren Umgang mit Tieren eintritt. Gleichzeitig blieb das

Wissen auch ethisch engagierter Bürgerinnen und Bürger über die Zusammenhänge der Tierhaltung gering, wie die Begeisterung über das Verbot der Kükentötung jüngst unter Beweis stellte, die die Konsequenzen der Bruderhahnaufzucht ignorierte. Die Vermarktungsstrategien des Handels verstärkten das Informationsdefizit der Konsumentinnen und Konsumenten. Verpackungen von Milch, Fleisch und Eiern zeigen friedliche Landschaften mit sauberen, unverletzten und nicht selten vermenschlicht lächelnden Tieren, weil sie sich so besser verkaufen als mit Fotografien aus realen Ställen.

Der innerlandwirtschaftliche Diskurs hingegen verschanzte sich hinter technikdeterministischer Unausweichlichkeit. Das ist aufgrund der gegebenen agrarpolitischen Zwänge zur Bestandsvergrößerung mit dem Ziel der Kostendegression und Wettbewerbsfähigkeit nicht verwunderlich, aber ebenso wenig zwangsläufig. Tierhalterinnen und Tierhalter griffen die kommunikative Frontstellung auf. Sie begannen, sich als die *Anderen* der Gesellschaft zu sehen. Ihre emotionale Gemeinschaft zeichnet sich durch Strategien aus, den enormen Anerkennungsverlust zu verarbeiten. Ungeachtet seiner langen Geschichte – die Landwirtschaft verliert nun seit zwei Jahrhunderten an gesellschaftlicher Bedeutung – gewann der Anerkennungsverlust durch die digitale Kommunikation in den sozialen Medien in den letzten 15 Jahren neue Radikalität. Die laute öffentliche Kritik macht es Tierhalterinnen und Tierhaltern, zumindest konventionell arbeitenden und damit ihrer großen Mehrheit, heute schwer, ihr Tun als sozialen Erfolg zu empfinden. Die langen täglichen Stunden im Stall und am Computer erfahren keine ideelle Wertschätzung und zudem keine finanzielle, die das Fehlen ersterer ausgleichen würde. Tierhalterinnen und -halter laufen Gefahr, persönlich beleidigt und angegriffen zu werden. Insbesondere geplante Stallneubauten sind zu Pulverfässern geworden.

Die Kulturwissenschaftlerin Barbara Wittmann machte die Perspektive von konventionell wirtschaftenden Tierhalterinnen und Tierhaltern in ihrer 2021 erschienenen Studie «Intensivtierhaltung» zugänglich. Dort ist nachzulesen, wie sich die Inhaber eines Schweinemastbetriebs bei Landshut, die ihre 1200 Tierplätze auf 3200 erweitern wollten, dreieinhalb Jahre lang fürchteten, morgens die Zeitung aufzuschlagen.[36] Ihr geplanter Stallneubau war zum Gegenstand von Bürgerinitiativen geworden, die ihn verhindern wollten. Online-Kommentare auf Facebook und unter Zeitungsartikeln im Internet enthielten Drohungen. Der öffentlichkeitswirksame Kampf verlief nicht nur diskursiv. Die Baustellenfläche wurde von Gegnern und Gegnerinnen aufgesucht und beschädigt. Einen der drei Söhne hielt seine Religionslehrerin an, ein Referat über Massentierhaltung zu halten, bei dem er vor der Klasse bloßgestellt wurde. Der Stallneubau wurde schließlich genehmigt. Die psychischen Belastungen der Familienmitglieder blieben ebenso zurück wie ihr völliger Vertrauensverlust gegenüber politischen Parteien und Medien. Als Reaktion auf die Anfeindungs- und Ausgrenzungserfahrungen ziehen sich Tierhalterinnen und -halter in eine innerlandwirtschaftliche Gegenöffentlichkeit zurück, wo sie Selbstbestätigung erfahren. Die Landshuter Schweinehalter wurden nicht müde zu betonen, dass ihr Handeln zu jedem Zeitpunkt gesetzestreu war. Sie fühlten sich vollkommen zu Unrecht angegangen. Der Fall zeigt: Die bestehenden Gesetze finden keinen Konsens mehr. Doch ungeachtet aller öffentlichen Kritik funktioniert landwirtschaftliche Tierhaltung weiterhin allein nach ökonomischen Kriterien. Das macht das Zueinanderfinden von Stall und Gesellschaft noch komplizierter.

Wer Rinder, Hühner und Schweine hält, um mit ihnen Geld zu verdienen, will sich und seine Familie ernähren und den zum Teil seit vielen Generationen geführten Hof erhalten. Hohe Investitionskosten neuer Ställe und geringe Preisspannen bei dem Verkauf der Eier und der Milch, der Ferkel und Mastschweine, der Masthähnchen oder der Schlachtrinder erschweren stabile Erlöse und sorgen so für einen konstanten betriebswirtschaftlichen Optimierungsdruck in der Subventionsbranche. Tierhalterinnen und Tierhalter, deren Bilanz zukunftsträchtig erscheint, haben das kapitalistische Wachstumsparadigma ebenso internalisiert wie eine hohe Technikaffinität, während sich das Kernargument von Kritikerinnen und Kritikern gegen genau diese Produktionsweise richtet. Die Mentalität ökonomisch erfolgreicher Tierhalter, also derjenigen, die im fortschreitenden Konzentrations- und Schrumpfungsprozess übrig bleiben, entfernt sich damit weiter von der Öffentlichkeit, die zunehmend ethische und ökologische Bewertungskriterien anlegt.

Die Mehrheit der Tierhalterinnen und -halter fühlt sich nicht als erfolgreicher Manager. Die Situation von Schweinehalterinnen und -haltern im Jahr 2021 machte das besonders deutlich. Neue Stallbauten und große Traktoren, erheblicher Grundstücks- und Wohnraumbesitz und der Vergleich mit tatsächlich an der unteren Einkommensgrenze lebenden Menschen haben den Blick auf die Nöte von Tierhalterinnen und -haltern bisher verdeckt. Ihr Wirtschaften ist aufgrund von Verschuldungs- und Kreditspiralen vor dem Hintergrund unklarer Preisentwicklungen unsicher. Der Preis, den Schweinehalterinnen und -halter für ein Kilogramm Schlachtgewicht Schweinefleisch 2021 durchschnittlich erzielten, lag bei 1,43 Euro. 2019, vor der Corona-Pandemie, die den Außer-Haus-Verzehr sinken ließ, dem Auftreten der «Afrikanischen» Schweinepest, die die Exporte von Ohren, Schwänzen und Pfoten vor allem nach China reduzierte, und dem Brexit, durch den der Handel mit dem Vereinigten Königreich einbrach, lag dieser Preis bei 1,70 Euro pro Kilogramm.[37] Gleiches gilt für die Ferkelpreise. Ein 25 Kilogramm schweres Ferkel war im Oktober 2021 für 18 Euro zu haben, wohingegen es im Frühjahr 2020 noch für bis zu knapp 90 Euro gehandelt wurde.[38] Weil parallel die Produktionskosten stiegen und in der Europäischen Union, vor allem in Spanien, den Niederlanden und Dänemark, weiterhin mehr Schweinefleisch produziert wird, ist kein Ende der unerfreulichen

Lage in Sicht. Der Schweinezyklus ist auch knapp einhundert Jahre nach seiner volkswirtschaftlichen Entdeckung nicht beherrscht. Arthur Hanau war 1927 den periodischen Schwankungen von Angebotsmenge und Marktpreis auf die Spur gekommen, indem er das Verhalten der Bauern, die ihre Erwartungen an den jeweils gegenwärtigen Erträgen ausrichteten, analysiert hatte.[39] Der liberalisierte Markt für Schweinefleisch und ins Haus stehende politische Veränderungen wie das Verbot von Kastenständen vergrößerten die Unwägbarkeiten, die in Zeiten drückender Kreditlasten umso weniger verkraftbar sind. Tierhalterinnen und Tierhalter beschreiben ihre Marktabhängigkeit ähnlich wie der Philosoph Karl Kautsky in seiner sozialistischen Bearbeitung der Agrarfrage von 1899, nur geschieht das inzwischen auf YouTube-Kanälen wie *Hundert Hektar Heimat* oder Instagram-Accounts wie dem von *Baeuerin_Bettina*.

Auf der Mitgliederversammlung der Interessengemeinschaft der Schweinehalter (ISN) im November 2021 jagte ein Superlativ den nächsten. Die gegenwärtige Schweinekrise sei «desaströs», «eine Katastrophe», kein Strukturwandel mehr, sondern ein Strukturbruch. Es brenne lichterloh in den deutschen Schweineställen, kein Ende der Krise sei in Sicht.[40] Bernd Starick, Leiter einer Agrargenossenschaft im brandenburgischen Landkreis Spree-Neiße, berichtete von leeren Ställen und vollen Tiefkühllagern. Sein Betrieb durfte nach dem Ausbruch der «Afrikanischen» Schweinepest keine Tiere an die Schlachthöfe liefern, wodurch sie sich in den Ställen stauten. Das Verlustgeschäft war enorm. Die Tiere, die an jedem weiteren Tag ihres ungeplant verlängerten Lebens Futter fraßen, das in ihre Kalkulation nicht miteinbezogen war, erbrachten bei der Schlachtung nur mehr die Hälfte des Preises «pünktlich» geschlachteter Mastschweine. Von 25 Mitarbeiterinnen und Mitarbeitern in der Schweinehaltung seien nur ein paar geblieben, seit Starick die 2000 Sauen auf 200 reduziert hatte. Auch zukünftig hat er nicht vor, in die Schweinehaltung zu investieren; zu unsicher seien die Zukunftsaussichten.[41] Damit ist Starick nicht allein. Ein Viertel der Sauenhalterinnen und Schweinemäster weiß nicht, «wie es weitergehen soll». Ein gutes Fünftel möchte die Schweinehaltung bereits in den kommenden fünf Jahren aufgeben.[42] Die Universität Kiel fand heraus, dass 60 Prozent der in ihrer Studie befragten Schweinehalterinnen und -halter ihren Betrieb im Gegenzug für eine Prämie aufzugeben bereit seien.[43] Der Befund passt zu jüngsten internationalen Entwicklungen.

Im Februar 2020 verkündete die niederländische Landwirtschaftsministerin Carola Schouten, dass 350 Millionen Euro bereitstünden, um insbesondere Schweinehaltungen weniger intensiv zu machen, wozu auch deren Stilllegung gehört. Seither können sich Tierhalterinnen und Tierhalter bei der niederländischen Regierung um den Aufkauf ihrer Betriebe bewerben. Die Nachfrage überstieg die Mittel bereits im ersten Durchlauf. Die freiwerdenden Flächen sollen die verbleibenden Betriebe für eine weniger verdichtete Tierhaltung nutzen. Diese Perspektive zeigt auf radikale Weise, dass in den Ställen in erster Linie das geschieht, was sich am besten in Geld umsetzen lässt. Wenn es sich stärker lohnt, keine Tiere mehr zu halten, werden die Ställe leerer. Die Übersetzung der unzähligen wissenschaftlichen Ergebnisse, wie Tierhaltung besser für Tier und Umwelt gestaltet werden könnte, in die landwirtschaftliche Praxis hängt von ihrer ökonomischen Umsetzbarkeit ab. «Mir ist das letztendlich egal, was ich produziere», sagte ein Mastschweinehalter in Wittmanns Studie. «Wenn einer haben will, dass ich ihm das Schweindl jeden Tag dreimal Gassi weisen tue [Gassi gehen, V. S.] und zahlt das … letztendlich, dass das lukrativ ist, dann machen wir das.»[44]

Die inner- und die außerlandwirtschaftliche Diskussion kreisen um verschiedene Sonnen. Während Tierhalterinnen und Tierhalter auf die Zahlen im Stall angewiesen sind, beschäftigt sich ein wachsender Teil der Konsumentinnen und Konsumenten mit den ethischen Aspekten von Tierhaltung. Das Spannungsverhältnis ist international: In der spanischen Region Murcia, die wegen der vielen Schweine bereits *porcilandia* genannt wird, stürmten Ende Januar 2022 gut dreißig Landwirte die Stadtratssitzung von Lorca. In Lorca kommen auf 96 000 Einwohnerinnen und Einwohner 1,5 Millionen Schweine. Die wütenden Schweinehalterinnen und Schweinehalter fühlten sich von den urbanen Eliten bevormundet, die den ökonomischen Expansionsdruck ihrer Betriebe nicht thematisieren, sondern Fleischproduktion und -konsum als Umweltzerstörung brandmarken.

Das Auseinanderklaffen von ökonomischer Ratio hier und ethischer dort erklärt, weshalb die bisherige Bio-Bewegung keine neue Kohäsion gebracht hat. Auch Bio-Tierhalterinnen und -Tierhalter blieben in erster Linie Unternehmer. Sie richten ihre Betriebe auf Kostenminimierung aus. Bio-Ställe erfüllen die Mindestanforderungen der jeweiligen Markenprogramme. Weil Indikatoren der Tiergesundheit, etwa Euterentzündungen bei Kühen, Brustbeinschäden bei Legehühnern oder Kannibalismus im Schweinestall, keine Bestandteile der Richtlinien sind, sind Bio-Tiere nicht gesünder als konventionell gehaltene Tiere.[45]

Der Lebensmittelhandel hat sich in der Vergangenheit als wirkungsvollster Wegbereiter tierfreundlicher produzierter Lebensmittel erwiesen. Im gegenwärtigen gesellschaftlichen Klima sind tierische Lebensmittel, die über den gesetzlichen Mindeststandards produziert werden, zu einer günstigen Werbung und Image-Aufwertung geworden. Deshalb verwundert es nicht, dass die Lebensmittelketten Aldi Nord/Süd, Edeka/Netto, Kaufland/Lidl und Rewe/Penny/Nahkauf manche Fleischprodukte seit 2019 mit einem vierstufigen sogenannten «Tierwohllabel» kennzeichnen, während dasselbe Projekt von staatlicher Seite trotz massiver Anstrengungen des Bundeslandwirtschaftsministeriums im Sommer 2021 vorerst gescheitert ist. Es entbehrt nicht einer gewissen Ironie, dass sich mit Aldi zur gleichen Zeit ausgerechnet jener Discounter, der wie kein anderer für radikal günstige Lebensmittel steht, zum Schrittmacher tierfreundlicherer Haltungsformen emporschwang. Ab 2030 will die Supermarktkette an ihren Frischfleischtheken nur noch Fleisch aus den höheren Haltungsstufen 3 und 4 anbieten, die den Tieren Frischluftkontakt oder sogar tatsächlichen Auslauf im Freien garantieren.

Unübliche Bewegung in die seit Jahrzehnten in denselben Bahnen verlaufende Diskussion brachte die vom Bundesministerium für Ernährung und Landwirtschaft 2020 einberufene Zukunftskommission Landwirtschaft unter Vorsitz des ehemaligen Präsidenten der Deutschen Forschungsgemeinschaft Peter Strohschneider. In ihr kamen Vertreterinnen und Vertreter von Landwirtschaft, Handel, Verbraucherseite, Umwelt und Tierschutz sowie Wissenschaft zusammen und beschlossen im Juni 2021 einstimmig einen Abschlussbericht. Das Neue des Berichts ist, dass er die Ambivalenzen der Moderne nicht nur anerkennt, sondern ins Zentrum seines Lösungsvorschlags rückt. Klima und Umwelt, Artenreichtum und Tierwohl seien Gemeingüter *und* landwirtschaftliche Produktionsfaktoren. Die immensen Produktionssteigerungen der Landwirtschaft hätten *zugleich* die zuverlässige Versorgung einer wachsenden Bevölkerung mit günstigen Nahrungsmitteln ermöglicht und für eine Übernutzung natürlicher Ressourcen gesorgt. Dafür verantwortlich sei die bisherige finanzielle Organisation der Landwirtschaft. Sie hätte betriebswirtschaftliche Leistungssteigerung unabhängig von den damit einhergehenden externen Kosten gefördert. Diese Organisation sei vom Kopf auf die Füße zu stellen, indem die «derzeit beträchtlichen» ökologischen und (tier-)ethischen Kosten «in betriebswirtschaftlichen Nutzen überführt» werden.[46] Dann fänden Tierhalterinnen und Tierhalter auch wieder mehr soziale Anerkennung. Die Umstellung sei durch staatliche Transferzahlungen und teurere Lebensmittel, deren Preise die tatsächlichen Produktionskosten abbilden, zu finanzieren und von Bildungskampagnen auf landwirtschaftlicher Seite und auf derjenigen der Konsumentinnen und Konsumenten zu flankieren. Das sei zwar teuer, aber günstiger als eine Weiterführung des Status quo. Teil der Zukunftsvision ist die Verringerung der Tierbestandszahlen, eine umweltverträglichere räumliche Verteilung der Tiere und die Reduzierung des Konsums von tierischen Produkten. So wünschenswert dieses Szenario klingt, macht gerade dieser letzte Punkt deutlich: Der Blick auf Deutschland allein verengt die Sicht.

Nicht nur ernähren sich in Frankreich nicht einmal ein Drittel so viele Menschen vegetarisch wie hierzulande.[47] Die Kurve des weltweiten Fleischverzehrs zeigt insgesamt steil nach oben. Der Fleischkonsum in Deutschland stagnierte in den letzten dreißig Jahren bei um die sechzig Kilogramm pro Person und Jahr und fiel seit 2019 unter die 60-kg-Marke. Das sind jedoch immer noch zwanzig Kilogramm mehr, als der globale Durchschnittsmensch isst. Dessen jährlicher Fleischverzehr verdoppelte sich zwischen 1961 und 2013 von zwanzig auf vierzig Kilogramm, obwohl in diesem Zeitraum dasselbe für die Weltbevölkerung galt, die von drei auf über sieben Milliarden Menschen wuchs.[48] Die FAO prognostiziert anhaltende Wachstumsraten für alle Fleischarten, wobei Geflügelfleisch der wichtigste Treiber dieser Entwicklung bleibe, die vorrangig in asiatischen, pazifischen und afrikanischen Regionen stattfinde.[49] Tierhaltung wurde zum globalen Modernisierungsprojekt. Die Zeithorizonte des Wandels unterscheiden sich je nach Region. Doch im Glauben an Technik und Fortschritt, aus Sehnsucht nach günstigerem Fleisch für mehr Menschen wurde eine konzentrierte und effektivierte Tierhaltung mit Rindern, Schweinen und Hühnern aus global gehandelten Zuchtlinien entweder in ganzjährig klimatisierten Ställen oder, wenn das Klima es zulässt, in *open-air feedlots*, in Nordamerika ebenso realisiert wie in Brasilien und Argentinien, in Großbritannien ebenso wie in Ruanda.[50]

Die globale Relevanz der industrialisierten Tiere wird nirgends deutlicher als an Chinas Aufstieg in den vergangenen vier Jahrzehnten. «Pork's rise was China's rise», schreibt die Soziologin Mindi Schneider als Erklärung dafür, warum Schweinefleisch seit 1978 Rindfleisch als weltweit am stärksten nachgefragtes Fleisch ausstach.[51] Die Privatisierung der Landwirtschaft und die Liberalisierung von Sojaimporten ließen industrielle Farmen, die unentwegt gleichförmige Tiere produzieren, gedeihen – und zwar in neuartigen Größenordnungen. In der zentralchinesischen Provinz Henan nahe der Stadt Nanyang baute die Firma Muyuan Foods 2021 für etwa drei Milliarden Yuan (400 Millionen Euro) die größte Schweinefabrik der Welt. In 21 mehrstöckigen Hallen sollen jährlich 2,1 Millionen Schweine produziert werden – auf so wenig Land wie nie zuvor, dafür mit Wärmebildkameras, die kranke Tiere früher erkennen, und Robotern, die die Exkremente entfernen. Achtzig Jahre nachdem chinesische Reformer US-amerikanische Schweine und Zuchttechniken importiert hatten, hebt die chinesische Tierhaltung Produktionsmethoden, die hierzulande aus der Mode geraten, auf ein neues Level.[52] Auch wenn alle Deutschen oder gar die meisten Europäerinnen und Europäer also auf Fleisch verzichteten oder nachhaltigere Haltungsmethoden durchsetzten, bliebe die Massentierhaltung in der Welt. Sie gediehe andernorts gerade dann noch besser, weil die Länder des globalen Nordens als Fleischexporteure ausschieden.

Doch möglicherweise werden die Agrarkonflikte der Massentierhaltung bald Geschichte sein und die wirkliche Revolution des Fleisches steht uns noch bevor. Nick Lin-Hi, Professor für Wirtschaft und Ethik mitten im deutschen «Schweinegürtel» an der Universität Vechta, ist davon überzeugt. Kultiviertes Fleisch, im Labor aus Zellklumpen generierte Fischstäbchen, Burger und Steaks, würde in naher Zukunft der Tierhaltung, wie wir sie kennen, den Garaus machen. So wie Musik heute per Streamingdienst und Bluetooth in die Ohren strömt, ganz ohne Schallplatte, Kassette oder CD, würde virtuelles Fleisch, geschmacklich ununterscheidbar vom Fleisch getöteter Tiere, Gaumen und Seele erfreuen, nachdem es der 3D-Drucker ausgespuckt hat.[53]

In der Tat tut sich beim Fleisch ohne Tier einiges. Vegane Fleischimitate aus Erbsenproteinen, Algenextrakten, Pflanzenfasern, Proteinpulver aus Reis und Ballaststoffen sind mittlerweile aus dem Supermarkt bekannt. Gleichzeitig gibt es inzwischen auf jedem Kontinent Unternehmen, die an der Produktion von *cultured meat* arbeiten. Aus tierischen Stammzellen statt an lebenden Tieren herangezüchtetes Fleisch ist zum vielversprechenden Investitionsprodukt geworden. Das Geld von Pharmariesen wie Merck, Deutschlands größtem Geflügelzüchter PHW (u.a. Wiesenhof) oder «Impact-Investoren» wie Leonardo DiCaprio lässt zahlreiche Start-ups gedeihen. Sie heißen Future Meat, SuperMeat, Mosa Meat, Aleph Farms, Eat Just, Redefine Meat oder Innocent Meat, das gerade auf den Campus der Uni Rostock gezogen ist, um dort Zellkulturen im Bioreaktor zu Fleisch reifen zu lassen. Sie liefern sich einen Wettlauf um Serienreife, Skalierbarkeit und Vertriebsgenehmigung ihres Fleisches und wittern die große Chance unserer Zeit.

Vegane Fleischimitate könnten ihren Vorsprung bald verlieren. Burger oder Chicken Nuggets, also Fleisch, das auch im Originalzustand nicht aus einem Muskelstück besteht, wurden in den letzten Jahren bereits aus tierischen Zellen realisiert. Dabei werden Stammzellen, die im Gewebe für die Regeneration vorliegen, isoliert und in einem Bioreaktor vermehrt. Danach werden sie in ein dreidimensionales Gerüst aus essbarem Sojaprotein gegeben, wo die Zellen differenzieren – in Muskel- und in Fettzellen. Am Ende werden die beiden Zelltypen von einem 3D-Drucker zur gewünschten Fleischmischung zusammengefügt. Die gegenwärtige Herausforderung ist die Fett- und Muskelstruktur eines guten Stücks Fleisch. Doch auch diesbezüglich melden Labore von Halbjahr zu Halbjahr neue

Errungenschaften. Israel hat sich zu einem Hotspot für In-Vitro-Fleisch entwickelt. Das Laborfleisch könne, so die dahinterstehende Hoffnung, die Ernährungssouveränität des Landes erhöhen. Nachdem Aleph Farms Ltd. im Februar 2021 mit der Meldung auf sich aufmerksam gemacht hatte, «the world's first slaughter-free ribeye steak» produziert zu haben, verkündete MeaTech 3D im Dezember desselben Jahres, das bisher größte Steak ausgedruckt zu haben, das mit 104 Gramm allerdings noch nicht allzu viel Platz auf dem Teller beansprucht.[54] Future Meat Technologies, das zwanzig Kilometer südlich von Tel-Aviv 2021 seine erste Fleischfabrik in Betrieb genommen hat und dort eine halbe Tonne Fleisch pro Tag herstellen kann, bemüht sich bereits um die Genehmigungen für den Vertrieb.[55] Singapur ließ 2020 als erstes Land der Welt Hühnerfleisch aus Zellkulturen des Unternehmens Eat Just zu. Das Fleisch ohne Tier ist dabei, die Laborbedingungen hinter sich zu lassen und die industrielle Dimension zu erreichen. Der Vollständigkeit halber: Ganz ohne Tier ist das Fleisch aus dem Labor nicht. Das Wachstumsserum stammt in der Regel aus dem Herzen eines dafür getöteten Rinderembryos; die Muskelzellen werden lebenden Tieren entnommen. Doch die Größenordnung ist eine andere: Statt der derzeitigen 1,5 Milliarden Rinder, die jährlich weltweit geschlachtet werden, könnten etwa 200 für die Versorgung des wachsenden globalen Rindfleischbedarfs ausreichen.[56] Zudem wird auch daran getüftelt: MeaTech 3D meldete im Sommer 2021 ein Patent auf ein Verfahren an, das ohne tierisches Wachstumsserum auskommt.

Vielleicht kommt das Zellfleisch zur rechten Zeit. Fleisch aus der Fabrik würde sämtliche gegenwärtige Probleme der Tierhaltung abschwächen, versprechen seine Erfinderinnen und Erfinder mit aus der Geschichte der Massentierhaltung wohlbekanntem Fortschrittsoptimismus. Die negative Klimabilanz der Milch- und Fleischindustrie würde sich ebenso erledigen wie die zunehmend weniger tolerierten Lebensbedingungen der

Tiere im Massenstall. Die Regierungsparteien der deutschen Ampelkoalition wollen den Titel ihres Koalitionsvertrages «Mehr Fortschritt wagen» auch auf die Ernährung gemünzt verstanden wissen. Statt für günstigere Fleisch-, Butter- und Eierpreise, wie es jahrzehntelang üblich war, setzen sie sich für eine Stärkung pflanzlicher Alternativen und «die Zulassung von Innovationen wie alternative[n] Proteinquellen und Fleischersatzprodukte[n] in der EU» ein.[57] Leicht dürfte es das Laborfleisch insbesondere in Deutschland jedoch nicht haben. Hierzulande trifft es auf skeptische Verbraucherinnen und Verbraucher, die, Stichwort Gentechnik, neuen Technologien der Lebensmittelproduktion misstrauisch gegenüberstehen, und auf eine einflussreiche Agrarlobby, für die schon der Begriff Hafermilch eine Zumutung ist.

Aus historischer Perspektive erscheint Laborfleisch dennoch als schlüssige Fortsetzung der Geschichte. Auch der Massenstall war schon eine Fleischfabrik. Seit dem 19. Jahrhundert stellten sich Agrarexperten Tiere als Maschinen vor. Die im 20. Jahrhundert geschaffene großmaßstäbliche und technisierte Tierhaltung war die Verwirklichung dieser Idee. Sie erfüllte den Traum von gut gefüllten Fleischtheken, ganzjährig günstigen Eiern sowie reichlich Sahnetorte oder Fitnessjoghurt, je nach Präferenz. Rinder, Schweine und Hühner wurden zu Bioreaktoren gemacht, die ihr Futter möglichst effizient in Fleisch, Milch und Eier zu konvertieren hatten. Sie waren allerdings lebendige Maschinen, und das blieb ein Problem. Ihre Lebendigkeit erwies sich immer wieder als Störfaktor der Produktion. Sich widerspenstig verhaltende Tiere bedrohten die Rentabilität. Krankheitsanfälligkeit potenzierte sich im Massenstall zur Seuchengefahr; Verhaltenspathologien erwiesen sich als systeminhärent. Zudem begannen sich gesellschaftlich einflussreiche Konsumentinnen und Konsumenten an den Lebensbedingungen der Tiere zu stoßen, eben weil es sich um fühlende Lebewesen handelte. Im großen Stil verzichtet die Mehrheit dennoch nicht auf tierische Produkte; stattdessen gesellen sich Verdrängung und schlechtes Gewissen als Beilagen zum Kantinenschnitzel. Laborfleisch kommt in dieser Situation wie gerufen. In-Vitro-Burger und gedruckte Steaks könnten das Gewissen beruhigen, ohne dass die fleischreichen Verzehrgewohnheiten der westlichen Moderne oder der ihnen zugrunde liegende ökonomische Wachstumsimperativ über Bord geworfen werden müssten. Kommt die Revolution des Laborfleisches, werden die Rinder, Hühner und Schweine dieses Buchs noch viel mehr Geschichte sein als bisher.

Dank

Ohne die tatkräftige Unterstützung einer ganzen Reihe zugewandter Menschen hätte dieses Buch seine Form nicht annehmen können. Für die Bereitstellung von Quellen in nichtöffentlichen Archiven danke ich: Lars Schrader und Maren Hertlein vom Celler Standort des heutigen Friedrich-Loeffler-Instituts für umfangreiches Quellenmaterial zur Geflügelhaltung; Klemens Schulz und Hubert Cramer vom heutigen Bundesverband Rind und Schwein e.V. für Quellen zur Zuchtgeschichte und ebenso Gertrud Helm vom Landeskuratorium der Erzeugerringe für tierische Veredelung in Bayern e.V.; der Redaktion der heutigen *BauernZeitung*, insbesondere Ute Janke, in Berlin, die mir Zugang zu allen früheren ostdeutschen Ausgaben ermöglichte; der Deutschen Landwirtschafts-Gesellschaft in Frankfurt am Main für unbeschränkten Zugang zu ihrem Archiv, und Peggy Reiff Miller für fantastische Bilder zu den gespendeten US-Rindern der 1950er Jahren.

In der Abteilung Neuere und Neueste Geschichte an der Universität Bremen recherchierte Keno Jans Literatur zu den globalen Aspekten der Tierhaltung. Sara Kirch las weite Teile des Manuskripts. Paul Göttle brachte Lösungsvorschläge für kompositorische Probleme ein, trieb in Windeseile originelle Quellen auf und sah ebenfalls Kapitel um Kapitel durch. Mein Freund und Kollege Norman Aselmeyer stellte mir seine Quellen zur Arbeitergeschichte um 1900 zur Verfügung, warnte mich zum rechten Zeitpunkt vor einer Schlagseite in Richtung «Anti-Fleisch-Buch» und brachte am Küchentisch von Avner

Ofrath die Titelidee der «Fleischarbeit» auf. Cornelius Torp lieferte kluge Hinweise, wie ich historischen Kontext auf wenig Platz unterbringen kann. Ihnen allen danke ich sehr.

Auf Seiten des Verlags danke ich Detlef Felken für sein Zutrauen in mich und das Projekt, Friederike Mayer-Lindenberg für die außerordentliche Umsicht, mit der sie das Manuskript lektoriert hat, zudem Bettina Corßen-Melzer und Janna Rösch, die auf jegliche Fragen in Windeseile antworteten. Paul Nolte danke ich nicht nur für seine konstruktive Begleitung der dem Hauptteil dieses Buches zugrunde liegenden Dissertation, sondern auch für seine Ermunterung, mich in die breitere Öffentlichkeit vorzuwagen, für die Gelegenheit, den ersten Teil des Buches in seinem Colloquium zur Diskussion zu stellen und für die spontane Lektüre eines Problemkapitels mitten im Semesterendstress.

Schließlich danke ich Tim, Lotta und Rosalie, die mir einen sagenhaften Endspurt im Januar 2022 ermöglichten, indem sie den Haushalt schmissen, auf gemeinsame Zeit verzichteten und Otto von der Kita abholten und ins Bett brachten.

Anmerkungen

Vorwort: Das Problem mit der Massentierhaltung

1 Bundesarchiv Koblenz, B 116 / 72746, Der Bundesminister für Ernährung, Landwirtschaft und Forsten, Entwurf: Verordnung zum Schutz gegen die Gefährdung durch Viehseuchen bei der Haltung großer Schweinebestände, Stand November 1972, 29.3.1973; Generalsekretär des Deutschen Bauernverbandes an Bundesminister für Ernährung, Landwirtschaft und Forsten, Bonn, 17.5.1973, S. 2; Der Niedersächsische Minister für Ernährung, Landwirtschaft und Forsten an den Bundesminister für Ernährung, Landwirtschaft und Forsten, Hannover, 18.5.1973, S. 1.

2 Barbara Wittmann, Intensivtierhaltung. Landwirtschaftliche Positionierungen im Spannungsfeld von Ökologie, Ökonomie und Gesellschaft, Göttingen 2021, S. 11.

3 Destatis, Landwirtschaftszählung 2020 – Zahl der Arbeitskräfte weiterhin rückläufig, 6.9.2021, https://www.destatis.de/DE/Presse/Pressemitteilungen/2021/09/PD21_N053_13.html;jsessionid=43977CC505808C5213C895DCF259C708.live711 (abgerufen am 25.1.2022).

4 Klaus Petrus, Art. Nutztier, in: Arianna Ferrari u. ders. (Hg.), Lexikon der Mensch-Tier-Beziehungen, Bielefeld 2015, S. 263–268, hier S. 264; Lukasz Nieradzik, Geschichte der Nutztiere, in: Roland Borgards (Hg.), Tiere. Kulturwissenschaftliches Handbuch, Stuttgart 2016, S. 121–129, hier S. 122 u. S. 127.

Einleitung: Tierhaltung als Agrarfrage der Gegenwart

1 Forsa, 2017, Meinungen zum Thema Nutztierhaltung, https://www.bund.net/themen/aktuelles/detail-aktuelles/news/umfrage-bevoelkerung-will-raus-aus-der-massentierhaltung/ (abgerufen am 25.1.2022).

2 Wissenschaftlicher Beirat für Agrarpolitik beim Bundesministerium für Ernährung und Landwirtschaft, Wege zu einer gesellschaftlich akzeptierten Nutztierhaltung, 2015, https://www.bmel.de/SharedDocs/Downloads/DE/_Ministerium/Beiraete/agrarpolitik/Gut-

achtenNutztierhaltung.pdf?__blob=publicationFile&v=2 (abgerufen am 25.1.2022).
3 Empfehlungen des Kompetenznetzwerks Nutztierhaltung, 2020, https://www.bmel.de/SharedDocs/Downloads/DE/_Tiere/Nutztiere/200211-empfehlung-kompetenznetzwerk-nutztierhaltung.pdf?__blob=publicationFile&v=3 (abgerufen am 25.1.2022).
4 Carin Martiin u.a. (Hg.), Agriculture in Capitalist Europe, 1945–1960. From Food Shortages to Food Surpluses, Abingdon 2016.
5 Eric Hobsbawm, Das Zeitalter der Extreme. Weltgeschichte des 20. Jahrhunderts, Wien 1995, S. 366–369.
6 Paul Brassley u.a., The Real Agricultural Revolution. The Transformation of English Farming, 1939–1985, Suffolk 2021; Juri Auderset u. Peter Moser, Die Agrarfrage in der Industriegesellschaft. Wissenskulturen, Machtverhältnisse und natürliche Ressourcen in der agrarisch-industriellen Wissensgesellschaft (1850–1950), Wien 2018; Ernesto Car, A World of Entrepreneurs. The Establishment of International Agribusiness During the Spanish Pork and Poultry Boom, 1950–2000, in: Agricultural History 84, 2010, S. 176–194.
7 Norbert Elias, Über den Prozess der Zivilisation. Soziogenetische und psychogenetische Untersuchungen, Bd. I: Wandlungen des Verhaltens in den weltlichen Oberschichten des Abendlandes, München 1969, S. 163.
8 Hartmut Rosa, Beschleunigung und Entfremdung. Entwurf einer Kritischen Theorie spätmoderner Zeitlichkeit, Berlin 2013, S. 47.

I. Sehnsucht nach Fleisch, 1860–1945

1 Meyers Konversations-Lexikon, Art. «Schwein (englische, amerikanische etc. Rassen)» u. Art. «Schwein (Zucht)», Bd. 14, Leipzig u. Wien, 1885–1892[4], S. 742 f.; Merck's Warenlexikon, Art. «Bucheckern, Bucheln», Leipzig 1884[3], S. 69.
2 Petersen, Die bäuerlichen Verhältnisse in der bayerischen Rheinpfalz, in: Bäuerliche Zustände in Deutschland. Berichte veröffentlicht vom Verein für Socialpolitik, Bd. 1, Leipzig 1883 (Nachdruck Liechtenstein 1988), S. 241–271, hier S. 263.
3 Pierer's Universal-Lexikon, Art. «Schwein [1]», Bd. 15, Altenburg 1862, S. 608–613.
4 Brett Mizelle, Unthinkable Visibility. Pigs, Pork, and the Spectacle of Killing and Meat, in: Marguerite S. Shaffer u. Phoebe S. K. Young (Hg.), Rendering Nature. Animals, Bodies, Places, Politics, Philadelphia 2015, S. 263–286, hier S. 272.
5 Charles Dickens, American Notes for General Circulation [1843], London 1918, S. 50, Übers. V. S.

6 Catherine McNeur, Taming Manhattan. Environmental Battles in the Antebellum City, Cambridge, MA 2015, S. 23–30 u. S. 164.
7 Edmund Burke, Reflections on the Revolution in France, in: Liberty Fund (Hg.), Select Works of Edmund Burke, Indianapolis 1999, S. 173.
8 O. A., The Offal and Piggery Nuisances, in: The New York Times, 27.7.1859, S. 1.
9 O. A., Hogtown Yesterday, in: New-York Daily Tribune, 11.8.1859, S. 7.
10 O. A., The Hog War. A Policeman in a Tight Place, in: New York Herald, 11.8.1859, S. 2.
11 Catherine McNeur, One of the First Gentrification Movements – the Great Piggery War, 1.2.2015, https://nypost.com/2015/02/01/one-of-the-first-gentrification-movements-the-great-piggery-war/ (abgerufen am 25.1.2022).
12 Leon, Down with the New York Piggeries in our City, in: The Brooklyn Daily Eagle, 9.8.1859, S. 2.
13 George Godwin, Town Swamps and Social Bridges, London 1859, S. 12 f.
14 George R. Sims, How the Poor Live and Horrible London, London 1889, S. 68 f.
15 A. C. Feit, Bericht der zur Berathung der Trichinen-Frage niedergesetzten Commission der medicinischen Gesellschaft zu Berlin über öffentliche Schlachthäuser, Berlin 1864, S. 10.
16 Horst Matzerath, Wachstum und Mobilität der Berliner Bevölkerung im 19. und frühen 20. Jahrhundert, in: Kaspar Elm u. Hans-Dietrich Loock (Hg.), Seelsorge und Diakonie in Berlin. Beiträge zum Verhältnis von Kirche und Großstadt im 19. und beginnenden 20. Jahrhundert, S. 201–222, hier S. 203.
17 Dorothee Brantz, Animal Bodies, Human Health, and the Reform of Slaughterhouses in Nineteenth-Century Berlin, in: Paula Young Lee (Hg.), Meat, Modernity, and the Rise of the Slaughterhouse, Durham 2008, S. 71–88, hier S. 74.
18 Rudolf Virchow, Die Lehre von den Trichinen, mit Rücksicht auf die dadurch gebotenen Vorsichtsmaaßregeln für Laien und Aerzte dargestellt, Berlin 1866[3].
19 O. A., Führer durch den städtischen Vieh- und Schlachthof von Berlin, Berlin 1902[4], S. 10.
20 https://histat.gesis.org/histat/de/table/details/1A562300965B-E642789EB0EAAB562855 (abgerufen am 25.1.2022).
21 Hans J. Teuteberg, Die Entwicklung des Fleischverbrauchs in Deutschland 1816 bis 2000, in: ders. u. Günter Wiegelmann (Hg.),

Der Wandel der Nahrungsgewohnheiten unter dem Einfluß der Industrialisierung. Göttingen 1972, S. 94–132, hier S. 131 f.; J. Conrad, Der Konsum an nothwendigen Nahrungsmitteln in Berlin vor hundert Jahren und in der Gegenwart, in: Jahrbücher für Nationalökonomie und Statistik 37, 1881, S. 509–524, hier S. 524; Christian Kassung, Fleisch. Die Geschichte einer Industrialisierung, Paderborn 2020, S. 15.

22 Eduard Baltzer, Die Natürliche Lebensweise, Bd. 1–4, Leipzig 1911; Hans-Jürgen Teuteberg, Zur Sozialgeschichte des Vegetarismus, in: Vierteljahrschrift für Sozial- und Wirtschaftsgeschichte 81, 1994, S. 33–65, hier S. 48–51.

23 Hermann Settegast, Aufgaben und Leistungen der modernen Thierzucht, in: Rudolf Virchow u. Franz von Holtzendorff (Hg.), Sammlung gemeinverständlicher wissenschaftlicher Vorträge, Berlin 1870, S. 371–400, hier S. 383–385.

24 Georg von Viebahn, Statistik des zollvereinten und nördlichen Deutschlands. Dritter und letzter Teil: Thierzucht, Gewerbe, Politische Organisation, Berlin 1868, S. 3; Rudolf Virchow, Ueber Nahrungs- und Genußmittel. Vortrag gehalten im Saale des Berliner Handwerker-Vereins, Berlin 1868, S. 35.

25 Carl Moszeik (Hg.), Aus der Gedankenwelt einer Arbeiterfrau. Von ihr selbst erzählt, Berlin 1909, S. 59.

26 Franz Rehbein, Das Leben eines Landarbeiters [1911], Darmstadt 1973, S. 55.

27 Adolf Levenstein (Hg.), Aus der Tiefe. Arbeiterbriefe: Beiträge zur Seelen-Analyse moderner Arbeiter, Berlin 19093, S. 107–115.

28 Alwin Gerisch, Erzgebirgisches Volk. Erinnerungen von A. Ger., Berlin 1918, S. 76.

29 Paul Göhre, Drei Monate Fabrikarbeiter und Handwerksbursche. Eine praktische Studie, Leipzig 1891, S. 30.

30 Moritz Th. W. Bromme, Lebensgeschichte eines modernen Fabrikarbeiters [1905], Frankfurt 1971.

31 Heinrich Georg Dikreiter, Vom Waisenhaus zur Fabrik. Geschichte einer Proletarierjugend, Berlin 1914, S. 68–71; Karl Ernst, Aus dem Leben eines Handwerksburschen, Neustadt im Schwarzwald 1913, S. 404–407.

32 August Skalweit, Die deutsche Kriegsernährungswirtschaft, Stuttgart 1927, S. 83.

33 Wahlplakat im Archiv der sozialen Demokratie der Friedrich-Ebert-Stiftung, 6/PLKA014115.

34 Verhandlungen des Reichstags, XIII. Legislaturperiode, 1. Session, Bd. 286, Berlin 1913, S. 2328–2356, S. 2361–2396; S. 2398–2440.

35 August Bebel, Die Frau und der Sozialismus, Stuttgart 1891[10], S. 332.

36 A. Zurhorst, Tagesfragen aus der städtischen Fleischversorgung, in: Zeitschrift für die gesamte Staatswissenschaft 69, 1913, S. 647–694, hier S. 662.

37 O. A., Der Kampf um das Fleisch. Große Krawalle in den Markthallen, in: Vossische Zeitung, 23.10.1912, Nr. 542, Abendausgabe, S. 2; O. A., Der Kampf um billiges Fleisch, in: Vorwärts, 24.10.1912, Nr. 249, S. 1.

38 Zum Protest von Konsumentinnen und Konsumenten im Kaiserreich ist weiterhin einschlägig: Christoph Nonn, Verbraucherprotest und Parteiensystem im wilhelminischen Deutschland, Düsseldorf 1996.

39 O. A., Der Kampf, in: Vossische Zeitung.

40 Thomas Lindenberger, Die Fleischrevolte am Wedding. Lebensmittelversorgung und Politik in Berlin am Vorabend des Ersten Weltkrieges, in: Manfred Gailus u. Heinrich Volkmann (Hg.), Der Kampf um das tägliche Brot. Nahrungsmangel, Versorgungspolitik und Protest 1770–1990, Opladen 1994, S. 282–304, hier S. 283.

41 O. A., Die Obstruktion der Schlächtermeister, in: Berliner Tageblatt und Handelszeitung, 24.10.1912, Nr. 543, S. 1.

42 Veronika Settele u. Norman Aselmeyer, Nicht-Essen. Gesundheit, Ernährung und Gesellschaft seit 1850, in: dies. (Hg.), Geschichte des Nicht-Essens. Verzicht, Vermeidung und Verweigerung in der Moderne, HZ-Beiheft 73, 2018, S. 7–35, hier S. 17.

43 Zit. nach: O. A., Die Regierung und die Fleischnot, in: Vossische Zeitung, 26.10.1912, Morgenausgabe, S. 2 f.

44 Verhandlungen des Reichstags, Bd. 286, S. 2392.

45 Dieter Baudis, Vom «Schweinemord» zum «Kohlrübenwinter». Streiflichter zur Entwicklung der Lebensverhältnisse in Berlin im Ersten Weltkrieg (August 1914 bis Frühjahr 1917), in: Jahrbuch für Wirtschaftsgeschichte, Sonderband 1986, S. 129–153, hier S. 137.

46 Hans-Heinrich Müller, Kohlrüben und Kälberzähne. Der Hungerwinter 1916/17 in Berlin, in: Berlinische Monatsschrift, Nr. 1, 1998, S. 45–49, hier S. 47.

47 Étienne François u. Eryck de Rubercy, La Mémoire allemande de la Grande Guerre, in: Revue des Deux Mondes 2014, S. 46–57, hier S. 57.

48 Adolf Wermuth, Ein Beamtenleben, Berlin 1922, S. 377.

49 Matthias Blum, Der deutsche Lebensstandard während des Ersten Weltkrieges in historischer Perspektive. Welche Rolle spielten Konsumentenpräferenzen?, in: Vierteljahrschrift für Sozial- und Wirtschaftsgeschichte 100, 2013, S. 273–291, hier S. 288.

50 Siehe exemplarisch: Friedrich Kroner, Überreizte Nerven, in: Berliner Illustrirte Zeitung, Nr. 34, 26.8.1923, S. 673 f.; zum historischen

Kontext: Ulrich Herbert, Geschichte Deutschlands im 20. Jahrhundert, München 2014, S. 207; Andreas Fahrmeir, Deutsche Geschichte, München 2017, S. 87; Martin H. Geyer, Verkehrte Welt. Revolution, Inflation und Moderne: München 1914–1924, Göttingen 1998.

51 Ders., Die Welt der Verlierer. Willy Römers Bilder von Not und Verelendung aus der Inflationszeit, in: Diethart Kerbs im Auftrag des Deutschen Historischen Museums (Hg.), Auf den Strassen von Berlin. Der Fotograf Willy Römer (1887–1979), Berlin 2004, S. 201–226, hier S. 209.

52 Claudius Torp, Konsum und Politik in der Weimarer Republik, Göttingen 2011, S. 23 u. S. 244.

53 Gesine Gerhard, Nie wieder Kohlrüben! Nationalsozialistische Ernährungspolitik im Zeichen des Zweiten Weltkriegs, in: zeitgeschichte 45, 2018, S. 273–294.

54 Hermann Settegast, Die Thierzucht, Breslau 1868, S. 300.

55 Karl Römer, Die Wirtschaftsweise der Nutzgeflügelhaltung, Stuttgart 1893, S. 2.

56 Fritz Möhrlin, Der Pfennig in der Landwirtschaft, Stuttgart 1886, S. 45 u. S. 67.

57 Carl Courtin, Des Landwirts Ausbildung, Stuttgart 1900, S. 163.

58 Junghanns u. Schmid, Zucht, Haltung, Mast und Pflege des Schweines, Stuttgart 1920[5], S. 50f., S. 86–88.

59 Gunter Mahlerwein, Grundzüge der Agrargeschichte, Bd. 3: Moderne 1880–2000, Wien 2014, S. 84.

60 Gustav Comberg, Die deutsche Tierzucht im 19. und 20. Jahrhundert, Stuttgart 1984, S. 143–156.

61 Bayerische Landesanstalt für Landwirtschaft (Hg.), Gruber Chronik 100 Jahre Kompetenz für Nutztiere, 1918–2018, Gräfelfing 2018, S. 4f.

62 O. A., Riems ist die gefährlichste Insel Deutschlands, 16.4.2021, https://www.travelbook.de/orte/gefaehrliche-orte/riems-im-greifswalder-bodden-die-gefaehrlichste-insel-deutschlands; O. A., Ostsee-Insel Riems. Das deutsche Alcatraz der Viren, 20.10.2019, https://www.faz.net/aktuell/gesellschaft/ostsee-insel-riems-das-deutsche-alcatraz-der-viren-16442424.html (abgerufen am 25.1.2022).

63 Christa Spreizer, Von der Hausfrau zum Hindenburg der Küche. Hedwig Heyl, rationale Ernährung und moderne bürgerliche Frauenidentität, in: Aselmeyer u. Settele, Nicht-Essen, S. 61–90; Uwe Spiekermann, Natürliche Kost. Ernährung in Deutschland, 1840 bis heute, Göttingen 2018, S. 241.

64 Skalweit, Kriegsernährungswirtschaft, S. 96.

65 Walter Bartel u. Institut für Marxismus-Leninismus (Hg.), Doku-

mente und Materialien zur Geschichte der deutschen Arbeiterbewegung, Reihe 2: 1914–1945, Bd. 1, Berlin 1958, S. 244.

66 Reinhard Uhle, Landwirtschaftlicher Gross- und Kleinbetrieb während der Kriegswirtschaft, in: Zeitschrift für die gesamte Staatswissenschaft 78, 1924, S. 346–393 u. S. 699–744, hier S. 375, S. 391 u. S. 718.

67 Herbert, Geschichte Deutschlands, S. 227–229.

68 Daniela Münkel, Bäuerliche Interessen versus NS-Ideologie. Das Reichserbhofgesetz in der Praxis, in: VfZ 44, 1996, S. 549–580, hier S. 549 f.

69 Gesine Gerhard, The Modernization Dilemma. Agrarian Policies in Nazi Germany, in: Lourenzo Fernández-Prieto u. a. (Hg.), Agriculture in the Age of Fascism. Authoritarian Technocracy and Rural Modernization, 1922–1945, Turnhout 2014, S. 139–158, hier S. 140; Ernst Langthaler, Schlachtfelder. Alltägliches Wirtschaften in der nationalsozialistischen Agrargesellschaft, 1938–1945, Wien 2016, sowie ders., Völkischer Produktivismus. Nationalsozialismus und Agrarmodernisierung im Reichsgau Niederdonau 1938–1945, in: zeitgeschichte 45, 2018, S. 293–318, hier S. 297.

70 Tim Schanetzky, «Kanonen statt Butter». Wirtschaft und Konsum im Dritten Reich, München 2015, S. 133; Dietmar Süß, «Ein Volk, ein Reich, ein Führer». Die deutsche Gesellschaft im Dritten Reich, München 2017, S. 219.

71 Reichsnährstand, Die Aufgabengebiete der Erzeugungsschlacht, Berlin 1936, S. 18.

72 Roland Schulze, Die Aufgabengebiete der Erzeugungsschlacht, Berlin 1936, S. 14 f.; Mieke Roscher, Projektionen von Rasse und Reinheit im «Dritten Reich», in: TIERethik. Zeitschrift zur Mensch-Tier-Beziehung 8, 2016, S. 30–47, hier S. 40; Gustavo Corni u. Horst Gies, Brot, Butter, Kanonen. Die Ernährungswirtschaft in Deutschland unter der Diktatur Hitlers, Berlin 1997, S. 325.

73 Tiago Saraiva, Fascist Pigs. Technoscientific Organisms and the History of Fascism, Cambridge, MA 2016, S. 13 u. S. 101–135.

74 Anton Reinthaller (Hg.), Leistungsbericht der Landesbauernschaft Donauland, Wien 1941, S. 73, zit. n. Langthaler, Schlachtfelder, S. 179.

75 Langthaler, Schlachtfelder, S. 198.

76 Ebd., S. 109 f.

77 Alfred Schmid u. Bernhard Schuemacher, Zucht und Haltung des Rindes, Stuttgart 1910, S. 136; E. Lehnert, Herr Hoffmann. Eine Geschichte von der Viehzucht, Stuttgart 1879, S. 1; Werner Plumpe, Wirtschaftsstruktur und Strukturwandel. Landwirtschaft, in: Gerold Ambrosius u. a. (Hg.), Moderne Wirtschaftsgeschichte. Eine

Einführung für Historiker und Ökonomen, München 1996, S. 193–216, hier S. 198.

78 Gunther Mai, Die Agrarische Transition. Agrarische Gesellschaften in Europa und die Herausforderungen der industriellen Moderne im 19. und 20. Jahrhundert, in: GG 33, 2007, S. 471–514, hier S. 505.

II. Revolution im Stall, 1945–1990

1 Dieser Teil ist eine überarbeitete Version meiner unter demselben Titel bereits veröffentlichten Dissertation: Veronika Settele, Revolution im Stall. Landwirtschaftliche Tierhaltung in Deutschland 1945–1990, Göttingen 2020.

2 Karl Eckart, Agrargeographie Deutschlands. Agrarraum und Agrarwirtschaft Deutschlands im 20. Jahrhundert, Gotha 1998, S. 228.

3 U.S.-British Bipartite Food and Agriculture Panel, Food and Agriculture: U.S.-U.K. Zones of Germany, Berlin 1947, zit. n. Alice Weinreb, «For the Hungry Have No Past nor Do They Belong to a Political Party». Debates over German Hunger after World War II, in: Central European History 45, 2012, S. 50–78, hier S. 51.

4 Edwin Hoernle, Bauern und Arbeiter (November 1947), in: Nathan Steinberger u. a. (Hg.), Edwin Hoernle – ein Leben für die Bauernbefreiung. Das Wirken Edwin Hoernles als Agrarpolitiker und eine Auswahl seiner agrarpolitischen Schriften, Berlin 1965, S. 146.

5 Berlin-Lichterfelde [im Folgenden: BArch Berlin], DK 1 / 8327, Befehl des obersten Chef d. SMAD vom 3. November 1945: Maßnahmen zur Vermehrung des Viehs. Berlin, 3.11.1945, Bl. 23.

6 BArch Berlin, DK 1 / 8344 Viehaufbau-Aktion in Mecklenburg und Brandenburg 1947–1948, Dr. Lützenberg in der Deutschen Verwaltung für Land- u. Forstwirtschaft, Bl. 137, 21.4.1947.

7 BArch Berlin, DK 1 / 3946 Maßnahmen zur Steigerung d. Viehwirtschaft 1956, 1958–61, Bericht über die Einzelberatung der Bauern des Kreises Prenzlau Sektor Viehwirtschaft (ohne Datum).

8 BArch Koblenz, B 116 / 98, Tierzucht, Rinderzucht und -haltung: Rinderspende der USA für Flüchtlinge, Tierzuchtinstitute, Forschungsanstalten; Protokoll der Sitzung des Hauptausschusses vom 7.6.1950, Joe Dell (Frankfurt/Main), 30.6.1950.

9 O. A., Ich heiße «Miss Safe», in: Weserkurier, 22.10.1949.

10 Elisabeth Noelle u. Erich Peter Neumann, Jahrbuch der Öffentlichen Meinung 1947–1955, Allensbach 1956, S. 46.

11 V. B., Essen wir genug Fleisch?, in: Mitteilungen der DLG 1962, S. 1343.

12 Franz Schorefes, Keine Grausamkeit ist so groß, in: Bayerisches Landwirtschaftliches Wochenblatt 1973, Nr. 12, S. 5.

13 Alfons Baumann, Mehr als abstoßend, in: Bayerisches Landwirtschaftliches Wochenblatt 1973, Nr. 11, S. 4; Sabine Ott, Auch ans Vieh denken, in: Bayerisches Landwirtschaftliches Wochenblatt 1973, Nr. 13, S. 4.
14 O. A., Ein neuer Weg der Färsenvornutzung. Die hochträchtigen Tiere werden kurz vor dem Abkalben geschlachtet, das Kalb wird aufgezogen, in: Bayerisches Landwirtschaftliches Wochenblatt 1973, Nr. 4, S. 30.
15 V. B., Essen wir genug Fleisch?.
16 BArch Koblenz, B 116 / 17922, Vermerk Dr. Preiss an Herrn Bundesminister, Beziehungen zwischen Rinderpreis und Milchproduktion, 1.2.1968, S. 1.
17 Klaus Kiran Patel, Europäisierung wider Willen. Die Bundesrepublik Deutschland in der Agrarintegration der EWG, 1955–1973, München 2009, S. 318; Manfred Versbach, Technik und Verfahren der Einzeltierfütterung im Rindviehlaufstall, Gießen 1970, S. 7.
18 Eckhard Mothes, Tiere am Fließband, Leipzig 1976, S. 61.
19 Hans-Gerhard Schmidt, Industriemäßige Rinderproduktion, Berlin 1980, S. 16.
20 Joachim Lenschow, Probleme der Rinderzüchtung im Hinblick auf die Entwicklung des volkswirtschaftlichen Bedarfs und die Einführung industriemäßiger Produktionsmethoden, in: Deutsche Akademie der Landwirtschaftswissenschaften zu Berlin (Hg.), Sitzungsberichte, Bd. XV, Nr. 14, Berlin 1966, S. 27–54, hier S. 43.
21 Sächsisches Staatsarchiv Leipzig [im Folgenden SStL], agra-059/03-VHS, industriemäßige Rindfleischproduktion («Ferdinandshof»), agra-Filmstudio 1972.
22 Fritz Kranz, Leiter der ZBE Jungrinderaufzucht Seegrehna, Krs. Wittenberg, Erfahrungen mit dem Aufbau eines Zuchtzentrums, in: Landwirtschaftsrat beim Ministerrat der DDR (Hg.), XI. Bauernkongreß der DDR vom 8. bis 10. Juni 1972 in Leipzig, Berlin 1972, S. 464 f.
23 Richard Lewinsohn, Eine Geschichte der Tiere. Ihr Einfluß auf Zivilisation und Kultur, Hamburg 1952, S. 346.
24 Rubrik Agrarpolitik, Drei Wünsche an das Jahr 1969, in: Bayerisches Landwirtschaftliches Wochenblatt 158, 1968, S. 22.
25 G. Goerttler, Grundsätzliches zur Frage der künstlichen Besamung, in: Deutsche Landwirtschaftliche Tierzucht, Nr. 36, 5.9.1942, o. S.; zit. n. Christian Sell, Drei Jahrzehnte Rinderbesamung in der Bundesrepublik Deutschland, Hamburg 1976, S. 39–43.
26 Sell, Drei Jahrzehnte, S. 47.
27 Dr. Hopf, Einweihung der Rinderbesamung-Zentrale Nordbayern, in: Bayerisches Landwirtschaftliches Wochenblatt 141, 1951, S. 713;

Dr. Rettenmaier, Die Errichtung der Besamungszentrale Neustadt/Aisch, in: Tierärztliche Umschau 7, 1952, S. 21–23.

28 Sell, Drei Jahrzehnte, S. 110; O. A., Mehr Rinderbesamungen. Überblick über die Entwicklung in den letzten Jahren, in: Bayerisches Landwirtschaftliches Wochenblatt 1967, Nr. 19, S. 31.

29 Christian Sell, Ein aktuelles Thema. Besamungsstationen, in: Mitteilungen der Deutschen Landwirtschafts-Gesellschaft 1953, S. 1283.

30 O. A., Züchten Sie nach Maß. Besamungstechnik eröffnet neue Möglichkeiten, in: Bayerisches Landwirtschaftliches Wochenblatt 1971, Nr. 31, S. 14 f.; O. A., Was bieten unsere Besamungsbullen? Jeder Stier hat seine ganz besondere Note, in: ebd., Nr. 42, S. 13.

31 O. A., Der richtige Bulle für Ihre Kuh. Die Besamung macht die Zuchtwahl leichter, in: ebd., Nr. 29, S. 13.

32 H. Faller, Beeinflußt die Wirtschaftsintensität die Gesundheit der Kühe?, in: Mitteilungen der DLG 1965, Nr. 41, S. 1561–1566, hier S. 1561.

33 BArch Koblenz, B 116 / 50288, Fritz Logemann als parl. Staatssekretär von MR Dr. Rojahn an das Mitglied des Deutschen Bundestages Herrn Friedrich Schonhofen, 26.3.1975.

34 BArch Berlin, DK 1 / 3822 Tagung KB in Moskau 1959, Moskau, 16.2.1959.

35 Volker Klemm, Agrarwissenschaften im «Dritten Reich». Aufstieg oder Sturz? (1933–1945), Berlin 1994, S. 92; Susanne Heim, Kalorien, Kautschuk, Karrieren. Pflanzenzüchtung und landwirtschaftliche Forschung in Kaiser-Wilhelm-Instituten 1933–1945, Göttingen 2003, S. 56–58.

36 BArch Berlin, DK 1 / 7158 RGW, Einrichtung eines internationalen Spermadepots, Reichelt an Woltschenko, 30.10.1959, Bl. 1–5, hier Bl. 4.

37 BArch Berlin, DK 1 / 10954, Künstliche Besamung, Rat des Bezirkes Erfurt, Bezirksveterinärinspektion, betr. Neuausbruch von ansteckendem Bläschenausschlag der Rinder auf der VE Besamungs- und Deckstation Erfurt, 1959.

38 Michael Schmidt-Klingenberg, «Die Figur ist undurchsichtig», in: Der Spiegel 1991, Nr. 4, S. 95–99, hier S. 95.

39 Christoph Langner, Die Geschichte der Tierzucht in Vorpommern unter besonderer Berücksichtigung der Rinder- und Schweinezucht von ihren Anfängen bis 1990, Diss. FU Berlin 2008, S. 109; Wilfried Brade, Kreuzungsversuche mit Jersey-Rindern und deren Nutzung in Deutschland aus historischer Sicht, in: BüL 92, 2014, S. 1–24, hier S. 10 f.

40 Georg Schönmuth, Genetische Grundlagen der Rinderzüchtung, in: Deutsche Akademie der Landwirtschaftswissenschaften zu Berlin

(Hg.), Sitzungsberichte, Bd. XV, Nr. 14, Berlin 1966, S. 5–26, hier S. 17.

41 Arbeitsgemeinschaft Deutscher Rinderzüchter e. V., Rinderproduktion in Deutschland 2016, Bonn 2017, S. 40; heute liegt der Anteil der einer kontinuierlichen Milchleistungsprüfung unterliegenden Kühe bei 87,0 Prozent, siehe ebd.

42 UFA-Dabei 647/1968, 17.12.1968, https://www.filmothek.bundesarchiv.de/video/584837 (abgerufen am 30.5.2022).

43 Ludwig Dürrwaechter, Anleitung für die praktische Tierbeurteilung, München 1960[5], S. 41 f.

44 Max Witt, Leistungsschau der Rinderzucht. Das Niederungsvieh, in: DLG (Hg.), Deutsche Spitzentiere im Wettstreit. Deutsche Spitzentiere im Urteil der Berichterstatter der Tierschau Köln 1953, Frankfurt 1953, S. 23–38, hier S. 35 u. S. 38.

45 Schmid u. Schuemacher, Zucht, S. 97.

46 BArch Berlin, DK 1/10320 Erfahrungsaustausch Probleme der Milchproduktion am 25. Oktober 1960, S. 33; AGF / o. A., Sind hohe Milchleistungen immer richtig? Fragen, die nicht nur den Züchter angehen – Ab wann die Kuh ihr Futter wert ist, in: Bayerisches Landwirtschaftliches Wochenblatt 1959, Nr. 20, S. 12.

47 H. Dreves, Es geht um Leistungssteigerung! Warum ist eine Leistungssteigerung auf den MLP-Betrieben so mühsam zu erreichen?, in: Bayerisches Landwirtschaftliches Wochenblatt 144, 1954, S. 1833.

48 BArch Berlin, DK 1 / 10320 Zentraler Erfahrungsaustausch zu Problemen der Milchproduktion, S. 84 f.; Rudi Krüger, Viehzuchtbrigadier, LPG Nossdorf (Bezirk Cottbus), in: VI. Deutscher Bauernkongreß vom 8.–11. Dezember 1960 in Rostock, Berlin 1961, S. 103 f.

49 Gerhard Krenz, Notizen zur Landwirtschaftsentwicklung in den Jahren 1945–1990. Erinnerungen und Bekenntnisse eines Zeitzeugen aus dem Bezirk Neubrandenburg, Schwerin 1996, S. 179.

50 Barbara Schier, Alltagsleben im «sozialistischen Dorf». Merxleben und seine LPG im Spannungsfeld der SED-Agrarpolitik 1945–1990, Münster 2001, S. 224.

51 Elisabeth Noelle-Neumann, Jahrbuch der Öffentlichen Meinung 1974–1976, Wien 1976, S. 3; Anton Erhard, Muß der Berufsmelker aussterben?, in: Bayerisches Landwirtschaftliches Wochenblatt 143, 1953, S. 158.

52 O. A., Aus Leserbriefen: Schattenseiten der Landwirtschaft, in: Mitteilungen der Deutschen Landwirtschafts-Gesellschaft, 22.12.1955, S. 1321.

53 Elisabeth Noelle u. Erich Peter Neumann, Jahrbuch der Öffentlichen Meinung 1958–1964, Allensbach 1965, S. 365.

54 Hildegard Fuhrmann, Kälberpflegerin der LPG Typ III in Seerhau-

sen, Kreis Riesa, in: Landwirtschaftsrat beim Ministerrat der DDR (Hg.), VIII. Deutscher Bauernkongreß, 28. Februar bis 1. März 1964 in Schwerin, Berlin 1964, S. 246–250, hier S. 247.

55 O. A./Erich Honecker, Denken und Handeln aller befruchtet. Aus dem Rechenschaftsbericht vor dem 2. Plenum des Zentralkomitees der SED, in: Neue Zeit, 14.4.1963, S. 2; Walter Ulbricht, Brief des Zentralkomitees an die Werktätigen der sozialistischen Landwirtschaft, in: Neues Deutschland, 20.4.1963, S. 3.

56 Ruth Breuste, Reserven. Fütterungs- und Haltungsfehler sind Ursachen für solche Verluste, in: Berliner Zeitung, 4.2.1964, S. 1.

57 Professor Dietrich, Magere Kühe sind teure Kühe, in: Mitteilungen der Deutschen Landwirtschafts-Gesellschaft 144, 1953, S. 1017.

58 Karl Heinz Eckert, Rinderzucht bleibt fortschrittlich. Höchstmöglicher Ertrag mit geringstmöglichem Aufwand – Die neue Zuchtmethode, in: Bayerisches Landwirtschaftliches Wochenblatt 1965, Nr. 20, S. 24–32, hier S. 26.

59 Max Witt, Aufrechterhaltung der Nahrungsproduktion in Europa – eine verpflichtende Aufgabe der westlichen Industriegesellschaft, in: Aus dem Max-Planck-Institut für Tierzucht und Tierernährung Mariensee/Trenthorst 19, 1964, S. 5–35, hier S. 6.

60 O. A., Entweder schaffen Sie Ihr Milchvieh ab oder holen Sie das Letzte aus Ihren Kühen heraus, in: Bayerisches Landwirtschaftliches Wochenblatt 1970, Nr. 14, S. 20f.

61 Felix Mitterer, Superhenne Hanna, Wien 1984[3], S. 9.

62 Ebd., S. 44f.

63 Friedrich Engels, Die Lage der arbeitenden Klasse in England. Nach eigner Anschauung und authentischen Quellen, in: Karl Marx u. Friedrich Engels, Werke, Bd. 2, Berlin 1972, S. 225–506, hier S. 237–239; Raj Patel u. Jason W. Moore, How the Chicken Nugget Became the True Symbol of Our Era, in: The Guardian, 8.5.2018, https://www.theguardian.com/news/2018/may/08/how-the-chicken-nugget-became-the-true-symbol-of-our-era (abgerufen am 26.1.2022).

64 Christof Macht, Die Auslese im Hühnerstall, in: Bayerisches Landwirtschaftliches Wochenblatt 145, 1955, S. 1257f., hier S. 1257.

65 O. A., Wo bleiben die Eier?, in: Berliner Zeitung, 31.7.1953, S. 8.

66 O. A., 29000 Eier sollten verschoben werden. Schieber gefaßt, «Geschenke für arme Verwandte», Gefängnis für Zahlungsvergehen, in: Berliner Zeitung, 11.5.1958, S. 2.

67 Franz Alberti u. a., Studienreise nach USA zum Studium der Geflügelzucht, Frankfurt 1952, S. 14.

68 Robert Gleichauf, Ist das Inzucht-Hybridhuhn das Huhn der Zukunft? Nach einer Veröffentlichung von Dr. J. Holmes Martin in Hatchery Tribune, in: Deutscher Kleintier-Züchter 9, 1952, S. 5.

69 Grüne Berichte bis 1970, danach Agrarberichte des BML; Zahlen auch hier: Bundesministerium für Ernährung und Landwirtschaft (Hg.), Landwirtschaft verstehen. Fakten und Hintergründe, Berlin 2014, S. 9.

70 Emelyn Rude, Tastes Like Chicken. A History of America's Favorite Bird, New York 2016, S. 109–111.

71 William H. William, Delmarva's Chicken Industry. 75 Years of Progress, Georgetown 1998, S. 34.

72 Louis M. Hurd, Modern Poultry Farming, New York 1944, S. 4.

73 Wilhelm Mann, Bäuerliche Geflügelhaltung?, in: Mitteilungen der Deutschen Landwirtschafts-Gesellschaft, 1.8.1955, S. 845.

74 Peter von Blanckenburg, Die Berufsbejahung in der Landwirtschaft. Bemerkungen zur sozialpsychologischen Situation des westdeutschen Bauerntums, in: BüL 37, 1959, S. 21–40, hier S. 39.

75 Albert Koch, Wie kommen wir jetzt weiter?, in: Deutscher Kleintier-Züchter 1951, Nr. 24, S. 1–3, hier S. 3.

76 Ross B. Talbot, The Chicken War. An International Trade Conflict between the United States and the European Economic Community, 1961–64, Ames 1978, S. 11.

77 BArch Koblenz, B 116 / 11 321, Informationsgespräch zwischen dem Staatssekretär im BML und Vertretern der US-Botschaft, 6.8.1963; Herman Walker, Dispute Settlement. The Chicken War, in: American Journal of International Law 58, 1964, S. 671–685, hier S. 671.

78 O. A., «Wienerwald» – nicht von Johann Strauß. Das Geheimnis des Erfolges ist der Erfolg – Brathendlstationen rund um den Globus – Warum die deutsche Erzeugung nicht im Geschäft ist, in: Bayerisches Landwirtschaftliches Wochenblatt 1964, Nr. 10, S. 10 u. S. 12, hier S. 10.

79 Alfred Mehner, Quo vadis?, in: Deutsche Geflügelwirtschaft 26, 1965, S. 450–454, hier S. 450.

80 BArch Koblenz, B 116 / 11 321, 6.12.1961, Deutscher Bundestag, 4. Wahlperiode, Mündliche Anfragen IV. Geschäftsbereich des Bundesministers für E, L und F.

81 Statistisches Bundesamt, Statistisches Jahrbuch der Bundesrepublik, Wiesbaden 1959, S. 472; Statistisches Bundesamt, Statistisches Jahrbuch der Bundesrepublik, Wiesbaden 1972, S. 586.

82 BArch Berlin, B 136/3542, Walter C. Dowling an Bundeskanzler Adenauer, 19.5.1962; siehe auch: Bundesarchiv, Edition «Die Kabinettsprotokolle der Bundesregierung», 31. Kabinettssitzung am 6.6. 1962.

83 BArch Koblenz, B 116 / 11 321, Ziegenhain Bez. Kassel, An den Bundeskanzler der Bundesrepublik Deutschland, Herrn Dr. Konrad Adenauer, Kurz, Vorsitzender, 29.7.1962.

84 BArch Koblenz, B 116 / 11321, Informationsgespräch zwischen dem Herrn Staatssekretär und den Herren Vertretern der US-Botschaft in Bonn am 6.8.63, Dokument «The US Poultry Trade», S. 3.

85 O. A., Common Market. The Chicken War, in: Time Magazine, 14.6.1963, http://content. time.com/time/magazine/article/0,9171,874857,00.html (abgerufen am 30.5.2022).

86 Siegfried Kuntsche, Die Akademie der Landwirtschaftswissenschaften 1951–1990, Bd. 1, Leipzig 2017, S. 53.

87 BArch Berlin, DK 1 / 11987, Institut für Ökonomik und Preise beim Rat für landwirtschaftliche Produktion und Nahrungsgüterwirtschaft der DDR, 4.9.1968.

88 Patel u. Moore, Chicken Nugget.

89 Richard R. Römer, Nutzbringende Geflügelwirtschaft. Ein praktischer Ratgeber für Geflügelhaltung und -züchtung in Stadt und Land, Stuttgart 1949[2], S. 40.

90 Erna Edeltraud, LPG «Fortschritt», Nobitz, Kreis Altenburg, in: Nationalrat der Nationalen Front des Demokratischen Deutschland (Hg.), VI. Deutscher Bauernkongreß vom 8.–11. Dezember 1960 in Rostock, Berlin 1961, S. 190–194, hier S. 191 u. S. 193.

91 William Boyd u. Michael Watts, Agro-Industrial Just-in-Time. The Chicken Industry and Postwar American Capitalism, in: David Goodman u. Michael Watts (Hg.), Globalising Food. Agrarian Questions and Global Restructuring, London 1997, S. 192–225, hier S. 193.

92 Edeltraud, LPG «Fortschritt», in: Nationalrat der Nationalen Front des Demokratischen Deutschland (Hg.), VI. Deutscher Bauernkongreß, S. 192.

93 Gisela Hartmann, Bereichsleiter im VEB KIM «Hermsdorfer Kreuz», Bez. Gera, Erfahrungen der Werktätigen eines KIM-Betriebes, in: Landwirtschaftsrat beim Ministerrat der DDR (Hg.), XI. Bauernkongress der DDR vom 8. bis 10. Juni 1972 in Leipzig, Berlin 1972, S. 426–429, hier S. 427.

94 Albert Betz, Hühnergegacker über Kuhställen. Manche werden plötzlich Freunde des Federviehs, in: Bayerisches Landwirtschaftliches Wochenblatt 1959, Nr. 44, S. 15.

95 Hans Jungehülsing, Rentable Veredelungswirtschaft. Organisation und Wirtschaftlichkeit der Nutzviehhaltung, Stuttgart 1965, S. 164.

96 Thomas Welskopp, Unternehmen Praxisgeschichte. Historische Perspektiven auf Kapitalismus, Arbeit und Klassengesellschaft, Tübingen 2014, S. 11.

97 Ludwig Schmidt, Batteriehaltung in Deutschland?, in: Mitteilungen der DLG 1963, S. 1077 f.

98 Rose-Marie Wegner, Neue Entwicklungen in der Legehennenhaltung, in: Der Tierzüchter 1978, Nr. 11, S. 491–493, hier S. 491.
99 Patrice Poutrus, Die Erfindung des Goldbroilers. Über den Zusammenhang zwischen Herrschaftssicherung und Konsumentwicklung in der DDR, Wien 2002, S. 219.
100 SStL, agra-151–01-F, Film «Köstlich immer marktfrisch – Kombinat industrielle Mast: Geflügelzentrum Königs Wusterhausen».
101 Manfred Grund, Eierstrom aus Plastbatterien. Eine Neuerung hilft im Kreis Halberstadt Millionen sparen, in: Neue Deutsche Bauernzeitung 1969, Nr. 25, S. 6.
102 O. A., Achtung! Fuchs im Hühnerstall. Westdeutsche Millionäre wollen die Bauern an die Wand drücken, in: Neue Deutsche Bauernzeitung 1966, Nr. 24, S. 7; O. A., Schulte & Dieckhoff. Immer was Neues, in: Der Spiegel 1968, Nr. 15, S. 100 u. S. 102, hier S. 100.
103 Uwe Köhler, Das Mittelstands-Huhn. Die Grüne Front kämpft gegen die Rationalisierung der Agrarproduktion, in: Die Zeit 1966, Nr. 15, https://www.zeit.de/1966/15/das-mittelstands-huhn/komplettansicht (abgerufen am 26.1.2022).
104 Günter Müller, Gegenwartsprobleme und Zukunftsaussichten der deutschen Hühnerhaltung, in: BüL 40, 1962, S. 778–792, hier S. 791.
105 Rudolph Schöpfel, Geflügel nach den Wünschen der Verbraucher. Der Markt verlangt ein saftiges, feinfaseriges und knochenarmes Fleisch, in: Bayerisches Landwirtschaftliches Wochenblatt 1966, H. 33, S. 11 f., hier S. 12.
106 BArch Filmarchiv, BSP 9030–2, Film «Flora, Jolanthe und 4000 Hühner», DEFA für populärwissenschaftliche Filme 1960, Drehbuch und Regie: Armin Georgi u. Peter Ulbrich.
107 R. D. Bahte, Jährlich drei Millionen Hähnchen. Oberpfälzer Geflügelmäster gehen zur Gemeinschaftserzeugung über, in: Bayerisches Landwirtschaftliches Wochenblatt 1970, Nr. 18, S. 12 f.
108 O. A., Kooperationsverband Broiler, Geflügelfleisch mit Gütezeichen, in: Kooperation. Zeitschrift für die sozialistische Landwirtschaft und Nahrungsgüterwirtschaft 1967, Nr. 3/4, S. 70–73, hier S. 70.
109 Hans-Christoph Löliger, Ein Problem zwischen Tierschutz und Produktivität, in: Umschau 75, 1975, S. 593 f., hier S. 593.
110 Alfred Mehner, Welchen Lebensraum braucht das Huhn?, in: Deutsche Geflügelwirtschaft 39, 1967, S. 754–757, hier S. 755.
111 Ludwig Schmidt, Liegt die Zukunft in den Legekäfigen?, in: Mitteilungen der DLG 1963, S. 1582 f.; H. L., Die Eier sollen noch schneller rollen. Haltungs- und Fütterungstechnik sind beim Geflügel noch nicht abgeschlossen, in: Bayerisches Landwirtschaftliches Wochenblatt 1969, Nr. 49, S. 12 f.

112 Alfred Mehner, Massenhaltung von Hühnern und Tierschutz, in: Sonderdruck aus Mitteilungen für Tierhaltung 1971, Nr. 132, o. S.

113 DLG-Archiv Frankfurt, Messe Huhn und Schwein 1973, Pressemitteilung Nr. 1, Thema Geflügelhaltung und Schweinemast – Eckpfeiler der Veredelung. Ein Vortrag von Prof. Dr. Hans Schlütter.

114 Robert Jungk, Die Zukunft hat schon begonnen. Entmenschlichung – Gefahr unserer Zivilisation [1952], Stuttgart 1983, S. 124–135.

115 DLG-Archiv Frankfurt, Messe Huhn und Schwein 1973, Pressemitteilung Nr. 2, Thema Huhn und Schwein: Partner in der Technik. Ein Vortrag von Dr. Günther Koller.

116 Patrice G. Poutrus, «… mit Politik kann ich keine Hühner aufziehn!» Das Kombinat Industrielle Mast und die Lebenserinnerungen der Frau Knut, in: Thomas Lindenberger (Hg.), Herrschaft und Eigen-Sinn in der Diktatur. Studien zur Gesellschaftsgeschichte der DDR, Köln 1999, S. 235–265, hier S. 252 u. S. 254.

117 Rückseite Arche Nova 5, Januar 1990, in: Carlo Jordan u. Hans Michael Kloth, Arche Nova – Opposition in der DDR. Das «Grünökologische Netzwerk Arche» 1988–90, Berlin 1995, S. 492.

118 Heinrich Dathe, KIM-Tiere kennen keinen Kummer. Antworten auf Fragen besorgter Tierfreunde, in: Urania 48, 1972, Nr. 10, S. 62 f.

119 Richard Robert Römer, Das Was und Wie beim Federvieh. 790 Fragen und Antworten mit Bildern aus dem gesamten Gebiet der Geflügelzucht u. -haltung, Stuttgart 1952, S. 12.

120 BArch Koblenz, B 116 / 50126, BArch Koblenz, B 116 / 50127 u. BArch Koblenz, B 116 / 50128.

121 Klaus Simson, Gegackert wird nicht mehr. 250000 Hühner aus Oldenburg ziehen in Berlins neuestem Hochhaus ein, in: Die Zeit 1966, Nr. 45, https://www.zeit.de/1966/45/gegackert-wird-nicht-mehr; Marie-Luise Scherer, Berliner Gegacker, in: Die Zeit 1968, Nr. 8, https://www.zeit.de/1968/08/berliner-gegacker (abgerufen am 26.1.2022); o. A., Eierfabriken. Hühner im Hochhaus, in: Der Spiegel 1966, Nr. 37, S. 74 f.

122 BArch Koblenz, B 116 / 50127, Prof. Dr. Gylstorff an Dr. Pfeiffer, 24.6.1974.

123 BArch Koblenz, B 116 / 50126, Prof. Dr. Leyhausen, Dr. Nicolai, Dr. Martin an Ministerialrat Dr. Schultze-Petzold, Stellungnahme, 9.11.1971.

124 BArch Koblenz, B 116 / 50129, Bernhard Grzimek an die Damen und Herren Abgeordneten des Deutschen Bundestages, 13.6.1975

125 O. A., Grzimek darf von «KZ-Hühnern» reden. Das Gericht: «Bewußt provokatorische Äußerung» – Vergleich nicht so abwegig, in: Stuttgarter Zeitung, 15.1.1976, S. 16.

126 BArch Koblenz, B 116 / 50129, Informationen des Vereins gegen

tierquälerische Massentierhaltung e.V., 2305 Heikendorf bei Kiel, Felix Wankel an Prof. Dr. Hans Schlütter, 16.2.1976.

127 Ebd., Dr. Martin Niemöller an Prof. Dr. Hans Schlütter, 27.2.1976.

128 Tom Stiebert, EGMR: PETA-Kampagne «Holocaust auf dem Teller» bleibt unzulässig, in: Online-Zeitschrift für Jurastudium, Staatsexamen und Referendariat, 28.11.2012, http://www.juraexamen.info/egmr-peta-kampagne-holocaust-auf-dem-teller-bleibt-unzulassig/ (abgerufen am 26.1.2022).

129 Rose-Marie Wegner, Tierschutzforderungen für das Geflügel und ihre Realität in Europa, in: Geflügelproduzent 1976, Nr. 12, S. 264–274, hier S. 273.

130 BArch Koblenz, B 116 / 50 129, Schlütter an Ministerialdirektor Petrich, 28.5.1975.

131 Statistisches Bundesamt, Selbstversorgungsgrad bei Schweinefleisch in Deutschland in den Jahren 2000 bis 2020 https://de.statista.com/statistik/daten/studie/76637/umfrage/selbstversorgungsgrad-bei-fleisch-in-deutschland/ (abgerufen am 27.1.2022).

132 US Department of Agriculture, Foreign Agricultural Service, China: Livestock and Products Semi-annual, 22.4.2020, https://www.fas.usda.gov/data/china-livestock-and-products-semi-annual-5 (abgerufen am 27.1.2022).

133 Brian Lander u.a., A History of Pigs in China. From Curious Omnivores to Industrial Pork, in: The Journal of Asian Studies 79, 2020, S. 865–889, hier S. 873; Sam White, From Globalized Pig Breeds to Capitalist Pigs. A Study in Animal Cultures and Evolutionary History, in: Environmental History 16, 2011, S. 94–120, hier S. 104.

134 Joachim Radkau, «Wirtschaftswunder» ohne technologische Innovation? Technische Modernität in den 50er Jahren, in: Axel Schildt u. Arnold Sywottek (Hg.), Modernisierung im Wiederaufbau. Die westdeutsche Gesellschaft der 50er Jahre, Bonn 1993, S. 129–169, hier S. 151.

135 Lohmann & Co. KG u. Heinrich Steinmetz (Hg.), Tierfütterung und Tierhaltung. Mehrsprachen-Bildwörterbuch, Betzdorf/Sieg 19662, S. 169; Heinrich Steinmetz (Hg.), Tierproduktion. Mehrsprachen-Bildwörterbuch, Weikersheim 1993[6], S. 367.

136 BArch Berlin, DK 1 / 3946 Maßnahmen zur Steigerung d. Viehwirtschaft 1956, 1958–61, Rechenschaftsbericht der HA II zur Bauernberatung, Berlin, den 7.12.51, 3 Seiten, hier S. 3; ebd., Stand der Viehhaltung und Planerfüllung, 17.1.1952, HA II–Viehwirtschaft, HA III zu Händen d. Koll. Fronnhold, 4 Seiten, hier S. 3.

137 BArch Berlin, DK 1 / 4050 Erfahrungsaustausch VEB Mast von Schlachtvieh 1955, Tagung 21./22. Januar, Protokoll.

138 Ebd.
139 Carl-Dieter Felber, Aus Leserbriefen. Ferkelverluste vermeidbar!, in: Neue Mitteilungen für die Landwirtschaft 1950, Nr. 15, S. 226 und o. A., Antwort auf Leserbrief, ebd.
140 Walburga Ammler, LPG «Thomas Münzer», Prosigk, in: VI. Deutscher Bauernkongreß vom 8.–11. Dezember 1960 in Rostock, Berlin 1961, S. 220f.
141 Jürgen Damm, Neuzeitliche Ferkelaufzucht, Berlin 1960, S. 1f.
142 Damm, Neuzeitliche Ferkelaufzucht, S. 8.
143 J. L. Anderson, Capitalist Pigs. Pigs, Pork, and Power in America, Morgantown 2019, S. 181f.
144 SStL, agra-067.5 VHS, Sig. 350, Intensivierung der Tierproduktion, 1977, 29:41 Min.
145 Heinz Plätschke u. Günter Hasert, ZGE «Schweinemast», Hoyerswerda. Durch Kooperation zur industriemäßigen Schweinefleischproduktion, in: Kooperation. Zeitschrift für die sozialistische Landwirtschaft und Nahrungsgüterwirtschaft 1972, Nr. 6, S. 6–8, hier S. 6.
146 AID (Hg.), Moderne Schweineproduktion. Informationen über Ferkelproduktion und Schweinemast anlässlich der 52. DLG Ausstellung 28.5.–4.6.72 in Hannover, Bonn 1972, S. 7.
147 BArch Koblenz, B 116 / 23045, Broschüre – Hessische Landwirtschaft auf neuen Wegen, Kap. Veredelungswirtschaft, Oktober 1972, S. 97.
148 BArch Koblenz, B 116 / 17923, Antrag auf Gewährung einer Beihilfe aus dem Europäischen Ausrichtungs- und Garantiefonds für die Landwirtschaft. Hier: Unterlagen für das Vorhaben «Fleischerzeugungs- und Vermarktungsgemeinschaft Wolfersweiler», S. 6.
149 E. Böckenhoff, Vorausschau auf den Schlachtvieh- und Fleischmarkt. Auswertung der Viehzählung vom 3. Dezember 1965, in: Agrarwirtschaft 15, 1966, S. 41–52, hier S. 45.
150 DLG-Archiv Frankfurt, Hans Schlütter, Eine neue Ausstellung – gemeinsam unter einem Dach, Rede gedruckt als Pressemitteilung Nr. 6.
151 Manfred Grund, Rationeller in alten Ställen. Doppeltes Arbeitsmaß beim Ferkelkäfig, in: Neue Deutsche Bauernzeitung 1976, Nr. 34, S. 9; Peter Glende u. a., Entwicklung und Stand der Ausrüstungstechnik zur Haltung von Sauen und Ferkeln, in: Akademie der Landwirtschaftswissenschaften der DDR (Hg.), 20 Jahre, S. 161–168, hier S. 165.
152 W. Kreisselmeyer, Aufzuchtfabrik für 30000 Ferkel. Bauern als Aktionäre. Viele Fragen offen, in: Bayerisches Landwirtschaftliches Wochenblatt 1967, Nr. 41, S. 20; ders., Arbeitsteilung und Auf-

zucht. Käfigstall für angelieferte Ferkel. Die Verluste sind unbedeutend, in: Bayerisches Landwirtschaftliches Wochenblatt 1967, Nr. 42, S. 15 f., hier S. 15; o. A., Jetzt kommen die Ferkel in den Käfig, in: Bayerisches Landwirtschaftliches Wochenblatt 1972, Nr. 15, S. 14.

153 Albert Betz, Ferkel auf Spaltenboden. Schweinenachwuchs gesund, Arbeit weniger, in: Bayerisches Landwirtschaftliches Wochenblatt 1976, Nr. 7, S. 22 f., hier S. 22.

154 Gunther Ober, Sommermast. Im Wald und auf Beton, in: Neue Deutsche Bauernzeitung 1973, Nr. 12, S. 8; Fred Marko, Wenn Schweinefleisch zwischen Bäumen wächst, in: Neue Deutsche Bauernzeitung 1974, Nr. 42, S. 9.

155 Karl Berthold, Wegen der Administration die Balance verloren. Staatliche Eingriffe deformieren die standortgerechte Produktionsstruktur der LPG Globig, in: Neue Deutsche Bauernzeitung 1989, Nr. 46, S. 6 f., hier S. 6.

156 Werner Franke u. a., Entwicklung und Stand der Ausrüstungstechnik für die Haltung von Mastschweinen, Vorzugslösungen für den Neubau und die Rationalisierung sowie Trends für die Weiterentwicklung, in: Akademie der Landwirtschaftswissenschaften der DDR (Hg.), 20 Jahre, S. 169–176, hier S. 169.

157 Albert Betz, Mastschweine bedienen sich selbst. Automatik und Nachbarschaftshilfe als wichtige Betriebsfaktoren, in: Bayerisches Landwirtschaftliches Wochenblatt 1965, Nr. 5, S. 26 u. S. 28, hier S. 28.

158 L. H., Vom Wert der Küchenabfälle, in: Neue Zeit, 5.3.1982, S. 5.

159 Joachim Dietze, Speckikübel enthält gutes Futter, in: Neue Deutsche Bauernzeitung 1989, Nr. 42, S. 15.

160 Manfred Grund, Das Thema Nummer Eins, in: Neue Deutsche Bauernzeitung 1976, Nr. 36, S. 16.

161 Gottfried Drechsel, Beim Rationalisieren Weitsicht bewiesen, in: Ministerium für Land-, Forst und Nahrungsgüterwirtschaft (Hg.), XII. Bauernkongreß der DDR am 13. und 14. Mai 1982 in Berlin, Berlin 1982, S. 189–192, hier S. 191.

162 O. A., Landwirtschaft. Hähne auf und zu, in: Der Spiegel 1977, Nr. 48, S. 81–86, hier S. 81.

163 Fritz Fleege, Ein Automat, der Schweine auch mit Wirtschaftseigenem mästet. In der ZGE Hoyerswerda wird eine mikroelektronisch gesteuerte Futteraufbereitungsanlage erprobt, in: Neue Deutsche Bauernzeitung 1987, Nr. 38, S. 6.

164 Manfred Grund, Initiativen für den Trog. Beispielhaftes von den Dierkower Schweinemästern, in: Neue Deutsche Bauernzeitung 1976, H. 36, S. 16 f., hier S. 17.

165 L. Marady, Der Spaltenboden im Schweinestall. Er erspart viel Stallarbeit, erhöht die Sauberkeit und das Wohlbefinden der Schweine, in: Bayerisches Landwirtschaftliches Wochenblatt 1963, Nr. 44, S. 18 u. S. 20, hier S. 18; Hans Kraggerud, Schweineställe. Eine Anleitung für den Bau und die Einrichtung gesunder Zucht- und Mastställe, Hamburg 1965; Viktor von Malchus, Wissenschaftliche Agrarpolitik im Königreich Norwegen, Berlin 1964.
166 O. A., Abgase töten 20 Schweine. Fehler mit verheerenden Folgen, in: Bayerisches Landwirtschaftliches Wochenblatt 1966, Nr. 5, S. 24.
167 O. Rieger, Spaltenboden behagt Schweinen nicht. Ein Testbericht aus der Versuchs- und Lehranstalt Forchheim/Baden, in: Bayerisches Landwirtschaftliches Wochenblatt 1966, Nr. 52/53, S. 22 u. S. 24, hier S. 22.
168 Rieger, Spaltenboden, S. 22.
169 K. Neubrand, Ferkel beißen sich die Schwänze ab, in: Bayerisches Landwirtschaftliches Wochenblatt 1965, Nr. 8, S. 42.
170 Ebd.
171 O. A., Biß-Schutz für Schweine, in: Bayerisches Landwirtschaftliches Wochenblatt 1966, Nr. 31, S. 14.
172 Karl Hofmann, Ein Steckbrief für die Qualität. Erfahrungen des Karl-Marx-Städter Fleischschweinverbandes mit der Stufenproduktion, in: Neue Deutsche Bauernzeitung 1976, Nr. 40, S. 16 f.
173 H. Paschertz, Gesundheitsfragen bei Schweinegroßbeständen, in: Mitteilungen der DLG 1975, Nr. 1, S. 11 f., hier S. 12.
174 Werbung in Tierärztliche Umschau 25, 1970, S. 475.
175 Albert Betz, Wie man mit dem Borstenvieh «Schwein» haben kann. Notizen aus Niederbayern zur «Rein-Raus»-Methode und deren Auswirkungen auf die Stallhygiene, in: Bayerisches Landwirtschaftliches Wochenblatt 1976, Nr. 52, S. 27–29, hier S. 27 f.
176 BArch Koblenz, B 116 / 72746, ADT-Mitteilungen 1973, Nr. 48, 3.12.1973.
177 A. Gaschler, Problembereiche der Massentierhaltungen auf wirtschaftlichem und gesundheitlichem Gebiet, in: Mitteilungen der DLG 1974, Nr. 15, S. 420–424, hier S. 421 f.
178 Ulrich Speitel, Mein Anton und die Persilschweine. Ausflug zu einem Stall von Morgen, in: Neue Deutsche Bauernzeitung 1969, Nr. 6, S. 8 f.
179 Anita Nowak, Treiben heißt nicht jagen. Für das Umsetzen von Schweinen die Morgenstunden nutzen, in: Neue Deutsche Bauernzeitung 1976, Nr. 29, S. 8.
180 Mitko Benkov, Einige ethologische Probleme bei der Aufzucht von Schweinen unter industriemäßigen Bedingungen, in: Akademie der Landwirtschaftswissenschaften der DDR (Hg.), 20 Jahre, S. 71–76,

hier S. 71; Leon Rehda, Mut zu neuen Haltungsformen, in: Neue Deutsche Bauernzeitung 1989, Nr. 31, S. 9.

181 Arnulf Burckhardt, Grundzüge der Entwicklung des Veterinärwesens in der DDR, in: Martin Fritz Brumme u. Gerhard von Mickwitz (Hg.), Das Berliner Colloquium «Veterinärmedizin und Probleme der Zeitgeschichte». Eine Gegenüberstellung tierärztlicher Erfahrungen in DDR und Bundesrepublik, Berlin 1997, S. 119–126, hier S. 121.

182 O. A., Kümmerliches Etwas. Das Fleisch des deutschen Hausschweins, sagen nun auch die Wissenschaftler, taugt nichts mehr, in: Der Spiegel 1981, Nr. 50, S. 228 f., hier S. 229.

183 Heribert Blendl, zit. n. ebd.

184 Dr. Palitzsch, Dem modernen Schwein wird's beim Transport sauübel. Überfütterung bringt die Tiere in Lebensgefahr, in: Bayerisches Landwirtschaftliches Wochenblatt 1974, Nr. 23, S. 14.

185 O. A., «Wenn sie nicht fressen, spritze ich selbst», in: Der Spiegel 1971, H. 26, S. 46–62.

186 Alain Corbin, Pesthauch und Blütenduft. Eine Geschichte des Geruchs, Berlin 1984, S. 42 u. S. 44.

187 Josef Ober, Es gibt oft Ärger, wenn es stinkt. Falls Massentierhaltung anrüchig wird, ist technische Abhilfe teuer, in: Bayerisches Landwirtschaftliches Wochenblatt 1968, Nr. 38, S. 15.

188 O. A., Als Betrieb mustergültig – aber: Duft aus dem Saustall bedroht den Dorffrieden. Technik und Chemie sollen künftig für reinere Luft sorgen, in: Bayerisches Landwirtschaftliches Wochenblatt 1972, Nr. 3, S. 12 f., hier S. 12.

189 Albert Betz, Kein Platz für Schweine. Umweltschutz blockiert bäuerliche Nutztierhaltung, in: Bayerisches Landwirtschaftliches Wochenblatt 1975, Nr. 43, S. 13 f.

190 Walter u. a., Ökonomische Aspekte des Umweltschutzes in der tierischen Produktion, in: BüL 50, 1972, S. 517–528, hier S. 520.

191 Klaus-Georg Wey, Umweltpolitik in Deutschland. Kurze Geschichte des Umweltschutzes in Deutschland seit 1900, Opladen 1982, S. 201–213, insb. S. 209.

192 Ebd., S. 521 u. S. 525.

193 Heinrich Becker u. Folkhard Isermeyer, Bestandsobergrenzen in der Schweinehaltung, in: BüL 62, 1984, S. 523–551, hier S. 548.

194 O. A., Der geplante Maststall erregte den Zorn der Bürger. Eine Bürgerinitiative gegen den Ausbau der Schweinehaltung und ihre Folgen, in: DLG-Mitteilungen 1977, Nr. 13, S. 738–740.

195 Ebd., S. 740.

196 Jan Schönfelder, Industrielle Tierproduktion bei Neustadt an der Orla (1978–1991), in: Thüringen. Blätter zur Landeskunde 2006, hg. v. Landeszentrale für politische Bildung Thüringen.

197 Dirk Kurbjuweit, Die Nase voll. In Ostthüringen wehren sich die Bürger gegen die Gülle von 175 000 Schweinen, in: Die Zeit 1990, Nr. 11, https://www.zeit.de/1990/11/die-nase-voll/komplettansicht (abgerufen am 28.1.2022).

198 Politbüromitglied Günter Mittag blockierte jede öffentliche Thematisierung von Umweltkonsequenzen, siehe Kuntsche, Die Akademie, S. 143.

199 Monika Böckmann u. Ingo Mose, Agrarische Intensivgebiete – Entwicklung, Strukturen und Probleme. Beispiele aus Südoldenburg und Nord-Limburg, in: Vechtaer Arbeiten zur Geographie und Regionalwissenschaft 8, 1989, S. 33–62, hier S. 33.

200 Ingo Mose, Zwischen Agrarindustrie und ökologischem Landbau – Landwirtschaft im Gebiet der Gemeinsamen Landesplanung Bremen/Niedersachsen, in: Rainer Krüger (Hg.), Der Unterweserraum – Strukturen und Entwicklungsperspektiven, Oldenburg 1995, S. 225–247, hier S. 228 f.

201 O. A., Diese Woche im Fernsehen, in: Der Spiegel 1984, Nr. 10, http://www.spiegel.de/spiegel/print/d-65917066.html (abgerufen am 28.1.2022).

202 Thomas Fleischman, Communist Pigs. An Animal History of East Germany's Rise and Fall, Seattle 2020, S. 93.

203 Hannsjörg F. Buck, Umwelt- und Bodenbelastungen durch eine ökologisch nicht abgesicherte industriemäßig organisierte Tier- und Pflanzenproduktion, in: Eberhard Kuhrt (Hg.), Die Endzeit der DDR-Wirtschaft. Analysen zur Wirtschafts-, Sozial- und Umweltpolitik, Opladen 1999, S. 425–449, hier S. 435.

204 Kuntsche, Die Akademie, S. 143.

205 Rudolph Walter, Heimatfreunde Neustadt, 056 VEB Schweinezucht und -mast, http://www.heimatfreunde-neustadt-orla.de/neustadt-umgebung/item/046-veb-schweinezucht-und-mast.html (abgerufen am 28.1.2022).

206 Schönfelder, Mit Gott, S. 41.

207 Kurbjuweit, Die Nase voll.

208 Schönfelder, Mit Gott, S. 39.

209 Peter Pragal, Mit Gott gegen Giftschaden, in: Stern 1988, Nr. 45, S. 95–99.

210 Markus Meckel u. Martin Gutzeit, Opposition in der DDR. Zehn Jahre kirchliche Friedensarbeit – kommentierte Quellentexte, Köln 1994, S. 279–396, hier S. 380 u. S. 392.

211 Walter, Heimatfreunde Neustadt.

III. Unmut in der Gesellschaft und Stagnation im Stall, 1990 bis heute

1 Ewald Böckenhoff u. Rainer Schechter, Vorausschau auf den Schweinemarkt. Auswertung der Schweinezählung von Anfang Dezember 1995, in: Agrarwirtschaft 45, 1996, S. 148–152, hier S. 149.

2 Statistisches Bundesamt (Destatis), 2021, https://www-genesis.destatis.de/genesis/online?operation=previous&levelindex=2&levelid=1643627950325&levelid=1643627671749&step=1#abreadcrumb (abgerufen am 31.1.2022).

3 The World Bank, Aquaculture Production, https://data.worldbank.org/indicator/ER.FSH.AQUA.MT (abgerufen am 28.1.2022).

4 The World Bank, FISH TO 2030. Prospects for Fisheries and Aquaculture, World Bank Report Number 83177-GLB, http://www.fao.org/3/i3640e/i3640e.pdf; http://www.worldbank.org/en/news/press-release/2014/02/05/fish-farms-global-food-fish-supply-2030 (abgerufen am 28.1.2022).

5 Yuval Noah Harari, Industrial Farming is one of the worst crimes in history, in: The Guardian, 25.9.2015, https://www.theguardian.com/books/2015/sep/25/industrial-farming-one-worst-crimes-history-ethical-question (abgerufen am 28.1.2022).

6 France culture, 11.9.2019, L'élevage intensif est-il «l'ennemi de l'intérêt général»?, https://www.franceculture.fr/emissions/le-temps-du-debat/lelevage-intensif-est-il-lennemi-de-linteret-general (abgerufen am 28.1.2022).

7 Shane Moffatt, Factory Farming is Canada's sacred cow on climate change, in: now Toronto, 2.11.2021, https://nowtoronto.com/news/op-ed-factory-farming-is-the-sacred-cow-for-canada-to-face-now (abgerufen am 28.1.2022).

8 BMEL, Deutschland, wie es isst. Der BMEL-Ernährungsreport 2021, S. 12; Veganz Ernährungsstudie 2020, https://veganz.de/blog/veganz-ernaehrungsstudie-2020/ (abgerufen am 28.1.2022).

9 Skopos Research, 15.11.2016, https://www.skopos-group.de/news/13-millionen-deutsche-leben-vegan.html; https://de.statista.com/statistik/daten/studie/445155/umfrage/umfrage-in-deutschland-zur-anzahl-der-veganer/ (abgerufen am 28.1.2022).

10 Bernd Ulrich, Alles wird anders. Das Zeitalter der Ökologie, Köln 2019; ders., Die Entdeckung der Leichtigkeit, in: Zeit Magazin, 2.8.2018, S. 17–25.

11 Statista Dossier, Vegetarismus und Veganismus in Österreich 2021, S. 9, https://de.statista.com/statistik/studie/id/45220/dokument/vegetarismus-und-veganismus-in-oesterreich/; Marketagent, Wie würden Sie Ihre Essgewohnheiten beschreiben?, Juli 2021, https://

de.statista.com/statistik/daten/studie/1135741/umfrage/umfrage-in-oesterreich-zur-eigenen-ernaehrungsweise-in-bezug-auf-fleischkonsum/ (abgerufen am 28.1.2022).

12 Marketagent, Aus welchen Gründen essen Sie heute weniger Fleisch als vor 5 Jahren, https://de.statista.com/statistik/daten/studie/829897/umfrage/umfrage-zu-gruenden-gegen-fleischkonsum-in-oesterreich/ (abgerufen am 28.1.2022).

13 Marketagent, Bitte nennen Sie uns das Ereignis, den Auslöser, der Sie zu Ihrer vegetarischen/veganen Ernährungsweise geführt hat, https://de.statista.com/statistik/daten/studie/742359/umfrage/gruende-fuer-vegetarische-vegane-ernaehrungsweise-in-oesterreich/ (abgerufen am 28.1.2022).

14 Ronald Inglehart, The Silent Revolution. Changing Values and Political Styles among Western Publics, Princeton 1977.

15 Daniel Bakir, Facebook-Shitstorm. Billig-Steak für 1,99 Euro – so verteidigt sich Aldi, in: Stern, 29.5.2017, https://www.stern.de/wirtschaft/news/aldi-steak-fuer-1-99-euro---so-wehrt-sich-der-discounter-gegen-hasspost-7473484.html (abgerufen am 28.1.2022).

16 IfD Allensbach, Allensbacher Markt- und Werbeträger-Analyse AWA 2021, https://de.statista.com/statistik/daten/studie/745049/umfrage/vegetarier-in-deutschland-nach-alter/ (abgerufen am 28.1.2022).

17 Per Meurling, «Ein Post reicht, um den Laden vollzumachen», in: Tagesspiegel, 5.2.2022, https://interaktiv.tagesspiegel.de/lab/food-influencer-per-meurling-interview-fleisch-performt-auf-instagram-einfach-besser/ (abgerufen am 10.2.2022).

18 IfD Allensbach, Allensbacher Markt- und Werbeträger-Analyse AWA 2021, https://de.statista.com/statistik/daten/studie/745028/umfrage/vegetarier-in-deutschland-nach-geschlecht/ (abgerufen am 28.1.2022).

19 Zwar mit steigender Tendenz, aber dennoch erst bei guten 10 Prozent liegend wird das Geschlecht mancher Küken per In-Ovo-Selektion bereits vor ihrem Schlupf festgestellt. Die Bruteier männlicher Küken landen dann in Form von Bruteipulver in den Trögen anderer Tiere. Bisher gibt es kein Verfahren, das dazu zuverlässig vor dem siebten Bruttag in der Lage ist. Davor wird Schmerzempfinden des Kükenembryos ausgeschlossen. Ab 2024 sind nur mehr solche In-Ovo-Verfahren zugelassen.

20 Leonie Jost, Kükentöten verboten – Deutschlands Alleingang für mehr Tierschutz, Sendung SWR2 Wissen, 28.12.2021, Manuskript zur Sendung: https://www.swr.de/swr2/wissen/211228-kuekentoeten-verboten-100.pdf (abgerufen am 28.1.2022).

21 Ulrich Kluge, Ökowende. Agrarpolitik zwischen Reform und Rinderwahnsinn, Berlin 2001, S. 61.

22 Daily Mirror, 20.3.1996, S. 2.

23 Marco Evers u.a., Seuche aus dem Trog, in: Der Spiegel, 19.11.2000, https://www.spiegel.de/politik/seuche-aus-dem-trog-a-65f8d9ea-0002-0001-0000-000017871169 (abgerufen am 28.1.2022).

24 Dieter Deiseroth, Whistleblowing in Zeiten von BSE. Der Fall der Tierärztin Dr. Margrit Herbst, Berlin 2001.

25 Gregory A. Barton, The Global History of Organic Farming. Oxford 2018.

26 Corinna Treitel, Eating Nature in Modern Germany. Food, Agriculture and Environment, c. 1870 to 2000, Cambridge 2017, S. 169–188.

27 Rudolf Steiner, Geisteswissenschaftliche Grundlagen zum Gedeihen der Landwirtschaft. Acht Vorträge, Dornach 1984.

28 Bundesministerium für Ernährung und Landwirtschaft, Ökologischer Landbau in Deutschland, Stand: Februar 2021, S. 16, https://www.bmel.de/SharedDocs/Downloads/DE/Broschueren/OekolandbauDeutschland.pdf?__blob=publicationFile&v=12#:~:text=In%20Deutschland%20wirtschafteten%20Ende%20des,siehe%20Tabellen%201%20und%202) (abgerufen am 28.1.2022).

29 Statistisches Bundesamt, Landwirtschaftszählung 2020, https://www.destatis.de/DE/Themen/Branchen-Unternehmen/Landwirtschaft-Forstwirtschaft-Fischerei/Tiere-Tierische-Erzeugung/Tabellen/oekologischer-landbau-viehbestand.html (abgerufen am 28.1.2022).

30 Bundesanstalt für Landwirtschaft und Ernährung (Hg.), Ökobarometer 2019, Bonn 2020, S. 14; Bundesanstalt für Landwirtschaft und Ernährung (Hg.), Ökobarometer 2020, Bonn 2021, S. 14.

31 Institut für Energie- und Umweltforschung Heidelberg, https://www.ifeu.de/projekt/lebensmittel-co$_2$-rechner/ (abgerufen am 28.1.2022); Guido Reinhardt u.a., Ökologische Fußabdrücke von Lebensmitteln und Gerichten in Deutschland, Heidelberg 2020.

32 Gemeinsam Gegen Die Tierindustrie, Studie: Milliarden für die Tierindustrie. Wie der Staat öffentliche Gelder in eine zerstörerische Branche leitet, 4.3.2021, https://gemeinsam-gegen-die-tierindustrie.org/studie-milliarden-tierindustrie/ (abgerufen am 28.1.2022).

33 Dieser Zusammenhang fand sich bis 1990 im Statistischen Jahrbuch der Bundesrepublik, siehe Statistisches Bundesamt (Hg.), Statistisches Jahrbuch der Bundesrepublik Deutschland, Wiesbaden 1990, S. 484–486. Für eine Aktualisierung siehe Malte Schröder, Nahrungsmittelausgaben und Einkommen. Eine empirische Studie für Deutschland, B. A.-Arbeit Christian-Albrechts-Universität zu Kiel 2011, S. 28, http://www.uni-kiel.de/Agraroekonomie/arbeiten_PDFs/2011/BA2011SchroederML.pdf (abgerufen am 28.1.2022).

34 Bebel, Die Frau, S. 332.
35 Barbara H. Rosenwein, Emotional Communities in the Early Middle Ages, Ithaca 2006.
36 Wittmann, Intensivtierhaltung, S. 103–107.
37 Agra Europe, Fleischhandel. Großes Schweinefleischangebot lässt EU-Preise sinken, in: top agrar online, 15.12.2021, https://www.topagrar.com/schwein/news/grosses-schweinefleischangebot-laesst-eu-preise-sinken-12768635.html (abgerufen am 28.1.2022).
38 Olaf Zinke, Schweinepreise. Kein Ende der Krise zu erkennen, in: agrarheute, 20.10.2021, https://www.agrarheute.com/markt/tiere/schweinepreise-kein-ende-krise-erkennen-586526 (abgerufen am 28.1.2022).
39 Arthur Hanau, Die Prognose der Schweinepreise, in: Vierteljahrshefte zur Konjunkturforschung 1930, Sonderheft 18, S. 1–46; zehn Jahre später wurde Hanaus Beschreibung des Berliner Schweinemarktes zur Grundlage des Spinnwebtheorems des US-amerikanischen Ökonomen Mordecai Ezekiel, der selbiges für den Zusammenhang zwischen Getreide- und Schweinepreisen für die USA entwickelte, Marc Nerlove, Agricultural Economics and Economics: Influence and Counter-Influence, 1910–1960, in: Applied Economic Perspectives and Policy 37, 2015, S. 34–63, hier S. 48 f.
40 Martina Hungerkamp, Schweinekrise. Verbraucher dürfen nicht nur das Filetstück wollen, in: agrarheute, 14.11.2021, https://www.agrarheute.com/tier/schwein/schweinekrise-verbraucher-duerfen-nur-filetstueck-wollen-587293 (abgerufen am 28.1.2022).
41 Wiebke Herrmann, Schweinehalter im ASP-Gebiet. Nur ein paar Mitarbeiter sind geblieben, in: agrarheute, 4.10.2021, https://www.agrarheute.com/tier/schwein/schweinehalter-asp-gebiet-nur-paar-mitarbeiter-geblieben-585910 (28.1.2022).
42 Martina Hungerkamp, ISN. Hälfte der Schweinehalter will aufgeben, in: agrarheute, 29.9.2021, https://www.agrarheute.com/tier/schwein/isn-haelfte-schweinehalter-will-aufgeben-585796 (abgerufen am 28.1.2022).
43 Wiebke Herrmann, Ausstiegsprämie für Schweinehalter: 60% würden für Geld aufgeben, in: agrarheute, 23.9.2021, https://www.agrarheute.com/tier/schwein/ausstiegspraemie-fuer-schweinehalter-60-wuerden-fuer-geld-aufgeben-585584; Prof. Latacz-Lohmann, Mehrheit der Schweinehalter wäre bereit zum Ausstieg, in: top agrar online, 24.11.2021, https://www.topagrar.com/schwein/news/umfrage-mehrheit-der-schweinehalter-waere-bereit-zum-ausstieg-12409738.html (abgerufen am 28.1.2022).
44 Wittmann, Intensivtierhaltung, S. 243.
45 Magdalena Presto Åkerfeldt u. a., Health and Welfare in Organic

Livestock Production Systems – a Systematic Mapping of Current Knowledge, in: Organic Agriculture 11, 2021, S. 105–132.

46 Zukunftskommission Landwirtschaft, Zukunft Landwirtschaft. Eine gesamtgesellschaftliche Aufgabe. Empfehlungen der Zukunftskommission Landwirtschaft, Berlin 2021, S. 4, https://www.bmel.de/DE/themen/landwirtschaft/zukunftskommission-landwirtschaft.html (abgerufen am 29.1.2022).

47 2,2 Prozent der Französinnen und Franzosen ordneten sich 2020 einer fleischlosen Ernährung zu, im Unterschied zu 8–9 Prozent in Deutschland, siehe République Francaise, FranceAgriMer, Études Consommation, 2021, https://www.ifop.com/wp-content/uploads/2021/05/Synthese-_-Vegetariens-et-Flexitariens-en-France-en-2020-IFOP.pdf sowie IfD Allensbach, Allensbacher Markt- und Werbeträger-Analyse – AWA 2021, https://de.statista.com/statistik/daten/studie/173636/umfrage/lebenseinstellung-anzahl-vegetarier/ (abgerufen am 27.1.2022).

48 Bill Winders u. Elizabeth Ransom, The Global Meat Industry, 1960–2016, in: dies. (Hg.), Global Meat, Social and Environmental Consequences of the Expanding Meat Industry, Cambridge, MA 2019, S. 4–8, hier S. 5; UN DESA, World Population Prospects 2019, https://de.statista.com/statistik/daten/studie/1716/umfrage/entwicklung-der-weltbevoelkerung/ (abgerufen am 28.1.2022).

49 OECD-FAO, Agricultural Outlook 2021–2030, https://www.fao.org/3/CB5332EN/Meat.pdf; FAO, World Livestock 2011. Livestock in Food Security, Rome 2011, S. 79, https://www.fao.org/3/i2373e/i2373e.pdf (abgerufen am 27.1.2022).

50 Owen J. Furuseth, Restructuring of Hog Farming in North Carolina. Explosion and Implosion, in: The Professional Geographer 49, 1997, S. 391–403; Winders u. Ransom (Hg.), Global Meat; Livia C. P. Dias, Patterns of Land Use, Extensification, and Intensification of Brazilian Agriculture, in: Global Change Biology 22, 2016, S. 2887–2903; Eustaquio Reis, Opportunities and Challenges to the Sustainable Development of Cattle Raising in Brazil, 1970–2005, in: EconomiA 18, 2017, S. 18–39; Andrew Godley u. Bridget Williams, Democratizing Luxury and the Contentious «Invention of the Technological Chicken» in Britain, in: The Business History Review 83, 2009, S. 267–290.

51 Mindi Schneider, China's Global Meat Industry. The World-Shaking Power of Industrializing Pigs and Pork in China's Reform Era, in: Winders u. Ransom (Hg.), Global Meat, S. 79–100, hier S. 79f.

52 Sigrid Schmalzer, Breeding a Better china. Pigs, Practices, and Place in a Chinese County, 1929–1937, in: The Geographical Review 92, 2002, S. 1–22.

53 L. Melzener u. a., Zukunftsvision. Cultured Meat, in: Transformationsprozesse in der intensiven Nutztierhaltung. Tagungsband zur 2. Tierwohltagung des Promotionsprogramms «Animal Welfare in Intensive Livestock Production Systems», Göttingen 2019, S. 1–4.

54 Israel Institute of Technology, Aleph Farms and the Technion Reveal World's first Cultivated Ribeye Steak, https://www.technion.ac.il/en/2021/02/the-worlds-first-cultivated-ribeye-steak/; Mea-Tech 3D, Breakthrough in Cultured Steak Production, https://meatech3d.com/3-67oz-achievement/ (abgerufen am 28.1.2022).

55 O. A., Future Meat. Fleisch ohne Tierleid kann jetzt industriell hergestellt werden, in: t3n digital pioneers, 23.6.2021, https://t3n.de/news/future-meat-fleisch-ohne-1386966/ (abgerufen am 28.1.2022).

56 Gemeinsam Gegen Die Tierindustrie, Clean Meat – Die Lösung der Probleme?, https://gemeinsam-gegen-die-tierindustrie.org/clean-meat-die-loesung-der-probleme/ (abgerufen am 28.1.2022).

57 Die Bundesregierung, Koalitionsvertrag zwischen SPD, Bündnis 90/Die Grünen und FDP, S. 45, https://www.bundesregierung.de/resource/blob/974430/1990812/04221173eef9a6720059cc353d759a2b/2021-12-10-koav2021-data.pdf?download=1 (abgerufen am 28.1.2022).

Bildnachweis

Seite 23, 24: aus: Frank Leslie's Illustrated Newspaper, 13. August 1859, S. 167 und S. 159

Seite 26: aus: George Godwin: Town Swamps and Social Bridges, London 1859, S. 15 (hier: The Victorian Library Edition, Leicester University Press 1972)

Seite 37, 38, 39, 40: Kunstbibliothek, SMB, Photothek Willy Römer/Fotograf: Willy Römer/bpk-Bildagentur, Berlin

Seite 41: Fotograf: Friedrich Seidenstücker/bpk-Bildagentur, Berlin

Seite 47: Bayerische Landesanstalt für Landwirtschaft (LfL), Freising

Seite 61: Peggy Reiff Miller Collection, mit freundlicher Genehmigung der Familie von Joseph Dell

Seite 63: © Brethren Historical Library and Archives

Seite 75: aus: Tierärztliche Umschau 32, 1977, S. 201 und S. 203

Seite 91: aus: Max-Planck-Gesellschaft (Hg.): Max-Planck-Institut für Tierzucht und Tierernährung, Neustadt am Rübenberge 1967, S. 11
Seite 92, 139: DLG-Pressestelle, Frankfurt/Main
Seite 111: aus: H. Reinhardt: Eierpreisschwankungen und Rohertrag aus der Legehennenhaltung, in: Berichte über Landwirtschaft 49, 1971, S. 368–379, hier S. 369
Seite 115: aus: Eckhard Mothes: Tiere am Fließband, Leipzig 1976, S. 94
Seite 137: J. Damm: Neuzeitliche Ferkelaufzucht, Berlin 1960, S. 5
Seite 145: aus: Neue Deutsche Bauernzeitung 1974, Nr. 42, S. 9, Urheber der Bilder: ADN/Zentralbild; Stiftung Archiv der Parteien und Massenorganisationen der DDR im Bundesarchiv, Berlin
Seite 147: aus: Neue Deutsche Bauernzeitung 1989, Nr. 46, S. 8, Urheber der Bilder: Dieter Roski, Manfred Steinig und Fritz Fleege; Stiftung Archiv der Parteien und Massenorganisationen der DDR im Bundesarchiv, Berlin
Seite 151: aus: Neue Deutsche Bauernzeitung 1987, Nr. 39, S. 8
Seite 170: Bundesarchiv Koblenz, Bild 183-1990-0320-002/ Fotograf: Jan Peter Kasper
Seite 177: © Rainer Engelhardt, Jena

Leider war es nicht in allen Fällen möglich, die Inhaber der Rechte zu ermitteln. Wir bitten deshalb gegebenenfalls um Mitteilung. Der Verlag ist bereit, berechtigte Ansprüche abzugelten.